Martin Reich

Revolution aus dem Mikrokosmos

Martin Reich

Revolution aus dem Mikrokosmos

Nachhaltige Ernährung durch Fermentation

Residenz Verlag

Salzburg – Wien

Bibliografische Information der Deutschen Nationalbibliothek
Die Deutsche Nationalbibliothek verzeichnet diese Publikation in der Deutschen Nationalbibliografie; detaillierte bibliografische Daten sind im Internet über http://dnb.dnb.de abrufbar.

www.residenzverlag.com

Umschlaggestaltung: sensomatic, Christine Zmölnig
Typografische Gestaltung, Satz: Lanz, Wien
Lektorat: Manuel Fronhofer
Gesamtherstellung: Druckerei Florjančič Tisk d.o.o

ISBN 978 3 7017 3612 6

Inhalt

Für meine Eltern

Vorwort

Martin Reichs im wahrsten Sinne des Wortes reichhaltiges Buch setzt dort an, wo ich mit meinem Buch »Alle satt?« ohne echte Auflösung der Zielkonflikte in der Landnutzung aufgehört habe. Es beschreibt anekdotenreich die Bedeutung der Mikrobiologie für die Herstellung sicherer Lebensmittel in der Vergangenheit und zeigt die unerhörten Potenziale der Einzeller für eine nachhaltige Ernährungssicherheit der Zukunft. Ein Ausstieg aus Raubbau und schleichender Verschlechterung der natürlichen Ressourcen Boden, Wasser, Luft und Biodiversität wird damit möglich. Die Massenproduktion von mikrobiellen Rohstoffen für Futter- und Lebensmittel ist eine Option, die mir so bisher nicht in Griffnähe zu sein schien. Das Buch zeigt sehr differenziert auch die Hindernisse auf dem Weg dahin auf – und zwar so detailliert, dass man daraus politische, regulatorische, wirtschaftliche, soziale und psychokulturelle Maßnahmen ableiten kann.

Die Intensivierung der Landwirtschaft begann vor 150 Jahren, zuerst mit der Einführung der Phosphordüngung, die eine enorme Bergbautätigkeit auslöste. Der nächste Schritt war die synthetische Erzeugung von Stickstoffdüngern, die dank der Erdgasförderung möglich wurde. Die dadurch gesteigerte Produktivität führte aber auch zu großen Ernteausfällen wegen Insekten und Krankheiten. Hier half die Chemie mit der Entwicklung zahlreicher Pestizide zum Schutz der Ernte. Bergbau, Erdöl und Chemie setzten also den großen Hungersnöten vorhergehender Jahrhunderte ein Ende und waren die Grundlage für ein dramatisches Wachstum der Weltbevölkerung. Eine biologische Revolution begann Mitte des 20. Jahrhunderts mit der ökologischen Landwirtschaft. Selbstbewusst, wie sich das für eine Pionierbewegung gehört, ersetzte man die inputintensive Landwirtschaft durch Kreisläufe, ökologische Selbstregulierung und gute landwirtschaftliche Praktiken, wie sie vor der Intensivierung verbreitet waren. Eine zentrale Funktion nahm und nimmt dabei das Mikrobiom des Bodens ein, das alle Abbau- und Umbauprozesse steuert und auch das stark von der bäuerlichen Tätigkeit gestörte Agrarökosystem stabilisiert. Die in den letzten 30 Jahren gesammelten Erfahrungen zeigten aber, dass die Produktivität des Ökolandbaus ungenügend ist. Leider wurde die biologische Revolution nicht zu Ende gedacht, und sie tappte in die Falle der Überregulierung durch private Standards und gesetzliche Regelungen. Das war gut für den Marktauftritt, reduzierte aber die Offenheit gegenüber sinnvollen Innovationen aus der Forschung. Es sind Begriffe wie Authentizität und Natürlichkeit sowie die strikte Ablehnung von direkten Eingriffen in das Genom, die zu den Markenzeichen des heutigen ökologischen Landbaus geworden sind. Sie verschärfen den Druck auf die Landnutzung, während die mikrobielle Produktion von essbarer Biomasse nur eingeschränkt genutzt wird, weil die damit erzeugten Lebensmitteln nicht authentisch sind, und sie verhindern den Einsatz der Präzisionsfermentation. Die höheren Ökosystemdienstleistungen der Landwirt:innen im Ökolandbau drohen deshalb im Kontext der steigenden Nachfrage nach Lebensmitteln und bei sich nicht ändernden Ernährungsgewohnheiten verspielt zu werden.

Vielleicht hilft Martin Reichs Buch, die Debatten in der Landwirtschaft zu entstauben. Die Lektüre regt enorm zum Neudenken an. Denn gut gemeint ist nicht automatisch gut gemacht, das gilt immer und immer wieder.

Urs Niggli

Urs Niggli ist Präsident des Instituts für Agrarökologie und engagiert sich für nachhaltige Ernährungssysteme. Zuvor war er 30 Jahre lang Direktor des Forschungsinstituts für biologischen Landbau FiBL.

Prolog

Es ist etwa ein Jahr her, dass ich das Fermentieren von Speisen und Getränken für mich entdeckt habe, und das neue Hobby hat sichtbare Spuren in meiner Küche hinterlassen. Eine der Ablagen neben dem Küchenfenster wird inzwischen von sechs Glasgefäßen unterschiedlicher Formen und Größen eingenommen. Sie sind mit Stoffservietten abgedeckt, die ich mit Gummis befestigt habe, weil das, was in den Gläsern braut, Luft benötigt: Kombucha-Tee. Das Größte der Gläser steht auf einem Metallständer und hat einen kleinen Zapfhahn. Ich nehme ein Glas, zapfe etwas von der teefarbenen Flüssigkeit ab und probiere einen Schluck. Noch zu süß? Schon zu sauer? Genau richtig! Was vor einigen Tagen nur leicht nach schwarzem Tee roch, duftet nun nach dem für Kombucha-Tee charakteristischen komplexen Gemisch von Säuren. Hätte ich vor einer Woche aus dem Gefäß gezapft, hätte ich einfach nur schwarzen Tee mit Zucker in meinem Glas gehabt. Denn den habe ich, nachdem ich ihn abgekocht hatte, damals in das Gefäß gegossen. Doch jetzt schmeckt die Flüssigkeit nur noch halb so süß, dafür aber angenehm säuerlich. Hätte ich noch einige Tage länger gewartet, wäre sie mir zu sauer zum Trinken geworden. Ich fülle den Inhalt des Gefäßes fast komplett in eine Bügelflasche ab und stelle sie kalt. Ein perfektes Sommergetränk.

In einem der anderen Gläser lasse ich den Kombucha noch etwas länger fermentieren, bis die Flüssigkeit so sauer ist, dass ich sie als Essig benutzen kann. Doch was genau passiert da überhaupt? In jedem der Gefäße schwimmt an der Oberfläche ein weißliches Gebilde, das man Scoby nennt. Scoby steht für *symbiotic colony of bacteria and yeast*, die englische Bezeichnung für die symbiotische

Mikrobengemeinschaft aus Bakterien und Hefen, die für die wundersame Verwandlung des Zuckers verantwortlich ist. Nach der »Ernte« einer Charge Kombucha-Tee lasse ich den Scoby aus seinem Gefäß auf einen sauberen Teller plumpsen. Er fühlt sich an wie Gummi und ist erstaunlich fest. Lage für Lage wächst die symbiotische Kolonie übereinander, sodass man die Lagen leicht voneinander trennen, auf andere Gefäße verteilen und an Menschen weitergeben kann, die sich auch einmal daran versuchen möchten (auf diese Weise bin ich an meine eigene Kultur gelangt). Nun wasche ich den Scoby liebevoll unter lauwarmem Wasser, mache auch sein Gefäß sauber und gebe ihn zurück in seine Heim- und Wirkungsstätte. Dann koche ich Wasser mit ordentlich Zucker auf und gebe zwei Beutel schwarzen Tee dazu. Nach dem Abkühlen gieße ich diese Nährlösung zum Scoby, und die kleinen, fleißigen Mikroorganismen machen sich erneut an die Arbeit.

Das ist aber noch lange nicht alles, was in meiner Küche fermentiert. Im Kühlschrank schlummert eine weitere Mikrobenkolonie – in Form von Sauerteig. Auch sie will gepflegt werden, damit sie mir regelmäßig frisches Sauerteigbrot beschert. In einem Einmachglas unter einem Tuch fermentiert wiederum seit einigen Tagen Rotkohl, der Sauerkrauttopf aus Keramik war dafür zu groß. Dieser steht – momentan ungenutzt – in einer anderen Ecke der Küche bereit. Auch die koreanische Variante fermentierten Kohls, genannt Kimchi, findet sich auf zwei weitere Einmachgläser verteilt im Kühlschrank. In all diesen Gefäßen sind, für unser Auge unsichtbar, unterschiedliche Arten von nützlichen Mikroorganismen am Werk. Mich fasziniert, dass diese Methode der Verarbeitung von Lebensmitteln bereits viele Tausende Jahre alt ist, dass gleichzeitig jedoch erst seit kurzer Zeit bekannt ist, was da biologisch und chemisch eigentlich genau passiert.

Wenn ich meine eigene Regel des digitalen Detox, die ich mir für meine Zeit in der Küche verordnet habe, wieder einmal breche und zum Smartphone greife, dann bricht die Außenwelt in diese friedliche Oase ein. Statt der ganz kleinen, drängen sich die ganz großen Dinge in den Fokus. Beunruhigende Wetterextreme als Folgen des Klimawandels, Ernteausfälle, Hunger. Schwindende Ökosysteme, verschmutzte Meere, bedrohte Artenvielfalt. Dass diese von Wissenschaftler:innen seit Jahrzehnten vorausgesagten Dinge nun für alle sichtbar eintreten, ist bedrückend, und die kleinen Experimente mit Fermentation in meiner Küche erscheinen mir im Vergleich dazu plötzlich sehr banal, entrückt und unbedeutend. Doch vielleicht ist das ein Trugschluss. Denn Wissenschaftler:innen sagen auch, dass das, was in unseren Küchen passiert, mit diesen großen Entwicklungen in einem direkten Zusammenhang steht. Mit dem, was wir in unseren Schränken und auf unseren Tellern haben, verbrauchen wir unterschiedlich viel Landfläche, Wasser und andere begrenzte Ressourcen, stoßen Treibhausgase aus und verschmutzen Ökosysteme. Wir hinterlassen mit unserer Ernährung einen Fußabdruck, der zu groß ist.

Abbildung 1: Faszination Fermentation. Getränke und Speisen auf unterschiedliche Arten zu fermentieren, habe ich für mich als Hobby entdeckt. Kombucha-Tee, Sauerkraut, Sauerteig, Kimchi, Essig – es gibt so viel zu entdecken!

Doch in diesem Buch geht es nicht nur um die Probleme. Es geht auch darum, wie wir das Ruder noch herumreißen können. Die mögliche Rettung kommt dabei von unerwarteter Seite, denn es ist die Wiederentdeckung der jahrtausendealten Tradition der Fermentation, die

die Zukunft der Ernährung revolutionieren und radikal nachhaltiger machen könnte. Indem wir Mikroorganismen und neuestes Wissen aus der Biologie nutzen, um Kuhmilch ohne Kuh, Palmöl ohne Palme und Hühnereiweiß ohne Huhn zu brauen.

Mit Fermentation die Welt retten? Oder zumindest unsere Ernährung nachhaltiger machen? Darüber wollte ich mehr erfahren, und ich hoffe, Sie wollen das auch. Um Antworten zu finden, habe ich mich auf eine kleine Reise begeben, durch die Literatur, Museen, Brauereien, Labore und die Gedankenwelten von Menschen, die unsere Vergangenheit ergründen, unsere Gegenwart kritisch beäugen oder von einer Revolution träumen. Einer Revolution aus dem Mikrokosmos.

Teil 1:
Mikroskopische Lösungen für globale Herausforderungen

Vom Labor in die Küche

Als Biologiestudent und später als Doktorand habe ich viele Jahre lang Experimente in den Laboren einer Universität durchgeführt. Die Pflanzen, die ich für meine Versuche brauchte, zog ich in einem speziellen Gewächshaus an, setzte sie in sogenannten Klimakammern unterschiedlichen, simulierten Umweltbedingungen aus und erntete sie schließlich. Um zu untersuchen, wie sich unterschiedliche Temperaturen, der Gehalt an Kohlenstoffdioxid (CO_2) in der Luft oder die Art und Menge der Nährstoffe im Bereich der Wurzeln auf Wachstum und Stoffwechsel der Pflanzen auswirken, habe ich viele Hunderte von ihnen zerschnitten, getrocknet, gemahlen, eingefroren, erhitzt und in Säure aufgelöst. Und das immer nach einem ganz bestimmten Rezept, das Versuchsaufbau, Dauer des Wachstums und der Behandlungen und die Mengen und Konzentrationen von Chemikalien vorgab. Und das ich streng befolgt habe, um die gewonnen Daten vergleichbar, meine Versuche wiederholbar und für andere überprüfbar zu gestalten.

Für viele Menschen sind ein Labor und eine Küche grundlegend verschiedene, wenn nicht sogar gegensätzliche Welten. Während in Laboren reine Ratio herrscht und Menschen in weißen Kitteln und mit ernstem Blick unnatürliche Dinge tun, sind in der Küche Genuss, Intuition und Natürlichkeit die Maximen. Doch eigentlich sind sich die beiden Orte auch sehr ähnlich. Zwar ist wissenschaftliche Methodik akribisch und emotionslos, doch sie verfolgt häufig sehr idealistische Ziele. Und auch in der Küche geht man nach einem bestimmten Rezept vor, zerlegt Zutaten, setzt sie Hitze, Kälte, Säuren und anderen Behandlungen aus, um zu einem erwünschten Ergebnis zu kommen. Statt dann aber mit modernen Geräten Messungen durchzuführen, nutzen wir unsere mindestens ebenso feinen und komplexen Sinne für die Auswertung unserer Experimente.

Seit bald sieben Jahren bin ich nun nicht mehr aktiv in der Forschung tätig. Ich habe die Pipette gegen die Feder eingetauscht – na gut, gegen die Tastatur – und erst vor einiger Zeit wurde mir wirklich bewusst, dass womöglich ein Zusammenhang zwischen meiner Leidenschaft für das Kochen und jener für die Laborarbeit besteht. Nachdem ich weiße Kittel und lange Nächte über noch längeren Tabellen hinter mir gelassen hatte, wurde tatsächlich auch meine Leidenschaft für die Küche noch ausgeprägter, wie um die entstandene Lücke zu füllen. Und da meine Familie und ich inzwischen das Glück haben, einen Garten zu besitzen, kann ich sogar wieder Pflanzen großziehen, pflegen und sie gelegentlich meinen Experimenten in der Küche opfern.

Die Verbindung zwischen Labor und Küche ist für mich also eine sehr persönliche. Doch auch ganz objektiv betrachtet, hat die Herstellung unserer Lebensmittel heutzutage viel mit Laboren zu tun, oder zumindest mit einer Verarbeitung unter sehr kontrollierten Bedingungen, die dem Geschehen in einem Labor ähnlicher sind als jenen in einer gewöhnlichen Küche. Einen Großteil unserer Lebensmittel essen wir nicht so, wie sie vom Feld, aus dem Gewächshaus, dem Stall oder dem Meer kommen. Vieles, wenn nicht das meiste, wird in irgendeiner Form verarbeitet: erhitzt, zerkleinert, gefiltert, erhöhtem Druck ausgesetzt, voneinander getrennt und mit anderen Stoffen angereichert. Immer öfter stehen verarbeitete oder sogar sogenannte hochverarbeitete Lebensmittel im Fokus und in der Kritik. Wie sehr kann man ein Lebensmittel verarbeiten, ohne dass man infrage stellen muss, ob es diese Bezeichnung überhaupt noch verdient? Oder ist ein Lebensmittel als solches vor allem über seinen Nährwert definiert, unabhängig davon, wie viele Verarbeitungsschritte es durchlaufen hat und wie ähnlich es noch etwas ist, das man in der Natur vorfindet?

Die fortschreitende Industrialisierung der Herstellung und Verarbeitung von Lebensmitteln, bei der die meisten Schritte im für uns Konsument:innen mehr oder weniger Verborgenen stattfinden, hat Gegenbewegungen hervorgerufen. Beispiele sind die *Whole-Food-* und die *Slow-Food*-Bewegung, die den Fokus zurücklenkten auf unverarbeitete Lebensmittel und eine Besinnung auf den Genuss ursprünglicher Lebensmittel. Aber auch die Wiederentdeckung des Anbaus von Lebensmitteln im Garten oder auf dem Balkon und die Zubereitung in der eigenen Küche sind kleine Akte der Rebellion. Sie haben nicht nur zur Folge, dass man mehr über die Entstehung von Lebensmitteln lernt, ihre Erzeugung ein Stück weit wieder in die eigenen Hände nimmt und sich als Verbraucher:in souveräner fühlt. Es handelt sich auch schlicht und ergreifend um ein erfüllendes und interessantes Hobby. Jedenfalls erlebe ich es für mich als solches. Gleichzeitig gebe ich mich nicht der Illusion hin, dass es mehr ist als das. Auch wenn ich heute viel mehr Zeit als früher darauf verwende, etwas im Garten anzubauen, selbst zu fermentieren und zu kochen: Ich produziere damit nur einen Bruchteil von dem, was wir bei uns zu Hause essen und trinken. Das Allermeiste wird von Landwirt:innen produziert und vieles davon in irgendeiner Form industriell verarbeitet, bevor es auf unseren Tellern landet.

Das ist die eine Seite der Medaille. In wohlhabenden, industrialisierten Ländern wird ein immer größerer Teil der Wertschöpfung aus der primären Erzeugung von Lebensmitteln in die verarbeitende Industrie verlagert. Eine entfremdende Lücke zwischen uns Konsument:innen und der Landwirtschaft hat sich aufgetan und wächst immer weiter. Da bei der Verarbeitung meist einige der positiven Eigenschaften, die Lebensmittel natürlicherweise haben, verloren gehen, werden sie anschließend gezielt wieder aufgewertet. Vitamine und Mineralstoffe werden zugesetzt, Textur, Farbe und

Geschmack werden durch Zusatzstoffe wiederhergestellt oder ganz neu erzeugt. Das ist eine Entwicklung, die ein ziemlich reduktionistisches Bild von Lebensmitteln zeichnet – als etwas, das Menschen aus Zutaten von Grund auf zusammenbauen. Als Gegensatz zu etwas, das man in der Natur vorfindet, mit all seiner Komplexität und vermeintlich »von Natur aus« positiven Wirkung auf uns. Wir bauen also die allermeisten unserer Lebensmittel nicht mehr selbst an, sie erreichen uns aber auch meist nicht mehr so, wie sie von anderen angebaut werden. Daher sehnen sich viele von uns nach einem Zurück zu einem (häufig verklärten) Früher, bauen wieder selbst Lebensmittel auf dem Balkon und im Garten an oder kaufen gezielt möglichst unverarbeitete Produkte. Dann liegt kein undurchsichtiger Weg zwischen Ernte und Teller, sondern nur jener vom Garten in die Küche. Doch auf der anderen Seite der Medaille ist die Verarbeitung von Lebensmitteln eine große zivilisatorische Errungenschaft. Denn vor nicht allzu langer Zeit war es nicht nur viel schwieriger, ausreichend Lebensmittel zu produzieren, sondern auch, sie über längere Zeit haltbar oder überhaupt erst genießbar und bekömmlich zu machen. Eine Technologie der Verarbeitung von Lebensmitteln, die wir Menschen bereits seit etwa 12000 Jahren anwenden, spielt dabei eine besonders große Rolle: die Fermentation.

Zwei Gründe für mein Interesse an Fermentation, das inzwischen zur Leidenschaft geworden ist, sind also einerseits eine Begeisterung für die Zubereitung von Lebensmitteln und andererseits eine Vergangenheit im Labor. Es gibt jedoch noch einen dritten. Denn nach meiner Zeit an der Universität fing ich damit an, mich beruflich auf anderen Ebenen mit Themen der Biologie auseinanderzusetzen. Zunächst als wissenschaftlicher Referent für ein beratendes Expertengremium der deutschen Bundesregierung, das Herausforderungen und Lösungen der sogenannten Bioökonomie herausarbeitete. Meine Aufgabe war es, zu Themen wie Pflanzenzüchtung, Landwirtschaft, nachwachsenden Rohstoffen, Biotechnologie und Ernährung der Zukunft den aktuellen Stand des Wissens zu recherchieren und Textentwürfe für verschiedene Arbeitsgruppen des Gremiums zu schreiben, auf deren Basis die Mitglieder dann Empfehlungen an die Politik erarbeiten konnten. Diese Arbeit war ein interessanter Einblick in die Schnittstelle zwischen Wissenschaft und Politik, und gleichzeitig konnte ich meinen Wissensdurst stillen.

Später kamen im Rahmen anderer Projekte die Konzeption und Durchführung von Dialogformaten mit Bürger:innen, Ausstellungen und multimedialen Formaten für Wissenschaftskommunikation sowie zahlreiche Beiträge für Zeitschriften und das Internet hinzu. Dabei ist vor allem die Zukunft unserer Ernährung ein Thema, das mich besonders in seinen Bann gezogen hat und deshalb auch privat sehr beschäftigt. Ich schreibe Blogartikel über neue vegane Produkte, essbare Insekten oder Algen und gelte unter Freund:innen und Kolleg:innen als jemand, der einfach alles probieren muss. Seit einiger Zeit geht es dabei auch um neue Ansätze der Fermentation, also die Produktion von Lebensmitteln mit Mikroorganismen. Hier ist inzwischen Erstaunliches möglich, wie die Herstellung von Milchprotein, Eiweiß und tierischen Fetten, die vom Original bis hinunter auf die molekulare Ebene nicht mehr zu unterscheiden sind – ohne dass dafür ein Tier geschlachtet, gemolken oder auch nur gehalten werden muss. Oder die massenweise Vermehrung von nahrhaften Bakterien und mikrobiellen Pilzen als proteinreiche Grundlage für neue Lebensmittel. Noch stehen diese Technologien ganz am Anfang. Aber schon heute zeichnet sich ab, dass althergebrachtes Wissen über Fermentation, kombiniert mit der gigantischen, noch größtenteils unerforschten Vielfalt der Mikroorganismen und bahnbrechenden Technologien aus der Biologie unsere Ernährung auf eine neue Stufe heben könnte. Und diese Aussicht wirft eine Menge Fragen auf: Was macht Mikroorganismen und Fermentation so besonders? Wie können sie die Art, wie wir Lebensmittel produzieren und konsumieren, revolutionieren? Können sie uns tatsächlich dabei helfen, den ökologischen Fußabdruck unserer Ernährung drastisch zu verkleinern? Oder könnten sie nicht viel eher unerwünschte Effekte auf unsere Ernährung haben und auf die Landwirtschaft, wie wir sie kennen? Essen aus dem Bioreaktor – kann das überhaupt schmecken und ist das gesund? Wie funktionieren die neuen Arten des Brauens genau, welche davon haben etwas mit Gentechnik zu tun und wie schnell und nachhaltig wird eine Produktion im großen Stil möglich sein? Ist diese Art der Lebensmittelproduktion eher unnatürlich und zahlt sie nur noch weiter auf eine fortschreitende Industrialisierung unseres Ernährungssystems ein? Oder könnte man sie im Gegenteil als sehr natürlich betrachten, als die Weiterentwicklung einer uralten, traditionellen Art der Fermentation? So viele Fragen. Zum Glück haben mir viele Expert:innen ihr Ohr geliehen und ihre Gedanken mit mir geteilt, mir exklusive Einblicke in heutige und zukünftige Brauereien gewährt. Doch fangen wir damit an, warum wir überhaupt ein Problem haben.

Teller, die die Welt bedeuten

Stellen wir uns einen sonnigen Sonntagmorgen vor. Wir werden wach, strecken uns ausgiebig und reiben uns die Augen. Es ist eigentlich gar nicht mehr wirklich Morgen, eher schon bald Mittag, denn am Vorabend ist es etwas länger geworden. Hunger macht sich bemerkbar, und wir beschließen, ein reichhaltiges Frühstück vorzubereiten. Es gibt frisches Brot mit einer duftenden Kruste, dazu verschiedene Käsesorten, einen Ring französische Salami. Weil es sich bei diesem imaginären Frühstück eher um einen Brunch handelt, gibt es dazu noch Rührei mit Speck und Bohnen, einen frischen Salat und zum Nachtisch für jeden ein Schokoladenjoghurt.

So oder so ähnlich sieht ein sonntäglicher Brunch für Millionen von Menschen in Europa und anderen industrialisierten, wohlhabenden Regionen der Welt aus. Die aufgezählten Lebensmittel und auch so gut wie alles andere, das auf unseren Tellern und in unseren Gläsern landet, stammt letztendlich aus der Landwirtschaft. Also von Äckern, Plantagen und Weiden, aus Gewächshäusern und Ställen, auf deren Flächen Natur zurückgedrängt und in Schach gehalten wird, um dem Boden eine Ernte in Form von Nahrungsmitteln abzutrotzen. Warum das einerseits eine Errungenschaft und andererseits zum Problem geworden ist, darüber habe ich mit Matin Qaim gesprochen, der als einer der führenden internationalen Agrarökonomen an der

Universität Bonn als Professor lehrt und das Zentrum für Entwicklungsforschung (ZEF) leitet. »An Hunger und Unterernährung zu leiden, war für den größten Teil der bisherigen Menschheitsgeschichte eher die Regel als die Ausnahme. Das hat sich erst in den letzten 100 Jahren gewandelt und sogar umgekehrt. Heute haben viele Menschen mehr, als sie brauchen.« Sind wir also auf einem guten Weg und haben den Hunger besiegt? »Der Sieg gegen den Hunger ist einer enormen Steigerung der landwirtschaftlichen Produktivität durch Wissenschaft und technische Innovation zu verdanken. Doch noch ist es kein vollständiger Sieg.« Die Ursachen für Hunger seien laut Matin Qaim zu komplex, als dass man sie nur mit größerer Produktion bekämpfen könnte. Noch immer hungern etwa 800 Millionen Menschen auf der Welt, und in manchen Regionen, vor allem Afrika, nimmt diese Zahl zu, statt ab. Seit 2019 sind sogar seit Langem erstmals wieder die absolute Anzahl und der prozentuale Anteil der Hungernden angestiegen – verursacht durch einen schlechteren Zugang zu Lebensmitteln. »Es bringt einem zum Beispiel wenig, wenn auf den Feldern im Dorf üppig geerntet wird, man aber zu wenig Geld hat, um sich etwas davon zu kaufen. Aber Fakt ist, dass in den meisten Weltregionen heute viel mehr Menschen satt werden und sich gesund ernähren können, als es früher der Fall war.«

Dass wir es als Gesellschaft geschafft haben, mit einem immer kleineren Teil unserer Bevölkerung und mit einer begrenzt zur Verfügung stehenden Fläche unsere Ernährung größtenteils sicherzustellen, ist also erst einmal eine große Errungenschaft. 1920 hat ein Mensch pro Kopf im Schnitt noch 1,55 Hektar landwirtschaftliche Fläche genutzt, 2016 waren es nur noch 0,66 Hektar, also nicht einmal halb so viel.[1] So können viel mehr Menschen als früher ausreichend ernährt werden, und die meisten können anderen Dingen und Berufen nachgehen, statt den größten Teil des Tages damit zu verbringen, Pflanzen anzubauen und Tiere zu halten. Die Sicherstellung der Nahrungsversorgung durch eine produktive Landwirtschaft hat somit einen großen Anteil am zivilisatorischen Aufstieg und der Stabilität moderner Gesellschaften. Doch wie so oft, gibt es auch bei dieser Erfolgsgeschichte eine Schattenseite: »Obwohl die moderne

Landwirtschaft dank stetiger Steigerung der Produktivität heute auf einem Quadratmeter viel mehr Nahrung produziert als früher und dadurch pro Kopf viel Fläche einspart, bedeckt sie inzwischen fast die Hälfte der bewohnbaren Erdoberfläche«, sagt Matin Qaim. Das bestätigen die Zahlen auf der Website *Our World in Data*, einer der besten Quellen im Internet, wenn es um Zahlen und Fakten geht. Etwa 77 Prozent von dieser Hälfte und ungefähr 27 Prozent der gesamten Landoberfläche der Erde werden wiederum für unterschiedliche Formen der Weidewirtschaft und den Anbau von Tierfutter genutzt. Eine Fläche etwa so groß wie Nord-, Mittel- und Südamerika zusammen! Die restlichen 23 Prozent der für Landwirtschaft genutzten Fläche werden für den Anbau von Pflanzen genutzt, die für den direkten Verzehr durch Menschen bestimmt sind. Was in etwa sieben Prozent der Landoberfläche der Erde entspricht. Um das in Relation zu setzen: Wälder bedecken etwa 26 Prozent und die Bebauung durch menschliche Infrastruktur, also Städte, Dörfer, Straßen und so weiter, etwa ein Prozent der gesamten Landoberfläche des Planeten. Jedes der Lebensmittel, das wir auf unserem fiktiven sonntäglichen Esstisch finden, »kostet« also irgendwo auf der Erde einige Quadratzentimeter oder sogar -meter Fläche. Fläche, auf der auch andere Dinge existieren könnten – beispielweise ein Wald, ein Moor, eine Savanne, eine Wiese oder andere Ökosysteme. Man kann also sagen, dass unsere Ernährung ganz konkrete Auswirkungen auf die Gestaltung der Erdoberfläche hat. Oder besser gesagt: auf ihre Umgestaltung.

Auch die Biomasse auf der Erde haben wir gravierend umverteilt: Der Anteil wildlebender Säugetiere macht beispielsweise nur noch vier Prozent der Gesamtmasse aller auf der Erde lebenden Säugetiere aus. Ganze 34 Prozent stellen inzwischen wir Menschen und der komplette Rest, also unglaubliche 62 Prozent, sind Nutztiere, vor allem Rinder und Schweine. Das ist auch auf einen dramatischen Rückgang der Wildtiere, vor allem aber auf eine Vervielfachung der Gesamtmasse zurückzuführen, verursacht durch die Expansion der Nutztierhaltung. Die weltweite Masse der Broiler, also jener Hühner, die wir zur Fleischproduktion nutzen, übersteigt inzwischen jene aller wilden Vögel zusammengenommen. Es ist nicht schwierig, sich auszumalen, dass eine solche Umverteilung des Lebens auf der Erde und die Umgestaltung der Biosphäre im großen Maßstab auch Auswirkungen auf Ökosysteme, Stoffkreisläufe und das Klima haben. Und dieser Prozess ist noch nicht abgeschlossen, denn die Weltbevölkerung wächst trotz einer rückläufigen Wachstumsrate noch weiter an, und auch der Konsum tierischer Produkte nimmt weiter zu und damit die Zahl der Nutztiere auf der Erde.

Noch einmal: Dass ein Großteil der Menschen ausreichend mit Getreide, Gemüse, Obst, Fleisch, Milchprodukten und Fisch versorgt werden kann, ist eine große Errungenschaft. Und zwar eine, in deren Genuss noch immer zu viele nicht oder nur begrenzt kommen. Die Schattenseite ist ein enormer, negativer Einfluss auf die Ökosysteme dieser Welt. Unsere Ernährung ist nicht »nachhaltig«. Was bedeutet das konkret? »Nachhaltige Ernährung bedeutet, dass sie sowohl für die Menschen als auch für den Planeten gesund ist«, erklärt Matin Qaim. Denn nur dann könnten auch nachfolgende Generationen auf dieselbe Art weitermachen. »Beides ist bei der heute zu beobachtenden Ernährung und Landwirtschaft nicht der Fall. Viele Menschen leiden an Hunger und Unterernährung. Gleichzeitig sind viele übergewichtig und adipös und haben deshalb mit chronischen Erkrankungen zu kämpfen.« Auch in Bezug auf die sogenannte planetare Gesundheit überschreiten wir deutlich die Grenzen. Landwirtschaft und Ernährung sind für rund ein Drittel aller Treibhausgasemissionen und für ca. 80 Prozent des Verlusts an Biodiversität verantwortlich. Wir üben längst keinen zu vernachlässigenden Einfluss im großen Kontext einer übermächtigen und scheinbar endlosen Natur mehr aus, sondern nutzen einen großen Teil der Erdoberfläche – vor allem für die Produktion tierischer Lebensmittel. Während beispielsweise für eine Menge an Erbsen, die 1000 Kilokalorien enthält, 2,16 Quadratmeter Anbaufläche benötigt werden, kommt man für Hühnereier mit derselben Menge Kalorien auf 4,35, für Schweinefleisch auf 7,26, für Milch auf 14,92, und für Rindfleisch aus Weidehaltung auf knappe 120 Quadratmeter.[2] Besonders bei Weidehaltung muss man genauer hinsehen, denn es gibt Systeme, die sehr artenreich sind (hierzu im letzten Teil des Buches mehr). Meistens muss für die Produktion von

Nahrung jedoch erst einmal ein Ökosystem weichen, das vorher an dieser Stelle zu finden war. Besonders dann, wenn die Nachfrage nach Fleisch und Milch weiter steigt und landwirtschaftliche Nutzflächen sich deshalb immer weiter ausbreiten.[3]

Das sind globale Zahlen die, so beeindruckend sie sind, den Nachteil haben, dass sie uns fern unseres eigenen Einflussbereiches erscheinen. Wie sieht es mit dem Einfluss der Landwirtschaft und unserer Ernährung auf die heimische Biodiversität aus? Dazu gab es 2020 eine große Studie der Nationalen Akademie der Wissenschaften Leopoldina zur Situation in Deutschland mit dem Titel »Biodiversität und Management von Agrarlandschaften«, an der zahlreiche Wissenschaftler:innen mitgewirkt haben. Eine von ihnen ist Alexandra-Maria Klein, Biologin und Professorin für Naturschutz und Landschaftsökologie an der Universität Freiburg. »In der Leopoldina-Studie haben wir uns angeschaut, wie es um die Biodiversität in Deutschland steht«, erklärt sie mir. »Dabei haben wir Studien gefunden, die Rückgänge in den Artenzahlen in den letzten 30 Jahren dokumentiert haben. Die Rückgänge waren besonders in der Agrarlandschaft zu sehen. Wir haben dann versucht, die Ursachen dafür zu identifizieren und herauszuarbeiten, wie wir als Gesellschaft den Biodiversitätsrückgang aufhalten können. Es gab viele Ursachen, aber es war unmöglich, zu diesem Zeitpunkt anhand der vorhandenen Studien zu zeigen, welche die größten Verursacher sind.« Die Änderung der Landnutzung wurde von den Autor:innen dennoch als eine der Hauptursachen identifiziert. »Die Art, wie Land genutzt wird, hat definitiv einen Einfluss auf die Artenvielfalt. Allerdings können die Studien bisher keine Details zu den konkreten Zusammenhängen liefern. Wir müssen das deshalb unbedingt besser erforschen. Doch eine wichtige Aussage der Leopoldina-Studie ist, dass der Biodiversitätsrückgang ein gesamtgesellschaftliches Problem ist und somit auch von der gesamten Gesellschaft angegangen werden muss.«

Die Veränderung der Nutzung der Landschaft über die letzten Jahrzehnte hat also die Biodiversität in ihr verringert. Viele Ökolog:innen machen dafür die Flurbereinigung verantwortlich (in Österreich: Kommassierung), bei der unter anderem viele kleine Wirtschaftsflächen zu großen zusammengelegt wurden, um die Effektivität der Land- und Forstwirtschaft zu steigern. Sie äußerte sich jedoch auch in einem »Ausräumen« von Landschaften, also der Entfernung kleinteiliger Strukturen zwischen den Flächen, um Platz für größere Maschinen zu schaffen und die Produktivität zu steigern. Eine schwindende Vielfalt der Strukturen in einer Landschaft durch das Beseitigen von Hecken, Bäumen, Bächen, leerstehenden Scheunen und so weiter, sorgt für eine schwindende Vielfalt von Tier- und Pflanzenarten. Doch warum ist das für uns eigentlich ein Problem? Abgesehen davon, dass wir dem Erhalt von Biodiversität einen ideellen, nicht bezifferbaren Wert an sich zuschreiben könnten (ich tue das zum Beispiel) – was hat sie für uns und unser Fortbestehen für eine Bedeutung? »Biodiversität bedeutet Stabilität, und dies ist etwas, das wir alle brauchen«, sagt Alexandra-Maria Klein. »Jeder Organismus hat eine Aufgabe in einem oder mehreren Ökosystemen, und nicht immer können diese Aufgaben durch andere Organismen ersetzt werden, wenn eine Art oder ein Gen innerhalb einer Art ausfällt oder sogar ausstirbt. Somit ist Biodiversität eine zentrale Lebensgrundlage für uns. Ein Teil der Biodiversität sorgt für unsere Nahrung und ein anderer für sauberes Trinkwasser und so weiter. Allein schon aus ganz egoistischen Gründen sollte uns viel an dem Erhalt der Artenvielfalt liegen.«

Artenvielfalt fungiert also wie ein Sicherheitsnetz, das Schwankungen ausgleicht und durch eine Vielfalt an Optionen immer eine Lösung bereithält. Sie ist einer der Faktoren, die die sogenannte Resilienz eines Ökosystems bestimmen, also seine Fähigkeit, mit Störungen umzugehen und weiterhin die für uns wichtigen Dienstleistungen zu erbringen. Ist die Resilienz zu niedrig, können zum Beispiel extreme Wetterereignisse ein Ökosystem leichter aus den Fugen bringen.

Auch auf die direkt betroffenen Tiere hat der Anstieg von Konsum und Produktion tierischer Produkte natürlich enorme Auswirkungen. Im Jahr 2021 wurden weltweit 900 000 Rinder, 1,4 Millionen Ziegen, 1,7 Millionen Schafe, 3,8 Millionen Schweine, 11,8 Millionen Enten und 202 Millionen Hühner für Fleisch geschlachtet – pro Tag. Für Hühner ergibt das 140 000 pro Minute.[4] Die allermeisten dieser Tiere haben ihr kurzes Leben bis zur Schlachtung in sogenannter

Massentierhaltung verbracht,[5] in den USA wird zum Beispiel von über 90 Prozent ausgegangen, die in dort »factory farms« genannten Betrieben gehalten werden. Ich wollte wissen, ob auch das auf Deutschland übertragbar ist, und habe mit Konstantinos Tsilimekis gesprochen, der beim gemeinnützigen Verein Germanwatch arbeitet und sich schon seit vielen Jahren eingehend mit der Tierhaltung hierzulande beschäftigt. »Es gibt keine offizielle, einheitlich anerkannte Definition und Statistik für das, was viele Massentierhaltung nennen. In Deutschland ist es dennoch so, dass wir eindeutig genug Indikatoren haben, um die allermeisten Haltungen als Massentierhaltung, intensive oder industrielle Tierhaltung bezeichnen zu können«, sagt er. »Alle diese Haltungsformen bringen kleinere, größere und teils auch massive Probleme und Verbesserungsbedarf mit sich.«

Laut Konstantinos Tsilimekis beginnen und enden die Probleme jedoch nicht bei der Haltung der Tiere. Schon ihre Zucht habe erheblichen Einfluss darauf, wie es den Tieren später innerhalb ihrer meist kurzen Leben ergehe. »Bei der Haltung spielen verschiedene technische Aspekte und auch das Management eine große Rolle. Und spätestens die hohe Taktrate der Schlachtungen in den großen Schlachtunternehmen zeigt, woher Begrifflichkeiten wie ›industriell‹ rühren.« Konstantinos Tsilimekis will nicht pauschalisieren und er erlebt immer wieder, dass sich insbesondere Halter, die relativ vorbildlich vorgehen, von solchen Ausführungen angegriffen fühlen. »Dabei sollte inzwischen wirklich allen klar sein, dass die dominierenden Haltungsformen den heutigen gesellschaftlichen und wissenschaftlichen Verständnissen von Tierwohl einfach nicht gerecht werden.« Die Details zu den Haltungsformen und ihrer Auswirkung auf Tierwohl (oder auch Tiergerechtheit) und Umwelt sind für jeden zugänglich einsehbar. Der Verein Kuratorium für Technik und Bauwesen in der Landwirtschaft e. V. (KTBL) hat in aufwendiger Arbeit 153 Haltungsverfahren für Rinder, Schweine, Hühner und Puten in einer Webanwendung mit dem Titel »Nationaler Bewertungsrahmen Tierhaltungsverfahren« erfasst und einfach abrufbar gemacht.[6] Die dominierenden Haltungsformen sind zum Beispiel bei Schweinen Ställe mit Vollspaltboden und bei Legehennen die Bodenhaltung.

Daran, dass unser heutiges System der Fleischproduktion insgesamt auch sehr zu Lasten vieler Nutztiere geht und deshalb an gesellschaftlicher Akzeptanz einbüßt, gibt es wenig Zweifel.[7] [8]

Das heutige Ausmaß der Tierhaltung bringt auch Risiken für unser aller Gesundheit mit sich. Die Gründe dafür sind vielfältig und müssen noch besser erforscht werden. Die Entstehung von neuen Krankheiten, die von Tieren auf uns Menschen übertragbar sind (sogenannte Zoonosen) sind beispielsweise eine solche Gefahr. Dabei kann es um Krankheiten gehen, die von Nutztieren auf uns übertragen werden, oder aber auch um solche, die von Wildtieren ausgehen, in deren Habitate vor allem durch die Ausbreitung landwirtschaftlicher Nutzflächen immer weiter vorgedrungen wird.[9] Krankheiten bei Nutztieren werden, wie auch bei uns Menschen, unter anderem mit Antibiotika behandelt. Problematisch wird das, wenn Antibiotika zum Einsatz kommen, die auch für die Behandlung von Menschen wichtig sind, und wenn durch einen übermäßigen Einsatz in der Tierhaltung bei Erregern Resistenzen entstehen. Erkranken Menschen an solchen Erregern, wirken die Antibiotika nicht mehr. Vor allem bei sogenannten Reserveantibiotika, die für Notfälle vorgehalten werden, in denen andere Mittel nicht mehr wirken, muss die Entstehung von Resistenzen unbedingt verhindert werden. Doch auch diese werden in der Tierhaltung eingesetzt. Zwar wurde der Antibiotikaeinsatz in Deutschland seit 2011 von einem sehr hohen Niveau um 68 Prozent reduziert, er liegt aber immer noch über jenem von anderen europäischen Ländern und stellt weiterhin ein Risiko dar.

Willkommen in der Menschenzeit

Soweit zu einigen Zahlen und Fakten, die unsere Ernährung betreffen. Aber auch Aktivitäten wie Städtebau, der Abbau von Ressourcen und die Umwandlung von Erzen und fossilen Ressourcen in industrielle Rohstoffe und Produkte haben einen enormen Einfluss auf das ökologische Gleichgewicht unseres Planeten. Ohne an dieser Stelle weiter ins Detail gehen zu wollen, fasst eine letzte Zahl die Umformung der Erdoberfläche durch uns Menschen sehr eindrücklich zusammen: Die Masse allen menschengemachten Materials übertrifft laut Schätzungen von Wissenschaftler:innen inzwischen die Masse allen Lebens auf der Erde.[10] In ihrer Summe sind all das Merkmale des sogenannten Anthropozäns, der Menschenzeit. Dieses Konzept, nach dem sich das enorme Wirken von uns Menschen auf dem Planeten als eigene geologische Epoche definieren lässt, hat der Atmosphärenforscher und Nobelpreisträger Paul J. Crutzen im Jahr 2000 vorgeschlagen. Im Buch »Menschenzeit« beschreibt der Journalist und Autor Christian Schwägerl eindrücklich, was das Anthropozän kennzeichnet und wie es uns gleichzeitig vor große Herausforderungen stellt, aber auch viele Chancen bereithält – wenn wir unsere Rolle als planetare Gestalter:innen und die damit einhergehende Verantwortung endlich begreifen und wahrnehmen. Die Anerkennung des Anthropozäns als offizielle geologische Epoche durch wichtige wissenschaftliche Gremien steht noch aus, und eine Entscheidung wird im Sommer 2024 erwartet. Falls die Initiative erfolgreich ist, leben wir seit Anfang der 1950er-Jahre nicht mehr im Holozän, also dem Erdzeitalter, in dem wir uns laut Geolog:innen seit über 11000 Jahren befinden, sondern im Anthropozän.

Was bedeutet das alles für uns? Menschen gehen ganz unterschiedlich damit um, dass uns Stimmen aus der Wissenschaft nun schon seit vielen Jahrzehnten auf unseren Einfluss auf Umwelt und Klima und die Gefahren, die für uns damit einhergehen, hinweisen. Und auch die bisherigen Maßnahmen, die ergriffen wurden, um eine Kehrtwende einzuleiten, werden unterschiedlich bewertet. Die große Mehrheit der Europäer:innen, nämlich 93 Prozent, gab in der repräsentativen Umfrage des »Eurobarometers«,[11] die im Juli 2023 veröffentlicht wurde, an, dass sie den Klimawandel für ein ernstes Problem für die Welt halten. Die Probleme werden naturgemäß jüngere Menschen noch länger und stärker betreffen als ältere, während sie selbst weniger zu deren Verursachung beigetragen haben. Im Sinne der Generationengerechtigkeit, also einem gerechten Ausgleich von Lasten, die zukünftige Generationen aufgrund heutiger Entscheidungen zu tragen haben, sollten die Sorgen und Meinungen der jungen Generation besonders viel Gehör finden. Laut einer internationalen Befragung von 10000 Menschen zwischen 16 und 25 Jahren aus zehn Ländern sind 56 Prozent der Ansicht, die Menschheit sei dem Untergang geweiht, und 39 Prozent sind aufgrund der Klimakrise unschlüssig, ob sie Kinder bekommen sollen. Die Angst vor dem, was die starke Veränderung des Klimas durch uns Menschen laut Wissenschaft verursachen könnte, ist für viele junge Menschen eine psychische Belastung. Angesichts dessen, wie führende Wissenschaftler:innen auf dem Gebiet der Klimaforschung und Ökologie die bisherigen Anstrengungen für eine Abmilderung des durch den Menschen verursachten Klimawandels bewerten, kann ein solcher Pessimismus unter Jugendlichen kaum verwundern. Im Mai 2022 habe ich auf der Bioeconomy Conference in Halle den renommierten Klimatologen und Gründer des Potsdam-Instituts für Klimafolgenforschung Hans Joachim Schellnhuber sprechen hören. Ruhig und sachlich beschrieb er die unterschiedlichen Pfade der Erderwärmung und welche davon wir bereits einzuschlagen verpasst haben. Dass ein Großteil der weltweiten Korallenriffe durch eine Erwärmung der Ozeane absterben wird, hält Schellnhuber zum Beispiel für nicht mehr aufzuhalten. Viele Ökosysteme werden wir sehr wahrscheinlich unweigerlich verlieren. Die großen Katastrophen und Kipppunkte könnten wir jedoch immer noch verhindern oder ihre Folgen abmildern, wenn wir schnell und entschlossen handeln.

Der kanadische Ökologe William E. Rees hält ein noch düstereres Zukunftsszenario für wahrscheinlich. Rees ist der Erfinder des Konzepts des »ökologischen Fußabdrucks«. Dieser beziffert die biologisch produktive Fläche, die wir Menschen für den dauerhaften Erhalt unseres Lebensstils benötigen. Es hat einige Schwächen und ist, wie die meisten solcher Konzepte, zu vereinfachend, um die komplette Komplexität des menschlichen Wirkens auf die Ökosphäre abzubilden. Aber es war eine erste gute Annäherung und ein leicht anzuwendendes Werkzeug, um negative Einflüsse zu berechnen. Das war im Jahr 1994. Im Laufe der folgenden 30 Jahre nach Veröffentlichung seines Konzepts bis heute scheint Rees nicht viel Verbesserung hinsichtlich ökologischer Nachhaltigkeit zu sehen. Im Gegenteil. Im August 2023 veröffentlichte er eine Analyse in einem Fachmagazin, in der er eine Schrumpfung der Weltwirtschaft als unausweichlich beschreibt und eine gegen Ende dieses Jahrhunderts bevorstehende »Bevölkerungskorrektur« voraussagt. »Das übergeordnete Ziel dieses Papiers besteht darin, darzulegen, dass die schiere Zahl der Menschen und das Ausmaß ihrer Wirtschaftstätigkeit die funktionale Integrität der Ökosphäre untergraben und wesentliche lebenserhaltende Funktionen gefährden – und zwar ungeachtet der viel gepriesenen demografischen Entwicklung und der sogenannten erneuerbaren Energien«, schreibt er (aus dem Englischen übersetzt). Mit der »demografischen Entwicklung« meint er Prognosen, die auf eine baldige Stagnation des Weltbevölkerungswachstums hindeuten. Rees untermauert seine These anschließend in eindrücklicher, eloquenter Sprache mit vielen Fakten und Zusammenhängen, wie zum Beispiel den nur sehr geringen Fortschritten beim Ausbau regenerativer Energien. 2021 wurden noch immer 82 Prozent des globalen Energiebedarfs durch fossile Energieträger gedeckt; trotz jahrzehntelangen Ausbaus produzieren Windräder und Solarenergie zusammen nur 2,3 Prozent der weltweit verbrauchten Energie. Angefeuert durch das Anzapfen der vermeintlich unerschöpflichen fossilen Ressourcen Kohle, Gas und Öl wuchs die Weltbevölkerung rasant, und da es sich, so leitet Rees her, bei der menschlichen Zivilisation um eine sogenannte »dissipative Struktur« handle, die fern von einem thermodynamischen Gleichgewicht agiert, nutze sie die gewonnene Energie für die Ausbeute geologischer und biologischer Ressourcen und produziere auf der anderen Seite mehr Abfall und Emissionen, als die Ökosphäre verarbeiten kann. Die Vergrößerung dieses Ungleichgewichts wird – kommen nicht schnell und durchgreifend entsprechende engagierte Gegenmaßnahmen zum Tragen – laut vielen Klimaforscher:innen zu sogenannten Kipppunkten führen. Und dann womöglich tatsächlich zu einem Kollaps der Wirtschaft, der durch erschöpfte Ressourcen und Ökosysteme ihre Grundlagen entzogen werden, und dadurch wiederum zu einem Einbruch der weltweiten Wertschöpfung, die nicht nur für den Gewinn von Unternehmen und den Lohn von Arbeitnehmer:innen, sondern auch für die Finanzierung von Sozialsystemen nötig ist.

Dabei ist dieses Verhalten der menschlichen Spezies an sich nicht unnatürlich. Im Gegenteil. Alle Organismen, Populationen und einzelnen Biotope sind im Prinzip dissipative Strukturen, wie Rees es beschreibt. Sie alle beuten passende Quellen in ihrer Umgebung zu ihrem Nutzen aus und hinterlassen Abfall. Sie scheren sich wenig um übergeordnete, geschlossene Kreisläufe, sondern hauptsächlich um ihre eigene Existenz und darum, ihre Erbanlagen möglichst erfolgreich weiterzugeben. Dafür ist eine ganz grundlegende Voraussetzung, dass sich eben kein Gleichgewicht zwischen ihnen und ihrer Umwelt einstellt, denn ein solches Gleichgewicht ist gleichbedeutend mit Tod. Es ist das thermodynamische Ungleichgewicht zwischen dem Inneren von Zellen, Organismen oder Ökosystemen und ihrer Umgebung, das Leben ausmacht. Doch in einer über längere Zeit hinweg intakten Biosphäre sind alle diese Komponenten in eine Hierarchie eingebettet, in der ein zu exzessives Ausbeuten oder Abfallproduzieren meist in Schach gehalten wird. Josef H. Reichholf, dem wir später in einem anderen Zusammenhang noch einmal begegnen werden, beschreibt diese ökologischen Prinzipien in seinem gleichnamigen Buch als »Stabile Ungleichgewichte«. In einer Zelle befinden sich ganz andere Stoffe als in ihrer Umgebung, und die Aufrechterhaltung dieser Ordnung gegenüber der Unordnung der Außenwelt bedarf einer ständigen Bemühung, die Energie kostet. Auf zellulärer Ebene bedeutet dies zum Beispiel, dass winzige Motoren in den Membranen sitzen, die Stoffe von innen nach außen und von außen nach innen transportieren. Auf der Ebene von Organismen äußert sich die nötige Aufrechterhaltung der inneren Ordnung zum Beispiel in der ständigen Suche nach Nahrung und Unterschlupf, im Ausscheiden ungewollter Stoffe und – im Falle von uns Menschen – darin, dass unser Wohnzimmer ganz anders aussieht als ein Waldboden. Der ständige Kampf gegen das Streben der unbelebten Umwelt nach Unordnung bestimmt das Wirken aller Lebewesen. Und auch auf der Ebene der industrialisierten, technologisierten menschlichen Zivilisation als Ganzes sieht Rees diese Mechanismen wirken. Die wachsende Welt der Menschen »ernährt« sich von der Ordnung der restlichen Biosphäre. Und da sich diese viel langsamer regeneriert, als sie von uns Menschen verbraucht und in Unordnung verwandelt wird, wird sie früher oder später erschöpfen. »In der Tat befindet sich die Menschheit im Zustand der Überlastung – die globale Erwärmung, der Rückgang der Artenvielfalt, die Bodendegradation, die Abholzung der Tropenwälder, die Versauerung der Ozeane, die Erschöpfung der fossilen Brennstoffe und Mineralien, die Verschmutzung aller Dinge und so weiter sind Anzeichen für die zunehmende Unordnung in der Biosphäre. Es besteht die Gefahr eines chaotischen Zusammenbruchs der wesentlichen lebenserhaltenden Funktionen«, so Rees in seiner Publikation.

Das klingt düster. Ist also bereits alles verloren? Können wir das Schlimmste gar nicht mehr abwenden? Sollten wir Sorgen und Ängste besser verdrängen und die an geologischen Maßstäben gemessen kurze Zeit, die wir als einzelne Menschen haben, so gut es geht genießen, anstatt uns mit anstrengenden Maßnahmen gegen eine ohnehin unabwendbare Klimakrise und ein großes Artensterben aufzuhalten? Oder können wir den Karren noch aus dem Dreck ziehen und rechtzeitig wenden, bevor wir gegen die Mauer krachen, die vor uns liegt? Sind wir den jungen Menschen von heute und kommenden Generationen nicht zumindest schuldig, es zu versuchen?

Es gibt nicht nur düstere Prognosen und schlechte Neuigkeiten. Vieles ist heute besser als noch vor einigen Jahrhunderten und auch als noch vor einigen Jahrzehnten.[12] Und die Fakten sagen uns auch, dass es absolut möglich ist, die Welt zu verbessern, wenn auch auf den zweiten Blick meist etwas komplizierter und nicht immer intuitiv. Und die Optimist:innen unter den Wissenschaftler:innen glauben daran, dass wir unser heutiges Potenzial dafür nutzen können, die Grundlagen für eine lebenswerte Zukunft mit intakten Ökosystemen und in einem Gleichgewicht mit dem Klima zu erschaffen. Indem wir unser wachsendes Wissen und den technologischen Fortschritt vor den Karren der Nachhaltigkeit spannen. In dem Bereich, in dem ich arbeite, gibt es viele solcher Optimist:innen. Und auch, wenn ich den Enthusiasmus für das Potenzial von Wissenschaft und Technologie inzwischen kritischer betrachte als noch vor einigen Jahren, teile ich ihn noch immer. Denn, was sollten wir sonst tun, als zumindest zu versuchen, die Welt zu verbessern?

Die Erzeugung unserer Lebensmittel hat einen großen Anteil an unserem negativen Einfluss auf die Biosphäre. Mehr Menschen brauchen mehr Nahrung, wohlhabendere Menschen verbrauchen mehr Nahrung pro Kopf und mehr Fläche pro Kilogramm Lebensmittel. Das äußert sich vor allem im Konsum tierischer Produkte, der teilweise weit über das gesundheitlich vorteilhafte Maß hinausgeht. Aber auch der steigende Konsum vieler weiterer Lebensmittel vergrößert den ökologischen Fußabdruck unserer Ernährung. Der wünschenswerte Trend zu steigendem Wohlstand und Zugang zu Lebensmitteln überall in der Welt ist gekoppelt an einen Anstieg des ökologischen Fußabdrucks des Konsums. An den Verbrauch von mehr Fläche und Wasser, an größeres Tierleid und die Produktion von mehr Abfall in Form von Gasen, die das Klima erwärmen, sowie von Stickstoffverbindungen, die Ökosysteme überdüngen. Das ist die Art und Weise, wie die Welt funktioniert hat. Bisher.

Lesetipps:

Wer mehr über die Chancen und Herausforderungen des Anthropozäns erfahren will, dem empfehle ich »Menschenzeit – Zerstören oder gestalten?« von Christian Schwägerl.[13]

Im Buch »Alles gut?!« von Andreas Sator kann man dazu viel Konkretes finden, wie man die Welt wirklich effektiv besser machen kann.[14]

Ein aktuelles und sehr gut recherchiertes Buch rund um Stickstoff ist »Globale Überdosis« von Anne Preger.[15]

Essbare Alchemie

Die Lebensmittel, die ich für unseren imaginären Frühstückstisch ausgewählt habe, haben noch mehr gemeinsam als einen mehr oder weniger großen Einfluss auf Ökosysteme und Klima. Ihre Grundzutaten sind pflanzlichen oder tierischen Ursprungs: Das Brot besteht aus Getreide, der Käse und das Joghurt aus Milch, die Wurst aus Fleisch und die vegane Wurst aus Soja- oder Erbsenprotein. »Aus was auch sonst?«, fragen Sie sich vielleicht. Pflanzen und Tiere, eventuell noch Pilze sind es doch, die unser Essen ausmachen und unsere Ernährung von jeher bestimmen. Doch auch eine weitere Gruppe von Lebewesen spielt für unsere Ernährung eine zentrale Rolle: die Mikroorganismen. Für das bloße Auge unsichtbar finden ihre Existenz und ihr Wirken meist unter unserem Radar statt, es sei denn, sie fallen negativ auf, indem sie unsere Lebensmittel verderben oder uns gar krank machen. Dabei wäre ohne sie kein Einziges der Lebensmittel auf unserem imaginären Frühstückstisch zu finden. Ja, wirklich, kein Einziges! Denn sie alle sind durch Fermentation entstanden, also durch eine Verarbeitung mit Mikroorganismen. Das Brot basiert auf einem Sauerteig mit Hefen und Bakterien, durch die es aufgeht, länger hält und leicht säuerlich schmeckt. Käse und Joghurt entstehen aus mittels Bakterien fermentierter Milch, manche Käsesorten werden zusätzlich durch Schimmelpilze veredelt. Die getrocknete Wurst wird durch Milchsäurebakterien haltbar gemacht und geschmacklich verändert, der weiße Flaum auf ihrer Haut ist ebenfalls ein Schimmelpilz. Zugegeben, der Salat selbst ist rein pflanzlich (zu meiner Ehrenrettung sei jedoch angemerkt, dass er, wie viele andere Pflanzen, eine Symbiose mit mikrobiellen Pilzen an seinen Wurzeln eingeht). Aber der Essig im Dressing ist ein von Mikroorganismen aus Alkohol fermentiertes Produkt. Auch bei veganen Wurstalternativen kommt inzwischen häufig Fermentation zum Einsatz, um Geschmack und Textur fleischähnlicher zu machen. Und sogar die Kakaobohnen für das Schokoladenjoghurt werden nach der Ernte fermentiert. Und dass wir an diesem fiktiven Sonntagmorgen überhaupt erst so spät in die Gänge gekommen sind, ist ebenfalls der Fermentation zuzuschreiben: der Alkohol von gestern Abend in Form von Bier, Wein und Spirituosen wird von Hefepilzen aus Zucker hergestellt.

Heute ist Fermentation aus privaten Küchen größtenteils verschwunden, nicht aber aus den Lebensmitteln in unseren Kühlschränken und Regalen. Zwar stellen nur noch wenige Menschen ihr eigenes Sauerkraut oder Joghurt her, aber fermentierte Produkte sind weiterhin allgegenwärtig, denn heute wird in großem Maßstab in der Industrie fermentiert. Die traditionellen Rezepte wurden immer wieder angepasst und vereinheitlicht, um die Produktion effizienter zu machen, doch sie blieben im Grunde dieselben, über Jahrtausende hinweg.

Aus den Küchen verschwunden? Nicht ganz! Denn seit einigen Jahren erlebt die Fermentation in Privathaushalten ein Comeback. Ein wichtiger Grund dafür ist laut Studien der Ruf fermentierter Produkte, gut für unsere Gesundheit zu sein. Aber auch die Suche nach neuen Geschmacksrichtungen spielt vor allem bei jüngeren Menschen, den sogenannten Millennials und der Gen Z, eine Rolle. Ein Erklärungsversuch: Früher war Fermentation eine notwendige Methode der Haltbarmachung. Als industriell haltbar gemachte Lebensmittel für jeden verfügbar wurden, nahm die Motivation ab, zu Hause weiterhin selbst zu fermentieren. Dadurch verschwand einiges an geschmacklicher Vielfalt aus den Haushalten, die nun wiederentdeckt wird. Auch ich bin von diesem Trend nicht unberührt geblieben. Vor einigen Jahren habe ich Sauerteig für mich entdeckt, ich habe angefangen, mich an Sauerkraut und Kimchi zu versuchen, und besitze dank einer Nachbarin seit längerer Zeit eine Kombucha-Kultur in meiner Küche, die regelmäßig leckeren Kombucha-Tee und sogar Essig produziert. Inspiriert ist diese neue Leidenschaft sicherlich auch von meinem großen Interesse für Biotechnologie einerseits und für das Kochen und alles, was damit zu tun hat, andererseits.

Box 1: Wirklich ganz einfach: selbst fermentiertes Sauerkraut

Dies ist kein Rezeptbuch, hoffentlich haben Sie das schon vor dem Kauf gemerkt. Trotzdem fühlen Sie sich nach der Lektüre vielleicht inspiriert, sich auch einmal an Fermentation zu versuchen. Hierfür gibt es eine ganze Reihe toller Bücher, die in den letzten Jahren erschienen sind. Um zu sehen, ob dieses Hobby überhaupt etwas für Sie ist, empfehle ich dieses wirklich sehr einfache Rezept für einen ersten Versuch. Selbst, wenn dieser praktische Versuch keine neue Leidenschaft in Ihnen wecken sollte, ist er bestimmt eine passende Begleitung zur Lektüre.

Schritt 1: Einen Kohlkopf kaufen (Weißkohl, wer es klassisch mag; funktioniert aber auch mit Rotkohl).

Schritt 2: Den Strunk herausschneiden, die äußeren Blätter entfernen, ein Blatt der zweiten Lage zur Seite legen.

Schritt 3: Den restlichen Kohl in feine Streifen schneiden, mit einem guten Messer oder einem Hobel.

Schritt 4: Wiegen und pro Kilogramm Kohl 20 Gramm Salz dazugeben.

Schritt 5: Alles schön kräftig durchkneten und für etwa eine Stunde im Kühlschrank ruhen lassen.

Schritt 6: Den Kohl in ein sauberes Einmachglas (zum Beispiel ein gespültes Gurkenglas) stopfen und dabei darauf achten, dass sich möglichst wenig Luftblasen bilden. Also schön reindrücken, zum Beispiel mit einem Holzlöffel. Ganz oben das zur Seite gelegte Blatt als Abdeckung drauflegen. Alles muss am Ende von Flüssigkeit, die durch das Salz und das Kneten aus den Blättern austritt, bedeckt sein. Falls das mit der eigenen Flüssigkeit des Kohls nicht gelingt, kann man noch einmal Wasser mit 20 Gramm Salz pro Liter abkochen und nach dem Abkühlen hinzugeben.

Schritt 7: Den Deckel des Glases locker verschließen, beziehungsweise Wasser in die Rinne des Gärtopfes füllen, und das Ganze fünf Tage bei Raumtemperatur stehen lassen. Besonders praktisch sind auch Bügelgläser, aus denen auch nach dem Verschließen bei Überdruck noch Gas austreten kann. Nutzt man ein Glas anstatt eines Gärtopfes, sollte man es am besten auf einen tiefen Teller stellen, denn durch die beginnende Fermentation kann sich Druck aufbauen und etwas Flüssigkeit austreten. In diesen ersten Tagen vermehren sich Milchsäurebakterien und beginnen damit, den Kohl anzusäuern. Andere Mikroorganismen können das nicht leiden und bleiben fern. So sorgt die Fermentation für Haltbarkeit.

Schritt 8: Kontrollieren, ob noch alles von Flüssigkeit bedeckt ist, sonst nachfüllen. Dann für drei bis vier Wochen in den Kühlschrank stellen, damit die Bakterien von nun an langsamer arbeiten und das Kraut nicht zu sauer werden lassen.

Schritt 9: Das Glas öffnen und das Wunder der Fermentation riechen und schmecken. Hoffentlich klappt es gleich beim ersten Anlauf, sonst nicht aufgeben und noch einmal versuchen.

Mitverantwortlich für meine Leidenschaft ist auch das Zusammentreffen mit anderen Fermentationsenthusiast:innen wie jenen von Edible Alchemy (engl. für essbare Alchemie). Alexis Goertz ist mit ihrem Projekt schon seit vielen Jahren in Berlin aktiv, begeistert andere für Fermentation und bietet Kurse an, in denen man die unterschiedlichen Arten erlernen kann. 2021 habe ich im Rahmen meiner Arbeit für die Informationsplattform bioökonomie.de, ein Projekt des deutschen Bundesministeriums für Bildung und Forschung, zusammen mit Alexis und ihrem damaligen Partner Jonas einen solchen Kurs im Museum für Naturkunde Berlin organisiert. Die beiden bunt gekleideten und wahnsinnig freundlichen Fermentationskünstler:innen hatten damals allerlei Gefäße unterschiedlichster Formen mitgebracht, gefüllt mit farbigen Flüssigkeiten und etwas, das darin herumschwamm – verschiedene Kulturen von Kefir, Sauerteig, Kombucha und Ingwerbier. Die Teilnehmer:innen des kleinen Workshops lernten einiges über die mikrobiellen Kulturen und deren alchemistische Fähigkeiten und durften schließlich selbst eigene Kulturen ansetzen und mitnehmen, um sie zu Hause fermentieren zu lassen. Alle Teilnehmer:innen waren begeistert. Mein Eindruck ist, dass es ein Bedürfnis gibt, Lebensmittelverarbeitung wieder ein Stück weit in die eigenen Hände zu nehmen. Die Herstellung und die Verarbeitung von Nahrung wurden im Laufe des vergangenen Jahrhunderts nach und nach aus den Haushalten in die Industrie verlagert, und nur noch wenige, zumeist ältere Menschen wissen heute noch, wie man selbst einmacht oder fermentiert. Früher hingegen war zwar das Wissen weitverbreitet, aber wahrscheinlich hatte niemand wirklich Lust darauf. Denn schließlich war es damals kein Hobby, sondern viel und harte Arbeit. Heute, wo hierzulande eigentlich niemand mehr selbst etwas fermentieren muss, erwacht bei vielen wieder die Lust, sich daran zu versuchen.

Hier setzt Alexis Goertz mit Edible Alchemy an, und sie kann durch die vielen Workshops, Exkursionen und Lehrgänge, die sie schon durchgeführt hat, auf einen großen Erfahrungsschatz zurückgreifen. Auf meine Nachfrage, was ihrer Ansicht nach die Wiederentdeckung der Fermentation verursacht habe, bestätigt sie meinen Erklärungsversuch: »Besonders in großen Städten interessieren sich viele Menschen wieder dafür, wie Fermentation eigentlich funktioniert. Und sie lieben es zu entdecken, wie vielfältig sie eigentlich ist. In der Industrie wurden die Vorgänge mit der Zeit natürlich optimiert und standardisiert. Dadurch ging Vielfalt verloren.« Außerdem gingen laut Alexis viele der positiven Effekte auf die Gesundheit verloren, wenn fermentierte Produkte pasteurisiert, also erhitzt werden. »Das ist nötig, damit die Getränke oder Speisen nicht im Glas oder der Flasche weiterfermentieren, wenn sie im Supermarkt stehen. Weil sich dabei Gase bilden können und außerdem, weil die Produkte dann immer anders schmecken würden, und das wollen die meisten Hersteller nicht.« Nachteil an diesem Vorgehen ist, dass die probiotischen Bakterien und Hefen in diesen Lebensmitteln abgetötet werden, während sie in selbst fermentierten und frisch konsumierten Produkten noch lebendig sind. Beim Selbermachen lebt das Lebensmittel also noch, durch ein Pasteurisieren wird das Leben angehalten.

Auch Barbara Assheuer vom Verein Slow Food Deutschland brennt für die Fermentation von Lebensmitteln und sieht darin, genau wie Alexis, einen der größten Food-Trends der letzten Jahre. Auf ihrem Instagram-Kanal teilt sie farbenfrohe Bilder und Rezepte zum Nachmachen. »Bei Slow Food steht die gesunde und bewusste Ernährung im Mittelpunkt«, sagt Barbara. »Fermentierte Lebensmittel fördern unser Wohlbefinden, schonen Ressourcen und sparen Transportwege.« Die Slow-Food-Bewegung sieht in der Fermentation von Lebensmitteln deshalb einen wertvollen Beitrag zu einer ganzheitlich gesunden Ernährung für Mensch und Planet.[16]

Soweit schon einmal ein kurzer Einblick in die Bedeutung der Fermentation, quasi als Vorspeise. Als Trend ist sie bereits in viele Küchen zurück gekehrt. Das klingt jedoch noch nicht sonderlich revolutionär, oder? Bevor wir tiefer in die spannende Welt der Fermentation einsteigen, um ihr revolutionäres Potenzial zu ergründen, begeben wir uns auf eine kleine Exkursion in den Mikrokosmos. Denn wir können die Revolution aus dem Mikrokosmos nicht verstehen, wenn wir nicht auch einiges über seine Bewohner:innen lernen. Wir schenken der faszinierenden und mächtigen Welt der Mikroorganismen meist viel zu wenig Aufmerksamkeit. Dabei bestimmt sie nicht nur einen Großteil unserer Vergangenheit und Gegenwart, sondern hält auch zahlreiche Lösungen für die Zukunft bereit.

Lesetipps:

Es gibt viele gute Bücher und Leitfäden über die traditionelle Fermentation von Lebensmitteln. Für interessierte Neulinge eignet sich das originell illustrierte »Fermentieren – Magie im Glas«[17] von Juliette Patissier. Sehr praktisch und gut erklärt finde ich »Fermentieren: Von Kefir bis Sauerkraut. Superfood für einen gesunden Darm«[18] von Adam Elabd. Und wer es wirklich ernst meint, dem sei das großartige und sehr umfangreiche »Noma-Handbuch Fermentation«[19] von René Redzepi und David Zilber empfohlen.

Teil 2:
Per Anhalter durch den Mikrokosmos – Alles Wichtige über Mikroorganismen und ihre Bedeutung für Leben und Tod

Aufbruch in ein neues Universum

Um in den Weiten des Kosmos Dinge zu sehen, die für unser bloßes Auge zu weit entfernt sind, brauchen wir ein Teleskop. Um im Mikrokosmos Dinge zu sehen, die für unser bloßes Auge zu klein sind, brauchen wir ein Mikroskop. Beide Teile unseres Universums, das Ferne und das Kleine, würden uns also verborgen bleiben, gäbe es nicht diese mit Glaslinsen bestückten Gerätschaften. So haben wir gelernt, wo der Platz unserer Erde im Sonnensystem ist und wer uns auf diesem Staubkorn im Weltall noch so alles Gesellschaft leistet. Darauf basierend, gründeten sich ganze geistes-, natur- und technikwissenschaftliche Disziplinen, wurden falsche Annahmen verworfen, neue Erkenntnisse erlangt und unser Weltbild geformt.

Beim ersten Halt auf unserer Reise durch den Mikrokosmos will ich Ihnen deshalb den Mann vorstellen, der als Vater der Mikroskopie gilt: Antoni van Leeuwenhoek. Geboren 1632 in Delft, versuchte van Leeuwenhoek, wie es sich für einen Niederländer dieser Epoche gehörte, zunächst sein Glück als Händler, bevor er schon als junger Mann zum höheren Beamten aufstieg. Da er mit Tüchern handelte, kam er dabei wahrscheinlich erstmals auch mit vergrößernden Glaslinsen, also Lupen, in Kontakt. Diese wurden damals verwendet, um die Qualität von Stoffen beurteilen zu können. Überhaupt waren Glaslinsen zu dieser Zeit ziemlich in Mode, vor allem auch zum Zeitvertreib. Man kann sich das vielleicht so vorstellen, dass Lupen damals das waren, was Smartphones heute sind. Gutbetuchte Niederländer:innen mit einem Interesse für Natur und dem Luxus von Freizeit konnten mit ihnen zum Beispiel Insekten beobachten. Womöglich saßen manchmal mehrere von ihnen in einer Kutsche und starrten durch ihre Lupen, statt sich zu unterhalten. So wie heute in der U-Bahn alle auf ihre Smartphones schauen. Das niederländische Delft, in dem van Leeuwenhoek lebte und wirkte, war jedenfalls für seine exzellenten Glasarbeiten bekannt. Diese Kombination aus äußeren Umständen und der großen Neugier eines Tuchhändlers führten zur Entwicklung der ersten wirklich leistungsstarken Mikroskope. Van Leeuwenhoek wollte mehr und noch kleinere Objekte sehen. Und er nutzte sein Wissen über Linsen und seine Fähigkeit, sie zu bearbeiten, dazu, dieses Ziel zu erreichen. Er schaffte es, Linsen mit einer 270-fachen Vergrößerung herzustellen, was für die damalige Zeit sehr erstaunlich war. Interessanterweise ging er dafür in der Entwicklung von Mikroskopen einen Schritt zurück und beschränkte sich auf eine einzige Linse, anstatt wie bis dahin üblich zwei Linsen zu verwenden. Denn die bei zwei Linsen entstehende Unschärfe setzte der Vergrößerung eine Grenze (dieses Problem wurde erst viel später gelöst; heute bestehen Mikroskope in der Regel aus mehreren Linsen). Nun hatte sich für van Leeuwenhoek buchstäblich ein Fenster in eine neue Welt eröffnet. Stellen Sie sich diesen Moment vor! Quasi unendliche Möglichkeiten, was man sich zuerst ansehen könnte.

Auch, wenn es früher noch viel weniger Wissenschaftler (und noch viel weniger Wissenschaftlerinnen) gab als heute, existierten schon damals kaum vollständige Einzelleistungen und meist befruchteten und inspirierten sich die Ideen und Forschungen mehrerer Menschen gegenseitig. So dürfte es auch bei van Leeuwenhoek und forschenden Zeitgenossen gewesen sein. Der Engländer Robert Hooke war nur etwa zwei Jahre jünger und ebenfalls ein fleißiger Erfinder und Forscher. Statt wie sein niederländischer Kollege durch die Entwicklung neuer Linsen tiefer in den Mikrokosmos vorzudringen, verwendete er seine Zeit darauf, mit weniger leistungsstarken Geräten direkt loszulegen und alles Mögliche zu beobachten und zu dokumentieren – egal ob klein oder weit entfernt. 60 dieser Beobachtungen hielt er in seiner Sammlung »Micrographia« fest, die von den Facettenaugen von Fliegen bis hin zum roten Fleck auf dem Jupiter die unterschiedlichsten Strukturen umfasste.

Van Leeuwenhoek kannte Hookes Werk, und es wird vermutet, dass es ihn dazu inspirierte, mit seinen noch besseren Linsen ebenfalls auf Entdeckungsreise zu gehen. Dies gilt als Geburtsstunde der Mikrobiologie, und viele der ersten Entdeckungen van Leeuwenhoeks sind auch heute noch Bestandteil der ersten Mikroskopiekurse im Biologiestudium. Um nur Einiges aufzuzählen, was er als erster Mensch erblickte: Als er einen Wassertropfen aus einem Gewässer untersuchte, wimmelte es darin nur so. Grüne »Ranken«, die sich später als mikroskopische Algen oder Cyanobakterien herausstellen sollten. Winzige Tierchen mit noch winzigeren Beinchen, darunter die berühmten Pantoffeltierchen und die etwas weniger berühmten Rädertierchen, entdeckte er ebenfalls. Um der Schärfe von Pfeffer auf den Grund zu gehen, legte van Leeuwenhoek ihn in Wasser ein, das er sodann ebenfalls unter seine Linsen legte. Was heute kaum jemand überraschen dürfte, damals aber eine weitere große Entdeckung war: Im abgestandenen Pfefferwasser wimmelte es von Bakterien. Im Zahnbelag konnte er ebenfalls Bakterien beobachten, sogar seinen Stuhl untersuchte er, und zwar, wie es sich für einen Forscher gehört, in unterschiedlicher Beschaffenheit. Er entdeckte Spermien in den männlichen Individuen zahlreicher Tierarten, hielt diese aber ebenfalls für kleine Tierchen, wobei er schon richtig erkannte, dass sie in den Hoden gebildet wurden und deshalb wohl etwas mit der Fortpflanzung zu tun hatten. Auch eigenes Sperma untersuchte er, was damals eine pikante Angelegenheit war und zeigt, wie sehr van Leeuwenhoek vom Forschergeist getrieben war. Er versicherte seinen wissenschaftlichen Kollegen, mit denen er die neue Entdeckung natürlich teilen wollte, dass es sich selbstverständlich nicht um durch Onanie gewonnenes Sperma handle (diese galt damals als schändliche Handlung), sondern um Überreste vom Geschlechtsverkehr mit seiner Frau. Die somit moralisch einwandfrei gewonnenen Proben und die angestellten Beobachtungen waren unter anderem ein Argument gegen die damals vorherrschende Theorie, dass Leben aus unbelebter Materie entstehen könne (»Spontanzeugung«). Denn da Spermien auch in anderen untersuchten Tieren vorkamen, schloss man daraus, dass sie alle sich vermehrten, also Tiere aus Tieren entstanden. In weiteren Schritten konnte van Leeuwenhoek dies weiter untermauern, indem er den kompletten Lebenszyklus einiger Lebewesen dokumentierte.

Es gibt viele Entdecker:innen und Erfinder:innen, denen Anerkennung während ihres Lebens verwehrt blieb und die oft erst lange nach ihrem Tod als wichtige Persönlichkeiten gefeiert wurden, wenn überhaupt. Leeuwenhoek hatte das Glück, dass die Bedeutung seiner Arbeit schon zu seinen Lebzeiten erkannt und bewundert wurde. Wahrscheinlich auch, weil Glaslinsen eben der letzte Schrei waren. Nachdem er Mitglied der noch jungen und bald berüchtigten Londoner Royal Society geworden war, kamen Menschen von nah und fern und wollten auch einmal einen Blick in diesen neuen Kosmos werfen. Darunter viele Berühmtheiten und mächtige Persönlichkeiten. Allerdings war van Leeuwenhoek kein Anhänger des Open-Source-Gedankens, also davon, wissenschaftliche Ergebnisse für alle offen zugänglich zu machen. Die Baupläne für seine mikroskopischen Apparaturen wollte er nicht teilen und durch die allerbesten Geräte ließ er niemanden schauen, er hielt sie versteckt und, so vermuten manche, zerstörte sie sogar vor seinem Tod. Noch heute gibt es unterschiedliche Spekulationen darüber, welche Methoden van Leeuwenhoek genau anwendete, um die starken Vergrößerungen zu erzielen, die manchen seiner Beobachtungen zugrunde liegen.

Van Leeuwenhoek war für seine Zeit sehr privilegiert, was sicherlich maßgeblich dazu beitrug, dass er erst im Alter von 90 Jahren starb. Doch selbst privilegierte Menschen hatten zu dieser Zeit im Vergleich zu heute ein hartes Leben. Er und seine erste Frau hatten fünf Kinder, von denen nur eine Tochter die frühe Kindheit überlebte. Das war damals leider keine Seltenheit. Mit seiner Arbeit legte er unter anderem einen Grundstein dafür, dass zu späteren Zeiten Mittel gegen infektiöse Ursachen hoher Kindersterblichkeit entwickelt werden konnten. Und auch mit Fermentation kam van Leeuwenhoek bereits in beruflichen Kontakt, als er als eines der letzten seiner vielen Ämter jenes des Weinmessers übernahm. Seine Aufgabe in dieser Funktion war es, alle Weine und anderen alkoholischen Getränke vor ihrer Einfuhr nach Delft zu prüfen.

Bakterien, Pilze, Archaeen, Protisten – Das Who's who des Mikrokosmos

Ein wunderbarer Ort für alle, die sich für Mikroorganismen und alles drumherum interessieren, ist das Mikrobenmuseum ARTIS Micropia, kurz Micropia, in Amsterdam. Ich hatte von Christian Kaiser, einem befreundeten Mikrobiologen, davon gehört und in Vorbereitung auf mein Buch (und als Nerd ganz allgemein) musste ich es unbedingt besuchen. Und ich darf schon vorwegnehmen, dass ich einen Besuch wärmstens empfehlen kann, denn es ist lehrreich, anschaulich und unterhaltsam zugleich. Es gibt ganz unterschiedliche Arten von Exponaten, und mit vielen von ihnen kann man interagieren. Am Eingang bekommt man eine Stempelkarte, auf der man an über das Museum verteilten Stationen lustige Mikrobenabdrücke sammeln kann. Früh aufgestanden und durch die schöne Innenstadt von Amsterdam geschlendert, bin ich einer der Ersten im Museum. Nach einigen Infos über unseren Freund Antoni van Leeuwenhoek fahre ich allein in einem großen Aufzug, in dem ein kurzer Einleitungsfilm läuft, in den ersten Stock. Dort werde ich von einem großen Modell des Stammbaums des Lebens empfangen, der in dem abgedunkelten Raum an einer schwarzen Wand prangt und in einem Licht pulsiert, das langsam zwischen Weiß, Blau und Lila wechselt. Nachdem mir ein freundlicher Mitarbeiter in weißem Kittel erklärt hat, wie die Stationen funktionieren und wie ich an vielen von ihnen die Stempel von Mikroorganismen sammeln kann, lasse ich den Baum des Lebens auf mich wirken. Es ist eigentlich nicht wirklich ein Baum, denn er beginnt oben, einige Meter über mir unter der Decke, und verzweigt sich von da aus nach unten. Alles Leben auf der Erde hat einen gemeinsamen Vorfahren. Von dort aus verästelt sich der Baum immer weiter, in immer kleinere Ausläufer. Vor allem zwei Dinge soll diese typische Illustration des Lebens zeigen: Verwandtschaftsverhältnisse und Zeit. Beides bildet die baumartige Darstellung nur unvollkommen ab, aber es ist eine gute Annäherung an die tatsächliche Komplexität.

Die systematische Kategorisierung von Lebewesen und ihrer Verwandtschaft war immer im Wandel begriffen und ist es bis heute. Wir wollen das Leben beschreiben und einteilen, in definitive Kategorien und Unterkategorien. Doch da es eigentlich ein Kontinuum mit fließenden Übergängen ist, bleiben solche Versuche immer unvollkommen und zu einem gewissen Grad willkürlich. Bis vor einigen Jahrzehnten blieb den Forscher:innen nichts anderes übrig, als von äußeren Merkmalen auf Verwandtschaftsverhältnisse zu schließen. Erst seitdem eine Analyse des Erbguts, also der DNA, möglich ist, können Abstammung und Verwandtschaftsgrad auch unabhängig davon festgestellt werden. Dies hat nach und nach viele Irrtümer aufgedeckt, denn äußere Merkmale können sich im Laufe der Evolution stark verändern, zurückbilden oder mehrfach und ganz unabhängig voneinander entstehen.

Ich sehe mir das Exponat genauer an. Nach dem gemeinsamen Ursprung spaltet sich das Leben in zwei, immer noch sehr dicke Äste auf, kurz danach zweigt von einem der beiden erneut ein Ast ab. Diese drei ersten Abzweigungen teilen das Leben in drei Bereiche, die sogenannten Domänen, ein: Bakterien, Archaeen und Eukaryoten. Die älteste Domäne bilden die Bakterien. Früher dachte man, Bakterien würden alle zu einer einzigen Art gehören und könnten sich ineinander verwandeln. Erst der Breslauer Botaniker und Mikrobiologe Ferdinand Julius Cohn entdeckte 1872, dass es unterschiedliche Bakterienarten gibt. Heute weiß man, dass es unzählig viele sind und die meisten noch gar nicht bekannt. Bakterien zeichnet unter anderem aus, dass sie keinen Zellkern besitzen. Beim zweiten Ast handelt es sich um die Domäne der Archaeen. Erst in den 1970er-Jahren haben Wissenschaftler:innen beschlossen, diese Gruppe von Organismen mit Sack und Pack endgültig in eine gleichberechtige eigene Domäne umziehen zu lassen. Aufgrund des fehlenden Zellkerns und einiger anderer Ähnlichkeiten hatte man sie bis dahin den Bakterien zugeordnet (worauf die veraltete Bezeichnung Archaebakterien zurückgeht). Stattdessen sind Archaeen nach aktuellen Erkenntnissen vielleicht sogar die Vorfahren aller Eukaryoten. Deshalb zweigt deren Ast im Baum vor mir auch von jenem der Archaeen ab. Eukaryoten, das klingt zwar wie ein Volk von Außerirdischen, denen Captain Kirk und seine Crew begegnen könnten, doch hinter diesem Namen verbergen sich sämtliche Lebewesen auf der Erde, die einen Zellkern besitzen, in dem ihre DNA eingeschlossen ist (aus dem Altgriechischen: εὖ, eu = richtig, gut und κάρυον, karyon = Nuss, Kern). Alle Tiere, Pflanzen und Pilze gehören zu dieser Domäne, außerdem alle Einzeller mit Zellkern, die sogenannten Protisten. Eukaryoten sind die Jüngste der drei Domänen des Lebens, und nach zahllosen Verästelungen finde ich an einem der vielen Enden auch ein Symbol für den Menschen.

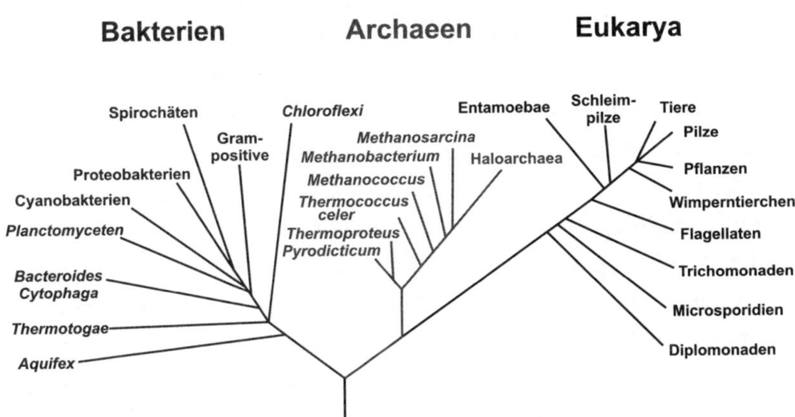

Abbildung 2: Der Baum des Lebens. Das Leben auf der Erde ist in drei Domänen eingeteilt: Bakterien, Archaeen und Eukaryoten. In allen drei sind Mikroorganismen zu finden. Pflanzen, Pilze und Tiere gehören zu den erdgeschichtlich jüngsten Gruppen von Lebewesen und sind Teil der Eukaryoten, deren Erbgut im Gegensatz zu jenem der Bakterien und Archaeen in einem Zellkern eingeschlossen ist. (nach Carl Woese)

Es gibt also keinen Ast im Baum des Lebens, der »Mikroorganismen« heißt. Das liegt daran, dass dies keine Bezeichnung ist, die sich auf Verwandtschaftsverhältnisse bezieht. Allgemein ausgelegt, beschreibt sie alles Leben, das wir mit bloßem Auge nicht sehen können, von dem wir also vor Antoni van Leeuwenhoek nichts wussten. Eine engere Definition ist, dass es sich dabei um einzellige Organismen handelt. Der Ausstellung im Micropia liegt die erste, weitere Definition zugrunde, sie umfasst deshalb auch mikroskopisch kleine, aber mehrzellige Tiere wie das Pantoffeltierchen, die für unsere Ökosysteme so wichtigen Nematoden und Springschwänze sowie noch einige andere tierische und auch pflanzliche Bewohner:innen des Mikrokosmos. Wenn ich in diesem Buch von Mikroorganismen spreche, meine ich jedoch Einzeller. Während sämtliche Vertreter:innen der Bakterien und Archaeen Einzeller sind, trifft das nur auf einen Teil der Eukaryoten zu. Dazu zählt die große Gruppe mikrobieller Pilze, die für die Fermentation eine wichtige Rolle spielen und denen wir deshalb noch häufiger begegnen werden. Unter ihnen findet man so bekannte Vertreter:innen wie die Hefen, auch Hefepilze genannt. Auch die vielen Arten einzelliger Algen, sogenannte Mikroalgen, haben einen Zellkern und gehören deshalb zu den Eukaryoten. Nicht so die Blaualgen, wie man Cyanobakterien früher nannte, bis man dank DNA-Analyse sicher sein konnte, dass es sich um Bakterien handelt. Doch die für traditionelle Fermentation relevantesten Bakterien sind die Milchsäure- und Essigsäurebakterien, denen jeweils zahlreiche Arten angehören und die häufig in Symbiose mit Hefen leben (zum Beispiel in meinem Kombucha).

Das Leben begann also einzellig, und zu einem großen Teil ist es das auch bis heute geblieben. Zellen sind von einer hauchdünnen Haut namens Membran umschlossene DNA. Das ist die Grundvoraussetzung für Leben: Die Erfindung eines Innen, das sich vom Außen abgrenzt. Die Membran lässt manches durch und anderes nicht. In ihr sitzen molekulare Transporter und pumpen Nährstoffe nach innen und entledigen die Zelle von ungewollten Stoffen nach außen. Das Ungleichgewicht von Chemie und Energie, das zwischen dem Inneren der Zelle und seiner Umwelt herrscht, ist eines der Charakteristika des Lebens. Nicht etwa ein Gleichgewicht mit der Umwelt, wie fälschlicherweise oft angenommen wird. Im geschützten Inneren der Zelle können Bedingungen geschaffen werden, die einen Stoffwechsel ermöglichen, also die Umwandlung aufgenommener Stoffe in Energie und andere erwünschte Dinge. Für diese Aufgaben produziert die DNA viele verschiedene Proteine, die auf die jeweiligen Teilaufgaben spezialisiert sind: einen Stoff durch die Membran transportieren, ihn spalten, umwandeln, abbauen und so weiter. Die Baupläne für die Produktion dieser Proteine sind im Code der DNA abgespeichert. Neben dem Selbsterhalt durch Stoffwechsel gibt es ein zweites Charakteristikum von Leben: Vermehrung. Für die Vermehrung dröselt sich die DNA auf und verdoppelt sich, bevor sie sich auf die zwei Hälften der sich teilenden Zelle aufteilt. Bei Bakterien ist Vermehrung damit auch schon fast auserzählt, es gibt allerding noch Phänomene wie die sogenannte Konjugation, bei der unterschiedliche Bakterienzellen DNA miteinander tauschen, um so für mehr genetische Vielfalt als Grundlage für Evolution zu sorgen.

In allen Domänen des Lebens und von dessen Beginn an bis heute finden sich also Mikroorganismen. Zwei grundlegende Eigenschaften von ihnen, die für Fermentation von Bedeutung sind, haben wir kennengelernt: Stoffwechsel und Vermehrung. Doch unsere Reise geht noch weiter.

Box 2: Viren: Grenzgänger zwischen Leben und Tod

Alles Leben auf der Erde basiert erstens auf Kohlenstoff und zweitens auf einem genetischen Code in Form von DNA oder RNA. Beide Kriterien erfüllen auch Viren. Sie vermögen jedoch nicht, sich eigenständig zu vermehren – weder durch eine Verdopplung ihres Erbguts noch durch eine sexuelle Vermehrung. Sie brauchen dafür eine lebende Wirtszelle. Auch einen eigenen Stoffwechsel besitzen Viren nicht, das heißt, sie nehmen nichts auf und scheiden nichts aus und gewinnen auch keine Energie. Das bringt die meisten Virolog:innen und anderen Wissenschaftler:innen dazu, Viren nicht als Lebewesen zu betrachten. Sie bestehen nur aus Erbgut und einigen Proteinen, die ihnen das Eindringen in Zellen ermöglichen sowie ein Einschleusen ihrer DNA. Darin sind alle notwendigen, genetischen Informationen enthalten, um die Zelle dazu zu bringen, mehr Viren zu produzieren. Irgendwie sind sie indirekt also doch dazu in der Lage, sich zu vermehren (aber das sind Computerviren auch). Vor allem jedoch das Fehlen jeder eigenen biologischen Aktivität ist ein gewichtiges Argument dafür, sie nicht als lebendig zu betrachten. Doch ob lebendige Organismen oder nicht, Viren sind ein Teil der Biosphäre. Für die Fermentation spielen sie, aufgrund ihres fehlenden Stoffwechsels, keine direkte Rolle und ich klammere sie in diesem Buch deshalb weitestgehend aus. Sie werden indirekt relevant, wenn sie als sogenannte Bakteriophagen für uns nützliche Bakterien als Wirtszellen befallen und so zum Beispiel Bakterienkulturen bei der Käseherstellung gefährden.

Die Erforschung einer bisher unterschätzten Vielfalt

Die Erforschung des Mikrokosmos steht trotz großer Fortschritte noch ganz am Anfang. Zwar bestimmen gemachte Entdeckungen bereits heute unseren Alltag – wie sehr, dazu kommen wir gleich noch –, doch wie viel mehr Potenzial noch brach liegt, macht die Zahl der entdeckten Arten relativ zu deren Gesamtzahl deutlich: Weniger als 20000 Arten von Mikroorganismen sind bis heute beschrieben und haben einen eigenen Artnamen bekommen, während Schätzungen der Gesamtzahl aller Arten auf der Erde von bis zu einer Milliarde ausgehen. Nicht einmal ein Prozent ist also bisher bekannt. Manche Forscher:innen sehen in der traditionellen Methode der Klassifizierung einer neuen Mikrobenart ein Hindernis für einen schnelleren Fortschritt bei der Entdeckung und Beschreibung der restlichen 99 Prozent. Bisher schreibt die anerkannte Form des Vorgehens vor, dass ein neu entdeckter Mikroorganismus kultiviert, also in einem Nährmedium vermehrt wird. Dort werden dann unterschiedliche Versuche und Untersuchungen gemacht, um eine Einordnung in den komplizierten Stammbaum des Lebens vorzunehmen und einen passenden Gattungs- und Artnamen vergeben zu können. Ein Großteil der Mikroorganismen ist allerdings gar nicht kultivierbar, weil man noch nicht herausgefunden hat, was genau sie zum Überleben und für die Vermehrung brauchen. Sie erfüllen also eine der Grundvoraussetzungen gar nicht, um überhaupt in den erlauchten Kreis klassifizierter Arten aufgenommen zu werden. Sie können heutzutage aber dennoch entdeckt und katalogisiert werden, indem ihre DNA mit neuen Methoden der Gensequenzierung analysiert wird. Durch dieses Aufspüren von Erbgut kann man in einer Bodenprobe oder wenigen Millilitern Wasser Arten nachweisen und neue entdecken, ganz ohne durch ein Mikroskop gucken zu müssen. Mikrobiolog:innen, die mithilfe dieser Methode die Entdeckung und Benennung neuer Arten beschleunigen wollen, haben eine Anpassung des vorherrschenden und ihrer Ansicht nach veralteten Regelwerks beantragt. Doch die Internationale Kommission für die Systematik der Prokaryoten (International Committee on Systematics of Prokaryotes; zuständig für die Klassifizierung von Bakterien und Archaeen) lehnt eine solche ab.[20 21]

Im Micropia in Amsterdam kann man einen Ausschnitt der bisher entdeckten und erforschten Vielfalt bestaunen. Bei einem der Exponate sind etliche Petrischalen in einem Schaukasten aufgereiht. Benannt ist diese runde Schale, die bestimmt jeder schon einmal gesehen hat, nach ihrem Entwickler, dem deutschen Bakterienforscher Julius Richard Petri. Eine Petrischale besteht einfach aus zwei flachen Glasschalen unterschiedlichen Durchmessers, sodass die größere über die kleinere gelegt werden kann. So wird ein Eindringen unerwünschter Mikroorganismen verhindert. In der unteren der beiden Hälften befindet sich ein Nährboden aus Agar-Agar, einem aus Algen hergestellten Geliermittel. Dass es sich für die Kultivierung von Bakterien und Pilzen hervorragend eignet, fand die US-Amerikanerin Fanny Angelina Hesse 1881 heraus, sie ermöglichte Robert Koch damit die Identifizierung des Tuberkuloseerregers. Dieser heimste dafür wiederum sehr viel Ruhm ein, den Beitrag Hesses ließ er in seinen öffentlichen Ansprachen jedoch unerwähnt. Das durch Hesse ermöglichte Exponat im Micropia wirkt auf mich wie eine künstlerische Installation, denn in den – wie Bilder in einer Galerie – senkrecht angebrachten Schalen befinden sich Kleckse, Tropfen und Geflechte in den unterschiedlichsten Farben und Formen. Beschriftet sind die oberen Reihen mit den Namen der Künstlerinnen, also den Artnamen der Pilze und Bakterien, die auf den Nährböden wachsen. Hesse und Petri haben mit ihren eigentlich simplen Ideen eines Nährmediums und einer speziellen Glasschale die Grundlage für die gesamte weitere Erforschung des Mikrokosmos gelegt, das wird mir beim Betrachten dieser Mikrobengalerie klar. Zum Beispiel die Erforschung ihrer Morphologie, also ihrer äußeren Form. Wie sehen Mikroorganismen eigentlich aus? Auf den Petrischalen sieht man zwei grundlegende Formen, die sich wiederholen: runde Flecken unterschiedlicher Größe und verästelte Geflechte. Bei den runden Flecken handelt es sich in den allermeisten Fällen um Bakterienkolonien. Die fast kreisrunde Form kommt zustande, weil sich die Einzeller in alle Richtungen gleichmäßig teilen und ausbreiten. Zumindest, wenn es in allen Richtungen gleichmäßig interessant für sie ist, also zum Beispiel gleich viele Nährstoffe zu finden sind. Auch einzellige Pilze wie Hefen bilden solche runden Kolonien. Andere Pilze bilden stattdessen ein Geflecht länglicher Fäden. Diese sogenannten Hyphen kriechen über die Oberfläche des Nährbodens oder – im echten Leben – über ein Pausenbrot, das über die Sommerferien im Schulranzen vergessen wurde. Die Hyphen, die in ihrer Gesamtheit Myzel genannt werden, sind perfekt dafür geeignet, einen Lebensraum effektiv zu erkunden, Nährstoffquellen zu finden und sich in die vielversprechendste Richtung auszubreiten. Hinter diesen grundlegenden Erscheinungsformen verbergen sich Myriaden von individuellen Überlebensstrategien und Lebenszyklen, jede mit einer ganz eigenen Biochemie. Ein noch kaum erforschtes Reservoir an biologischer Innovation.

Lesetipp:
Das Buch »Winzig, zäh und zahlreich«[22] von Ludger Weß gibt in Form von Steckbriefen einzelner Mikroorganismen einen mit erstaunlichen Fakten und Geschichten gespickten Einblick in den Mikrokosmos.

Einzeller, aber nicht immer Einzelgänger

Eingangs habe ich behauptet, dass man Lebewesen der Kategorie Mikroorganismen mit dem bloßen Auge nicht erkennen könne. Doch die großen Geflechte des Schimmelpilzes auf einem Camembert oder die großen Kolonien der Bakterien und Hefen in meinem Kombucha kann man sehr wohl auch ohne ein Mikroskop erkennen. Einzelne Zellen natürlich nicht, aber die erkennt man bei Tieren und Pflanzen in der Regel auch nicht. Mikroskopische Einzeller können sich zu makroskopischen Verbänden zusammenschließen. Der wichtige

Unterschied zwischen ein- und mehrzelligen Organismen ist, dass die Zellen von Mikroorganismen in der Regel selbstständig lebensfähig sind, jede Einzelne für sich. Es kann für sie zwar von Vorteil sein, mit anderen in einer Gemeinschaft zu leben, prinzipiell ist es aber nicht lebensnotwendig. In meinem Kombucha leben die Essigsäurebakterien in der Nähe von Hefen, weil diese aus Zucker Alkohol produzieren, den sie als Nahrung nutzen. Dass die Bakterien dabei ein großes, gummiartiges Gebilde aus Cellulose bilden, ist für sie ebenfalls von Vorteil. Trotz dieser Zusammenschlüsse ist jede einzelne Bakterienzelle autark und nimmt ihre eigene Nahrung auf, hat ihren eigenen vollständigen Stoffwechsel, vermehrt sich und könnte auch unabhängig von der Kolonie überleben.

Bei den Zellen mehrzelliger Organismen ist das anders. Hier hat sich im Laufe der Evolution eine Spezialisierung herausgebildet. Man kann in der Natur Übergangsformen finden, die für das Studium der Mehrzelligkeit von Organismen besonders aufschlussreich sind. So gibt es zum Beispiel die Kugelalge Volvox, eine Grünalge, die evolutionär an der Schwelle von der Ein- zur Vielzelligkeit steht. Im Micropia steht ein Mikroskop, durch das Volvox zu betrachten ist. Man kann sich diesen Mikroorganismus wie eine Kugel vorstellen, weniger als einen Millimeter groß, die wiederum aus vielen kleinen Kugeln besteht, den Zellen. Einige Hunderte bis Zehntausende davon bilden einen Hohlkörper, ähnlich einer Himbeere, der sich fortbewegen und vermehren kann. Die erstere Fähigkeit wird durch die äußere Schicht von Zellen ermöglicht, die mit sogenannten Geißeln ausgestattet sind. Das sind winzige Härchen, die durch einen molekularen Motor in Rotation versetzt werden und so einen Rückstoß erzeugen. Diese äußeren Zellen betreiben außerdem Photosynthese und geben bestimmte Stoffe nach außen ab. Die Zellen in den inneren Schichten haben diese Fähigkeiten nicht. Stattdessen haben sie sich auf die Aufgabe der Vermehrung spezialisiert. Volvox bildet in seinem Inneren Tochterkolonien, die kleine Abbilder seiner selbst sind, wieder mit den beiden unterschiedlichen Arten von Zellen. Unter dem Mikroskop erkennt man kleinere Kugeln innerhalb der großen Kugeln. Sind sie weit genug ausgebildet, werden sie in die Umgebung entlassen.

Auch eine Unterklasse der Schleimpilze namens Dictyostelia pflegt eine Lebensform, die auf faszinierende Weise irgendwo zwischen Ein- und echter Mehrzelligkeit zu verorten ist. Einen Teil ihres Lebens verbringen die Zellen dieser Schleimpilzart allein, als einzellige Amöben. Häufig bilden sie winzige Scheinfüßchen aus, die ihnen bei der Fortbewegung behilflich sind. Wenn die Nahrung knapp wird, treffen sich viele dieser Schleimpilzamöben wie verabredet an einer Stelle und tun sich zu einem mehrzelligen Gebilde zusammen, das man Pseudoplasmodium nennt (»pseudo«, weil ein echtes Plasmodium einzellig ist) und das den eigentlichen Schleimpilz bildet, den wir mit bloßem Auge erkennen können. Einige der Zellen tun sich aus dieser Menge hervor und bilden einen Stiel mit einem Hut, an dem sich wiederum manche Zellen zu Sporen entwickeln, die mit dem Wind davongetragen werden. Dies sind Beispiele für Zwischenstadien zwischen Ein- und Mehrzelligkeit.

In komplexeren, mehrzelligen Organismen findet man eine noch deutlich vielfältigere Arbeitsteilung vor, wobei die einzelnen Zellen zugleich immer unselbstständiger werden. In größeren Tieren und Pflanzen sind nur noch wenige, auserwählte Zellen für die Vermehrung des Gesamtorganismus zuständig, während bei Einzellern jede einzelne Zelle dazu fähig ist. In einem Körper wie dem unseren gibt es die unterschiedlichsten Jobs für Zellen. Wir gleichen einer hochindustriellen Zellengesellschaft mit sehr spezialisierten Arbeitsplätzen. Manche Zellen schützen unseren Körper nach außen und haben etwas gebildet, das wir Haut nennen. Sie haben ein relativ kurzes Leben und wurden in ihrer Form und ihren Fähigkeiten an ihren Job angepasst. Zellen in unserem Darm nehmen Nährstoffe aus der Nahrung auf, jene in der Leber absorbieren Schadstoffe und machen sie unschädlich. Zellen in unseren unterschiedlichen Drüsen sind darauf spezialisiert, ganz bestimmte Stoffe zu produzieren und auszuscheiden. Lichtsinneszellen in unseren Augen (die Stäbchen und Zäpfchen) können durch ihre Form und chemischen Eigenschaften Licht einfangen und in neurologische Signale übersetzen, im Ohr haben sich Zellen so zusammengelagert, dass sie ein komplexes System aus Knöchelchen bilden, dass Schallwellen wahrnehmen und übersetzen kann. Und unsere Geschlechtszellen enthalten die genetische Information für all diese Komplexität und sind dafür konstruiert, mit den Geschlechtszellen eines anderen Menschen zu verschmelzen, um weitere dieser komplexen Gebilde entstehen zu lassen.

Unser Körper ist also eine ausgefeilte Weiterentwicklung von Volvox. Die Komplexität bringt für die einzelnen Zellen aber einen Verlust individueller Freiheit mit sich. Da in einem mehrzelligen Organismus eben nicht mehr jede Zelle machen soll, was sie will und theoretisch könnte, herrscht eine zentralisiert geregelte Autokratie. Die jeweils ungewollten Funktionen von Zellen müssen effektiv unterdrückt werden, damit die vorgesehene Arbeitsteilung funktioniert und vorgesehene Abläufe nicht aus dem Ruder laufen. Krebszellen sind Zellen, die diesem Diktat entfliehen und Dinge tun, die in ihrer Genetik noch als Fähigkeiten abgespeichert sind, die aber in einem mehrzelligen Organismus unerwünscht sind und deshalb normalerweise unterdrückt werden. Sie sollen sich zum Beispiel nicht mehr nach eigenem Gutdünken vermehren. Durch biochemische und genetische Maßnahmen erhält das zentralisierte System eines mehrzelligen Körpers die überlebenswichtige Diktatur über seine Zellen aufrecht, abtrünnige Individualistinnen werden durch das körpereigene Immunsystem erkannt und gnadenlos bekämpft. Wie frei und unbeschwert wirkt dagegen doch das Leben von Einzellern.

Altern, Unsterblichkeit und die Illusion von Fortschritt

Alle Zellen in mehrzelligen Organismen altern – aus noch immer nicht vollständig geklärten Gründen – und auch nach der Zellteilung wird dieses Alter nicht wieder auf null gesetzt, sondern schreitet immer weiter fort. Verursacht wird dieser Prozess, so ist man sich in der Forschung inzwischen sicher, durch die sogenannten Telomere. Das sind Schutzkappen an den Enden unserer Chromosomen, die unser Erbgut quasi zusammenhalten und schützen. Bei jeder Zellteilung werden sie kürzer, bis sie schließlich zu kurz sind. Da dann die Wahrscheinlichkeit steigt, dass bei einer Teilung genetische Fehler auftreten, hören die Zellen auf, sich zu teilen. Das führt dazu, dass auch der Organismus als Ganzes nur eine begrenzte Lebensdauer hat.

Bei mehrzelligen Organismen hat sich eine alternative Methode der Vermehrung entwickelt, die sogenannte sexuelle Fortpflanzung, bei der zwei genetisch unterschiedliche Individuen ihr Erbmaterial zunächst halbieren, dieses auf sogenannte Keimzellen verteilen, die sie dann miteinander zu embryonalen Zellen mit einem neuen, vollständigen Satz kombinieren. Dabei wird auch das genetisch einprogrammierte Alter wieder auf null gesetzt, denn in den Keimzellen ist ein spezielles Enzym aktiv, die sogenannte Telomerase, die die Telomere wieder verlängert. Warum sie in anderen Körperzellen nicht aktiv ist, um dort das Altern aufzuhalten, wird noch erforscht. Ein Grund könnte sein, dass dies zu vermehrtem Tumorwachstum führen kann.[23] Zur Evolution sowohl des Alterns als auch der sexuellen Vermehrung wird viel geforscht. Noch ist auch nicht final geklärt, ob es sich beim Altern um eine evolutionäre Strategie handelt, um zum Beispiel in einer Umwelt mit begrenzten Ressourcen Platz für den Nachwuchs zu machen, oder eher um eine Art biologischen Defekt, der sich vielleicht sogar beheben ließe.

Mikroorganismen hingegen galten lange Zeit als unsterblich. Wenn sie sich nämlich zur Fortpflanzung in zwei identische Kopien teilen, dürfen keine vererbbaren Alterserscheinungen auftreten, sonst wäre sehr bald Schluss mit den Nachkommen und der ganzen Art. Und tatsächlich kann man eine Bakterien- oder Hefekultur unendlich lange am Leben halten, wenn man sie ausreichend mit Nährstoffen versorgt. Sie wird sich immer weiter vermehren und dabei als Ganzes nicht altern. Daraus eine Unsterblichkeit der einzelnen Zellen abzuleiten, war jedoch etwas voreilig. Forscher:innen haben schon in den 1950er-Jahren entdeckt, dass eine solche symmetrische Teilung in zwei gleiche Zellen bei Hefen gar nicht der Fall ist, und später wurde dies auch bei Bakterien festgestellt.[24] Eine der beiden Zellen hat nach der Teilung eine verminderte Fähigkeit, sich weiter zu teilen, und zeigt auch andere Anzeichen von Alterung, während die andere eine komplette Verjüngung erfährt. Auch im Mikrokosmos scheint es also ein Altern zu geben, was wiederum die Frage aufwirft, ob die Kosten für Unsterblichkeit evolutionär einfach zu hoch sind oder echte Unsterblichkeit biologisch überhaupt nicht erreicht werden kann.

Die Frage, wie und warum sich die sexuelle Fortpflanzung entwickelt hat, ist bisher ebenfalls nicht abschließend beantwortet. Auch im Tier- und Pflanzenreich gibt es noch Beispiele für asexuelle Vermehrung. Sind Ihnen beim Spazierengehen vielleicht schon einmal Bäume aufgefallen, die wie in eine Reihe gepflanzt nebeneinanderstehen und sich sehr ähnlich sehen, ganz ohne menschliches Zutun? Bei Pappeln kann man das häufiger beobachten. Es handelt sich dabei um Klone ein und derselben Pflanze. Denn die Wurzeln von Pappeln können sich im Boden weit verbreiten und immer wieder austreiben. An der Oberfläche wächst ein scheinbar neuer Baum, dabei handelt es sich aber um dieselbe Pflanze. Achten Sie beim nächsten Spaziergang im Wald oder zwischen Feldern auch einmal darauf. In Utah, in den USA, hat es eine solche Klonkolonie der Amerikanischen Zitterpappel auf die Spitze getrieben: 47000 scheinbar einzelne Bäume sind Teil einer einzigen riesigen Pflanze, die fast 45 Hektar umfasst, 6000 Tonnen auf die Waage bringt und damit das schwerste Individuum der Erde ist. Ihr Alter wird auf etwa 14000 Jahre geschätzt. Pappeln sind nicht die einzigen Pflanzen, die zu einer klonalen Vermehrung à la Mikroorganismen fähig sind, dennoch hat sich bei diesen – genau wie bei den Tieren – die sexuelle Fortpflanzung größtenteils durchgesetzt.

Dass sich Mikroorganismen durch Teilung verdoppeln, ermöglicht ihnen eine exponentielle Vermehrung. Bakterien können sich unter guten Bedingungen im Schnitt etwa alle 20 bis 30 Minuten verdoppeln. Manche Arten schaffen es sogar in unter zehn Minuten. Da wir exponentielle Vermehrung intuitiv nicht begreifen können (was sich zum Beispiel während der Coronapandemie gezeigt hat, als es um die Ausbreitung des Virus in der Bevölkerung ging), sei hier einmal veranschaulicht, was das bedeutet: Beginnt man morgens um acht Uhr mit einer einzigen Bakterienzelle, hat diese bis zur selben Zeit am darauffolgenden Tag 280 Milliarden Nachkommen erzeugt.[25] Gut, ich habe hier eine absolute Rekordhalterin als Beispiel genommen, nämlich die Wundbranderregerin *Clostridium perfringens*. Dieses Bakterium kann sich unter optimalen Bedingungen alle neun

Minuten teilen. Diese Fähigkeit der rasanten Vermehrung macht Mikroorganismen auch als alternative Lebensmittel so interessant. Das wird später in diesem Buch noch wichtig.

Das Leben auf der Erde hat sich zum allergrößten Teil dazu entschieden, einzellig zu bleiben. Mehrzellige Arten wie wir sind im Baum des Lebens eher eine Kuriosität, eine biologische Seltenheit. Wir erliegen immer wieder der Illusion, eine evolutionäre Weiterentwicklung oder gar die Krönung der Schöpfung zu sein. Dabei ist eine größere Komplexität keineswegs ein Garant für evolutionäre Überlegenheit. Das Leben hat nun einmal notgedrungen einzellig angefangen, und von dort weg ging es nur in eine Richtung. Der Evolutionsbiologe Stephen Jay Gould hatte hierfür die Metapher eines Betrunkenen entwickelt, der aus einer Kneipe geworfen wird. Wir betrachten ihn von der Seite: Links, also hinter ihm, befindet sich die Wand der Kneipe (die Tür ist für ihn natürlich verschlossen), vor ihm, also rechts, die Bordsteinkante. Auch, wenn er ziellos nach links und rechts torkelt und seine Bewegungen zur Wand und zur Bordsteinkante rein zufällig und gleich häufig sind, wird er irgendwann an der Kante ankommen. Gould vergleicht dies mit der Entwicklung des Lebens hin zu höherer Komplexität. Trägt man in einer einfachen Grafik auf der x-Achse (also der unteren, waagerechten Linie) die Komplexität von Organismen ein und auf der y-Achse (der senkrechten Linie) die Anzahl der Arten, hat man an der linken Seite eine »linke Wand«, wie Gould es nannte (siehe Abbildung 3). Wie bei der Häuserwand mit der geschlossenen Kneipentür geht es dort nicht mehr weiter nach links, denn weniger als einzellig kann das Leben nicht werden. Nach rechts ist die Skala offen, theoretisch können Organismen aus unzähligen Zellen bestehen. Dass es im Laufe der Evolution zu immer mehr mehrzelligen Organismen kam, kann laut Gould auch allein durch ein vom Zufall bestimmtes Torkeln der Evolution erklärt werden. Er nennt das auch die »Illusion des Fortschritts«, die sich für uns als mehrzellige Organismen und vermeintliche Krone der Schöpfung bei der Betrachtung der Evolution ergibt. Für eine Zufälligkeit mehrzelligen und eine evolutionäre Überlegenheit einzelligen Lebens spricht, dass zwar im Schnitt die Komplexität zunimmt, Einzeller aber weiterhin die mit Abstand meisten Arten auf der Erde stellen und Bestimmer über Leben und Tod der relativ wenigen Arten von Mehrzellern sind.

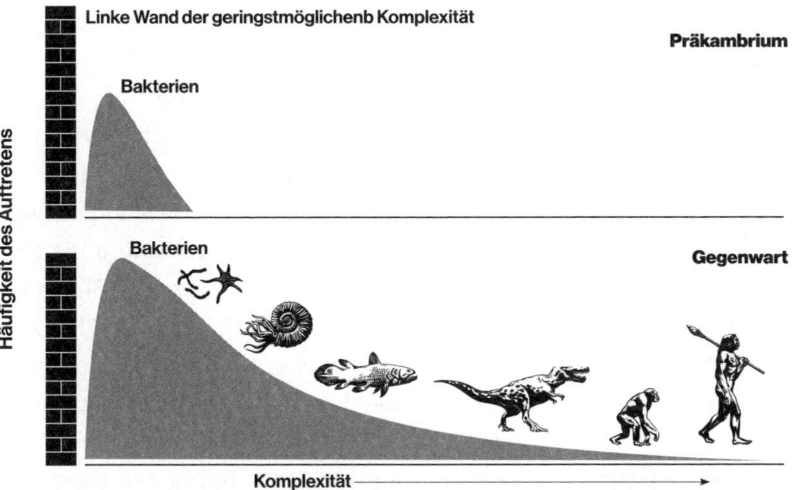

Abbildung 3: Die linke Wand der minimalen Komplexität. Das Leben hat mit einer minimalen Komplexität begonnen und kann nicht noch weniger komplex werden, als es Einzeller sind. Auch heute sind die allermeisten Arten noch in der Nähe der linken Wand zu finden. Dass sich im Laufe von Jahrmillionen auch komplexeres Leben entwickelt hat, könnte also reiner Zufall sein oder zumindest ein Hinweis darauf, dass es evolutionär nicht erfolgreicher ist als wenig komplexes Leben. (aus: Stephen Jay Gould, »Illusion Fortschritt«, 1996)

Um uns, auf uns, in uns – Mikroorganismen sind überall

Die Verteilung der Biomasse innerhalb der Tierwelt habe ich schon kurz angerissen, um zu zeigen, wie wenig davon inzwischen auf das Konto der Wildtiere und wie viel auf jenes von Nutztieren und Mensch geht. Dieses Bild will ich nun noch etwas erweitern und vervollständigen, damit wir einen besseren Gesamteindruck von der Biosphäre unserer Erde bekommen. Dafür berufe ich mich auf Zahlen einer 2018 in einer renommierten Fachzeitschrift veröffentlichen Studie, die die Verbreitung und Verteilung allen Lebens auf der Erde abschätzt und dafür das Gewicht des in Lebewesen enthaltenen Kohlenstoffs in Gigatonnen (Gt) als gut vergleichbare Einheit verwendet.[26] Eine Gigatonne entspricht einer Milliarde Tonnen. Solche Größenordnungen begegnen uns nicht im Alltag und sind für uns deshalb naturgemäß genauso schwierig intuitiv zu erfassen wie exponentielles Wachstum. Aber das ist nicht weiter schlimm, denn uns sollen hier die relativen Verteilungen interessieren.

Insgesamt kommen die Autoren der Studie auf geschätzte 550 Gt Gesamtbiomasse auf der Erde. Was schätzen Sie, wie viel die Masse aller Tiere auf der Erde im Verhältnis zur Gesamtmasse aller Lebewesen ausmacht? Grob die Hälfte? Etwa zehn Prozent? Es sind in etwa 0,36 Prozent (2 Gt). Also nicht einmal ein halbes Prozent der Biomasse auf der Erde. Ganze 80 Prozent gehen auf das Konto der Pflanzen (450 Gt; gut zwei Drittel davon machen wiederum Baumstämme aus). Da Pflanzen fast ausschließlich an Land vorkommen, kann man daran auch ablesen, dass sich der größte Teil der Biomasse auf den Kontinenten befinden muss und nur ein kleinerer Teil in den Ozeanen. Unser Planet ist also mengenmäßig eindeutig ein Pflanzenplanet.

Weiter oben, als es um Wild- und Nutztiere ging, haben wir zunächst nur einen Ausschnitt der Tierwelt betrachtet und eine sehr wichtige Gruppe ausgelassen: die Gliederfüßer. Diese umfassen vor allem, aber nicht nur, die Insekten und machen in etwa die Hälfte (1 Gt) der Masse aller Tiere aus. Die zweite große Gruppe sind die Fische (0,7 Gt), und auf die anderen Gruppen verteilt sich der Rest, mit dem beschriebenen gravierenden Unterschied zwischen wilden Tieren und Nutztieren. Alle wilden Vögel der Welt bringen nur etwa 0,002 Gt Kohlenstoff auf die Waage. Für uns sollen diese Zahlen vor allem dazu dienen, ein Gefühl für die Bedeutung der Mikroorganismen zu bekommen. Denn obwohl so winzig klein, dass wir Einzelne von ihnen mit bloßem Auge nicht erkennen können, übersteigt schon allein die Biomasse aller Bakterien jene der Tiere um etwa das 35-Fache (70 Gt). Hinzu kommen die exotischen Archaeen mit 7 Gt und die Protisten mit 4 Gt. Und auch von den 12 Gt Pilzen auf der Erde ist ein Teil einzellig und wird deshalb den Mikroorganismen zugeordnet. Man geht heute davon aus, dass 90 Prozent aller Bakterien und Archaeen in tiefen Schichten des Untergrunds leben, bis zu fünf Kilometer tief unter der Erdoberfläche.

Auch an der Erdoberfläche übertreffen Mikroorganismen uns Menschen in Anzahl und Masse folglich bei Weitem. Es ist deshalb keine Überraschung, dass wir in vielen, wenn nicht allen Bereichen unseres Lebens ihrem Wirken ausgeliefert sind. Denn sie sind quasi überall.

Dank meiner Recherchen über van Leeuwenhoek und meiner Erinnerungen an das Biologie-Grundstudium wusste ich schon einiges darüber, wo sich Mikroorganismen überall befinden. Doch im Micropia Museum wurde mir ein wirklich umfassender Eindruck davon vermittelt. Noch einmal zurück zum schon beschriebenen Exponat mit den vielen Petrischalen. An den Schalen der unteren Reihen sind die Orte vermerkt, an denen eine Probe gesammelt und auf dem Nährboden der Schale kultiviert wurde. Zwar hatte der schlaue van Leeuwenhoek schon herausgefunden, dass sich unter anderem in Stuhl und Zahnbelag Bakterien befinden. Aber das ist lange noch nicht alles. Bei einem weiteren Exponat im Micropia werden Besucher:innen durch auf den Boden aufgemalte Fußspuren dazu aufgefordert, sich vor einen großen Bildschirm zu stellen. Sobald man dieser Aufforderung nachkommt, erscheint ein lebensgroßer menschlicher Umriss auf dem Schirm und es wird so getan, als würde der eigene Körper auf Mikroorganismen gescannt. »177 Billionen Mikroben gefunden!«, lautete mein Ergebnis. Dann konnte ich einzelne Bereiche meines Körpers auswählen, um mehr über das mikrobielle Leben auf und in ihnen zu erfahren.

Anhand dieser beiden Exponate des Museums und einiger zusätzlicher Informationen bin ich einmal grob einen Tagesablauf von mir durchgegangen, um zu sehen, wann und wo mir Mikroben und ihre Biotope begegnen:

Ein Tag mit Mikroben

Gähnend werde ich wach und öffne meine Augen, auf denen im Schnitt nur etwa fünf unterschiedliche Arten von Mikroorganismen leben. Das ist ja nun wirklich nicht allzu viel, und ich zwinkere sie weg. Dank der Tränenflüssigkeit bleiben unsere Augen verhältnismäßig frei von den Einzellern. Raus aus den Federn und ab ins Bad. Mein Bett teile ich mir, selbst wenn es frisch gemacht ist, mit einer Vielzahl unterschiedlicher Tierchen und Mikroorganismen, die über den Hausstaub als öffentlichen Nahverkehr so gut wie überall hingelangen. Beim Duschen rücke ich dem Mikrobiom auf meiner Haut zu Leibe. Dessen Artenvielfalt lässt so manchen Zoo vor Neid erblassen. Dabei ist unsere Haut eigentlich ein unwirtlicher Ort, der meist trocken und sehr sauer ist. Zum Glück (für die Mikroorganismen) gibt es ja ausreichend geschützte, feuchte und fettige Nischen. Das häufigste Hautbakterium ist *Staphylococcus epidermidis*. Es kann auch auf trockener Haut leben und ist für uns harmlos. Durch seine Besiedlung verhindert es sogar, dass sich andere, potenziell schädliche Mikroben ausbreiten können. Zuerst seife ich meine Hände ein, auf denen etwa 60 verschiedene Arten von Mikroorganismen leben, und dann alles andere. Als Mann werden meine Achselhöhlen vor allem von *Corynebacterium jeikeium* bevölkert, wohingegen bei Frauen *Staphylococcus haemolyticus* dominiert. Diese unterschiedliche Artenzusammensetzung der Achselbiotope sind auch für die charakteristischen Gerüche der jeweiligen Geschlechter verantwortlich. In Tansania habe ich einmal den Ngorongoro Krater besucht, in dem viele Tiere, darunter bedrohte Arten wie das Spitzmaulnashorn, eine Zuflucht finden. Eine ganz ähnliche Zuflucht für Biodiversität ist unser Bauchnabel, dessen Mikrobiom (also die Gesamtheit des mikrobiellen Lebens in ihm) bei jedem Menschen einzigartig ist. Wenn es nicht so unpraktisch wäre, könnten wir uns also statt mit einem Fingerabdruck mit unserem unverwechselbaren mikrobiellen Bauchnabelabdruck in unser Onlinebanking einloggen. Während Pilze auf der restlichen Haut eher selten sind, stellen Füße absolutes Pilzgebiet dar. Allein 40 Arten bevölkern den Bereich zwischen meinen Fußzehen, 60 fühlen sich auf meinem großen Zeh wohl und ganze 80 auf meiner Ferse. Natürlich wasche ich mir auch das Gesicht, und dabei klammern sich die vielen Arten von Bakterien fest, die meine Augenbrauen, Wimpern und Bartstoppeln bevölkern. Unsere Haare und Nägel bestehen aus Kreatin, einem zu festen Fasern zusammengelagerten Protein. Der Pilz *Trichophyton rubrum* hat Kreatin zu seiner Leibspeise erklärt und ist auf unserer Haut und in unseren Haaren unterwegs, um sich daran gütlich zu tun.

So viele lateinische Namen, das macht hungrig. Zum Kaffee gibt es ein Brot mit Käse – beides wurde mithilfe von Mikroorganismen hergestellt. Da es sich um Emmentaler handelt, verdrücke ich mit der Scheibe auch einige Milliarden lebendiger *Propionibacterium freudenreichii*, die für die Löcher im Käse verantwortlich sind und im Gegensatz zu den Milchsäurebakterien den Herstellungsprozess überleben (und sogar die Überreste der anderen Bakterien als Nahrung nutzen). Die Küche ist natürlich ein bei Mikroorganismen extrem beliebtes Biotop, und zwar auch bei vielen Krankheitserregern, die uns bei mangelnder Hygiene gefährlich werden können. Deshalb sollten Oberflächen, Messer und so weiter nach Benutzung immer gut gereinigt werden. Auch für Verderblichkeit von Lebensmitteln verantwortliche Mikroorganismen, vor allem Schimmelpilze, sind allgegenwärtig und müssen in Schach gehalten werden. Dank nützlicher Mikroorganismen sind viele unserer Lebensmittel durch Fermentation vor ihnen geschützt, zumindest für eine Zeit lang. In meiner Küche befinden sich zahlreiche weitere fermentierte Produkte. Insgesamt ist etwa ein Drittel aller Lebensmittel, die wir konsumieren, fermentiert. Beim anschließenden Zähneputzen entferne ich einen Großteil der Bakterien, die sich auf meinen Zähnen über Nacht vermehrt haben und die schon Antoni van Leeuwenhoek entdeckt hat. Doch es gibt im Mund nicht nur schädliche Bakterien. Auch die Mundflora ist eine Mischung aus nützlichen und schädlichen Mikroorganismen, die noch genauer erforscht werden muss. Die Zahnbürste sollte ich auf jeden Fall bald mal wieder wechseln. Seit meinem Besuch im Mikrobenmuseum von Amsterdam weiß ich, dass nach drei Monaten etwa sieben Millionen Bakterien auf den Borsten leben.

Als ich aus der Tür gehe, steigt mir dieser typische Geruch in die Nase, der nach einem Regenschauer in der Luft liegt, wenn es längere Zeit trocken war. Dieser Petrichor genannte Geruch wird teilweise von Bakterien verursacht, die den Stoff Geosmin produzieren. Durch die auf den Boden prasselnden Regentropfen gelangt das Geosmin in die Luft und wir können es riechen. Von Bakterien produzierte

Chemikalien sind auch für den typischen Geruch nach frischer, feuchter Erde verantwortlich, den wir vor allem im Wald so gerne und tief einatmen. Auf dem Weg nach draußen habe ich den Bioabfall aus der Küche mitgenommen und werfe ihn in die Biotonne. In Berlin wird daraus von den Berliner Stadtreinigungsbetrieben Biogas hergestellt, mit dem wiederum ein Teil der Fahrzeuge betrieben wird, die den Müll abholen. Auch die Produktion von Biogas ist eine Form der Fermentation, bei der Bakterien in einer großen Anlage und in mehreren Schritten die Essensreste und Gartenabfälle in energiereiches, methanhaltiges Gas verwandeln. Auf dem Weg zur S-Bahn denke ich an die vielen Tonnen von Mikroorganismen, die sich um mich herum auf und in Pflanzen, Menschen, Gegenständen und im Boden unter meinen Füßen befinden. In der S-Bahn fahre ich mit vielen weiteren zweibeinigen Mikrobenbiotopen. In unseren Atemwegen befinden sich auch Bakterien und einige von ihnen entlassen wir beim Ausatmen in die Umgebungsluft. Obwohl Luft ein vergleichsweise unwirtliches Medium zum Überleben ist, weil dort wenig Nährstoffe vorhanden sind und auch sonst keine guten Bedingungen herrschen, atme ich auf meinem Weg zur Arbeit einige Zehntausend von ihnen ein, pro Tag etwa 100 000 bis eine Million. Im Vergleich allein zu den Milliarden von Bakterien, die ich mit meinem Käsebrot verdrückt habe, ist das nicht viel und normalerweise auch nicht weiter problematisch. Bei einem geschwächten Immunsystem oder wenn es sich um entsprechende Arten handelt, können uns diese eingeatmeten Einzeller aber krank machen.

Auch über alle Oberflächen, die wir in den öffentlichen Verkehrsmitteln und an anderen Orten, die wir gemeinsam nutzen, anfassen, tauschen wir Teile unseres Mikrobioms miteinander aus. Wir fungieren so als Verbreiter:innen von mikrobiellen Sporen, ähnlich wie Bienen, die den Pollen von Pflanzen verbreiten. Ich stelle mir vor, dass alle Fahrgäste um mich herum Bienenkostüme tragen und zwischen Türen, Griffen und Stangen hin- und herlaufen, um Mikroorganismen zu verteilen. Fast hätte ich dabei die Station verpasst, an der ich aussteigen muss. Meinen Arbeitsplatz teile ich mir – neben meinen menschlichen Kolleg:innen und Alva, dem Hund des Chefs – ebenfalls mit unzähligen Mikroorganismen. Sie bevölkern alle Räume und Oberflächen, besonders Türklinken, die gemeinsam genutzte Kaffeemaschine und die Tastaturen der Laptops. Mikroorganismen haben den Tofu in der Mahlzeit des Kollegen hergestellt wie auch den Ayran, den ich mir zwischendurch im Imbiss gekauft habe. Unser Mittagessen landet, samt aller darin befindlichen Mikroorganismen, nach dem Schlucken über die Speiseröhre im Magen. Dort töten die Magensäuren die allermeisten dieser Mikroorganismen ab. Nur wenige, unter ihnen die Milchsäurebakterien, überleben diesen ersten Verdauungsschritt (oder eigentlich zweiten, denn auch in unserem Mund findet eine erste Verarbeitung der Nahrung durch die Enzyme im Speichel statt). Deshalb gelten diese gutartigen Bakterien auch als probiotisch, also gut für unsere Darmgesundheit. Dafür müssen sie natürlich erst einmal dorthin gelangen. Dem Magen schließen sich Dünn- und Dickdarm an, die bekanntermaßen eine Heimstätte für ein großes und diverses Mikrobiom sind.

Während ich die Kolleg:innen beim Essen beobachte, denke ich kauend darüber nach, was ich im Micropia gelernt habe. Zahlenmäßig bestehen wir in etwa zur Hälfte aus eigenen Körperzellen, während die andere Hälfte der Zellen in und auf uns Mikroorganismen sind. Allerdings sind Letztere sehr viel kleiner, deshalb bestehen wir nicht wirklich zur Hälfte aus Bakterien und Pilzen (das wäre wirklich seltsam). In etwa hunderttausend Milliarden Mikroorganismen leben jeweils in den Därmen meiner Kolleg:innen und erfüllen dort teilweise wichtige Funktionen für deren Stoffwechsel und das Immunsystem. *Bifidobacterium animalis* lebt zum Beispiel im Dickdarm und produziert dort Folsäure, ein für uns lebenswichtiges Vitamin, das wir in unserem Körper nicht selbst herstellen können. Weitere etwa 1200 Arten von Bakterien wohnen im Dickdarm und leben dort von der Nahrung, die wir zu uns nehmen. Dabei lassen sie nicht nur genug für uns übrig, sondern zerlegen viele Moleküle, die wir gar nicht verdauen könnten, in mund- beziehungsweise darmgerechte Stücke. Manche beeinflussen scheinbar auch unser äußeres Erscheinungsbild. *Akkermansia muciniphila* lebt in der Dickdarmschleimhaut, und je mehr von diesem Bakterium im Darm eines Menschen zu finden ist, desto dicker ist die Schleimhaut. Weil durch eine dickere

Schleimhaut während der Verdauung weniger Nährstoffe aufgenommen werden, sind Menschen mit einer solchen in der Regel schlanker. Viele weitere Funktionen werden dem Mikrobiom des Darms zugesprochen, und es gibt Forschungen zu einem möglichen Einfluss auf unser Gehirn und sogar unser Verhalten.

»Alles in Ordnung bei dir, Martin?«, fragt ein Kollege. Ich muss wohl sehr gedankenverloren vor mich hingestarrt haben. Wir sind nun fertig mit dem Mittagessen und machen uns wieder an die Arbeit. Nach dem Feierabend laufe ich zurück zur S-Bahn-Station, inzwischen ist es windig geworden. Manche Mikroorganismen können über den Wind weite Strecken zurücklegen. Wüstensand enthält zum Beispiel viele unterschiedliche Bakterien, die über die großen Sandstürme über die ganze Welt verbreitet werden. Mir fallen Risse im Beton des Stationsgebäudes auf, und ich denke daran, was ich über selbstheilenden Beton gelesen habe. Ihm werden die Sporen einer Bakterienart beigemengt, die Kalk produziert. Entsteht ein Riss, durch den Wasser eindringt, erwachen die Sporen zum Leben und die Bakterien beginnen mit der Kalkproduktion. Dadurch schließt sich der Riss wieder.

Zu Hause angekommen, finde ich bei einer Kühlschrankkontrolle weniger erwünschte Sporen vor, die zum Leben erwacht sind: Zwei Tomaten schimmeln. Durch Risse in ihrer Haut sind Schimmelsporen, die quasi überall vorhanden sind, in die Früchte eingedrungen und haben sich in Form von Pilzgeflecht ausgebreitet. Also weg damit in den Biomüll. Aus dem noch guten Gemüse schnipple ich Zutaten für einen Salat und eine Gemüsepfanne. Einige der Reste werfe ich nicht in den Biomüll, sondern sammle sie in einer Schüssel, um sie später in meinen Bokashi-Eimer zu geben. Das ist ein kleiner Plastikcontainer auf der Terrasse, in dem nach japanischer Art biologischer Abfall fermentiert, statt kompostiert wird. Die Mikroorganismen darin arbeiten mit möglichst wenig Sauerstoff und halten, wie im Sauerkraut, durch ihre Säuren Schimmel fern. Das Abfall fault also nicht, er gärt. Unten am Eimer kann man Flüssigkeit abzapfen, die voller Nährstoffe ist und als Dünger im Garten verwendet werden kann. Nach einigen Monaten vergrabe ich die festen Rückstände in einem der Hochbeete. In den letzten warmen Sonnenstrahlen läuft unsere Schildkröte durch den Garten und sucht nach Löwenzahn und anderen Kräutern, die sie gerne isst. In ihrem Dickdarm leben Bakterien, die ihr bei der Zersetzung und Nahrungsaufnahme helfen. Unsere beiden Katzen sind hingegen Fleischfresserinnen und haben ein ganz anderes Mikrobiom im Darm. Wie bei uns Menschen wird vermutet, dass auch Katzen von ihrem Mikrobiom beeinflusst werden. So hat zum Beispiel eine japanische Studie herausgefunden, dass ein Zusammenhang zwischen der Artenzusammensetzung im Mikrobiom des Darms und dem Gruppenverhalten von Katzen besteht.[27]

Zur würzigen Gemüsepfanne gibt es Reis und auf jeden Teller einen Klacks Milch, der von Bakterien zu Crème fraîche fermentiert wurde. Dazu ein von Hefen zu Wein fermentierter Traubensaft und nach dem Essen eine kleine Käseplatte, auf der sich unter anderem einige Milliarden *Propionibacterium freudenreichii* in den Käsesorten mit Löchern befinden und der Schimmelpilz *Penicillium camemberti* als weiße Schicht den Brie und den Camembert umgibt. Das Früchtearoma im Joghurt, das es zum Nachtisch gibt, ist zwar natürlich, doch es wird nicht mehr aus den entsprechenden Früchten hergestellt. Viele Aromen werden inzwischen biotechnologisch, also mithilfe von Mikroorganismen produziert. Später rücke ich dann wieder mit der Zahnbürste den Bakterien zu Leibe, die sich im Belag auf meinen Zähnen sonst allzu wohl fühlen, und lege mich anschließend neben das menschliche Mikrobenbiotop, mit dem ich verheiratet bin, zum Schlafen ins Bett.

Die Aufzählung der Namen von Mikroorganismen, die auf, in und um uns leben, könnte man noch lange fortsetzen, und die Beschreibung ihrer Biotope und Lebensweisen würde locker ein eigenes Buch füllen. Ein solches Buch ist zum Beispiel »Winzig, zäh und zahlreich« von Ludger Weß. Ihm ist damit eine ganz großartig erzählte und wunderschön illustrierte Sammlung von 50 Steckbriefen aus dem Mikrokosmos gelungen. Die Geschichten reichen von mikrobiellen Rekordhalterinnen über für uns nützliche Bakterien bis hin zu solchen, die in ganz exotischen Lebensräumen vorkommen. Und natürlich finden sich darunter auch viele, die sich uns Menschen als Biotop ausgesucht haben. Insgesamt können wir sehr gut damit leben, dass wir ein wandelndes Ökosystem für Einzeller sind, und mit den meisten haben wir uns im Laufe der Evolution gut arrangiert. Ist unser Immunsystem geschwächt oder nehmen manche von ihnen überhand, können sie uns aber auch krank machen oder sogar lebensgefährlich werden.

Da sie Milliarden Jahre Zeit dafür hatten, sich auszubreiten und anzupassen, gibt es Mikroorganismen auch fast überall sonst auf der Erde. Darunter an so scheinbar unwirtlichen Orten wie den trockensten Wüsten der Welt, an kochend heißen Schwefelschloten am Meeresgrund, in versalzenen Seen. Die allermeisten von ihnen leben, wie schon erwähnt, weit unter der Erde, wo es keinen Sauerstoff gibt. Und auch an Orten, die erst wir Menschen unwirtlich gemacht haben, gibt es die kleinen Überlebenskünstler. Wie zum Beispiel in den Abwässern von Minen, einer giftigen Brühe voller Schwermetalle. Selbst an diese Umgebung haben sich einige Arten angepasst, und sie haben sie zu ihrem Zuhause gemacht.

Sogar im All können Mikroorganismen überleben. Ich habe vor einigen Monaten bei einer Veranstaltung zu Biotechnologie einen Vortrag von Daniela Bezdan gehört, in dem sie von im All überlebenden Mikroorganismen beziehungsweise deren Sporen berichtete. Sie hatten ihre Flucht in das Vakuum des Weltalls nicht nur überlebt, sondern begannen, nachdem sie eingefangen und auf einem Nährmedium kultiviert wurden, sogar wieder damit, sich zu vermehren. Daniela Bezdan leitet die Wissenschaftsabteilung der Yuri GmbH, einer noch jungen Firma, die Zellen unterschiedlichster Lebewesen unter Weltraumbedingungen untersucht und züchtet, damit die Forschung voranbringt und neue Dinge entdeckt und entwickelt. Zum Beispiel neue Wirkstoffe für die Medizin. Dafür haben die Wissenschaftler:innen bei Yuri eigene Simulatoren entwickelt, die eine niedrige Schwerkraft erzeugen, und sie führen auch sogenannte Parabolflüge durch, bei denen sich die Zellen an Bord eines Flugzeugs befinden, das zuerst nach oben und dann steil wieder nach unten fliegt, sodass für eine Zeitlang Schwerelosigkeit herrscht. Als Nebeneffekt ihrer Forschung haben sie bemerkt, dass Mikroorganismen im All lange überleben können. »Als Nebeneffekt der bemannten Raumfahrt kontaminieren wir Menschen den Weltraum mit Mikroorganismen, die wir von der Erde mitbringen«, erzählte Daniela Bezdan bei ihrem Vortrag. »Solange wir nicht wissen, was das bewirken kann, sollten wir lieber alles, was wir hochbringen, auch wieder mit zurücknehmen. Und da wir ebenfalls noch nicht ganz verstehen, wie sich Mikroorganismen in der Schwerelosigkeit unserer Raumstationen verändern, sollten wir auch da oben alles immer schön sauber halten.«

Nennen Sie mich einen Verräter, aber wenn ich auf das langfristige Überleben nur einer der beiden Lebensformen, einzellig oder mehrzellig, wetten müsste, ich würde alles auf die Einzeller setzen. Zwar hoffe ich auf eine Zukunft, in der wir in planetarem Frieden und in nachhaltigen Kreisläufen mit unserer Umwelt leben, Raumfahrt mit Überlichtgeschwindigkeit entwickeln und mit anderen mehrzelligen Lebewesen Kontakt aufnehmen. Genauso gut könnten Mehrzeller jedoch in einigen Milliarden Jahren rückblickend nur eine kuriose, kurzfristige Ausnahme in einer ansonsten einzelligen Erdgeschichte gewesen sein. Und da Sporen von Mikroorganismen sogar im Weltraum überleben können, wer weiß, ob es nicht bereits irgendwo im All einen Kontakt zwischen einzelligen Spezies unterschiedlicher Planeten gegeben hat? Der Hypothese der Panspermie zufolge könnten durchs Weltall wandernde Mikroorganismen sogar der Samen sein, der Leben auf andere bewohnbare Planeten verbreitet und dort keimen lässt. Mikroorganismen, die aus dem All auf die Erde gelangt sind, könnten die Vorfahren allen Lebens hier sein, so die Theorie. Allerdings ist sie in der Wissenschaft sehr umstritten und wird im Allgemeinen eher verworfen. Stanley Lloyd Miller und Harold Clayton Urey haben bereits in den 1950er-Jahren nachgewiesen, dass die Bedingungen, die vor Milliarden von Jahren auf der Erde herrschten, durchaus zur Entstehung komplexer organischer Moleküle ausreichten, ganz ohne zusätzliche biologische Hilfe aus dem All. Die beiden US-amerikanischen Forscher zeigten in einem berühmten, nach ihnen benannten Experiment, dass Aminosäuren (die Bausteine, aus denen Proteine aufgebaut sind) entstehen können, wenn man eine künstlich nachgestellte Uratmosphäre der Erde elektrischen Entladungen aussetzt, welche Gewitterblitze nachahmen. Da sich Panspermie nur wirklich verifizieren ließe, indem man Sonden auf sehr weit entfernte Planeten schickt, um dort Proben zu sammeln, ist sie inzwischen eher Gegenstand von Science-Fiction als von Wissenschaft. Und ob aus dem All gekommen oder auf der Erde entstanden: Fest steht, dass Mikroorganismen diese inzwischen vollständig kolonisiert haben – von den höchsten Schichten der Atmosphäre über jeden Winkel in der Biosphäre bis mehrere Kilometer in die Erdkruste hinein.

Lesetipp:
Viel über das Mikrobiom in uns und um uns herum und seinen Einfluss auf unsere Gesundheit kann man im Buch »Das unsichtbare Netz des Lebens: Wie Mikrobiom, Biodiversität, Umwelt und Ernährung unsere Gesundheit bestimmen«[28] von Martin Grassberger lernen.

Die Erde – ein Mikrobenplanet

In diesem Buch soll es vor allem darum gehen, was Mikroorganismen Gutes für uns tun können. Doch es soll nicht unerwähnt bleiben, dass manche von ihnen uns das Leben schwer machen. Oder es sogar beenden können. Im Laufe der Geschichte ist dies in schier unglaublichem Ausmaß geschehen. Im sechsten Jahrhundert brachte das Bakterium *Yersinia pestis*, der Erreger der Pest, über 60 Millionen Menschen um, was einem Drittel der damaligen Weltbevölkerung entspricht. Als »Schwarzer Tod« trat das Bakterium immer wieder auf, zwischen 1331 und 1353 fielen ihm über 130 Millionen zum Opfer. Obwohl die Menschheit dank van Leeuwenhoek bereits im 17. Jahrhundert von der Existenz von Mikroorganismen wusste, blieb ihre zentrale Rolle beim Auftreten von Krankheiten noch lange unbekannt. Erst 200 Jahre später, Ende des 19. Jahrhunderts, gelang hier der Durchbruch, vor allem dank Robert Koch und Louis Pasteur (der uns später noch einmal begegnen wird), die eine eindeutige Verbindung zwischen dem Mikrokosmos und unserer Gesundheit nachweisen konnten. Da Infektionskrankheiten nun endlich nicht mehr auf Vererbung, schlechte Hygiene oder gar eine Strafe Gottes geschoben werden konnten, war der Weg frei für die Entwicklung wirklich wirksamer Medikamente und Therapien. Auch heute noch sterben jährlich etwa 7,7 Millionen Menschen weltweit an bakteriellen Infekten. Das ist viel, doch relativ zur Gesamtbevölkerung ist es nur ein Bruchteil von dem, was frühere Epidemien an Todesopfern forderten. Und dieser Fortschritt ist Menschen wie van Leeuwenhoek, Koch und Pasteur zu verdanken, die mit ihrer Forschung zunächst die Existenz von Mikroorganismen und dann ihren Zusammenhang mit Krankheiten aufgedeckt und damit die Grundlage für deren effektive Eindämmung gelegt haben.

Auch die Waffen, die wir heute für diese Eindämmung nutzen, sind dem Mikrokosmos entlehnt. Schimmelpilze müssen sich in der Natur gegen Bakterien wehren, und sie tun das mit speziell dafür entwickelten Giften. An einem Septembertag im Jahre 1928 wollte Alexander Fleming eine seiner Bakterienkulturen (es handelte sich um Staphylokokken, von denen manche Arten beim Menschen Infektionen auslösen) entsorgen, weil sich auf dem Nährboden der Petrischale Schimmelpilz gebildet hatte. Es tut mir leid, das sagen zu müssen, lieber Herr Fleming, aber das passiert, wenn unsauber gearbeitet wird. Ich weiß, wovon ich spreche. Beim näheren Betrachten fiel Fleming auf, dass sich die Bakterienkultur auf dem Nährboden bereits gut vermehrt hatte, sich aber um den Schimmelpilz herum zurückzog. So, als würde dieser irgendeine Substanz absondern, die den Bakterien zusetzt. Das Penicillin war entdeckt, das erste und wohl berühmteste Antibiotikum. Mit seiner Entdeckung ist es ähnlich wie mit der Mondlandung: Alle kennen Neil Armstrong, aber kaum jemand die Männer, die nur kurz nach ihm die Mondoberfläche betraten und ebenso viel zu dieser Menschheitsleistung beitrugen (so wie all die Personen, die die Mission von der Erde aus vorbereiteten, steuerten und leiteten). Im Falle des Penicillins erfolgten die nächsten Schritte allerdings nicht wenige Minuten, sondern mehrere Jahre später. Fleming selbst machte keine Anstalten, den entdeckten Stoff zu medizinischen Zwecken zu nutzen, beschrieb aber seine antibakterielle Wirkung in einem Aufsatz, den 1938 wiederum ein Herr namens Howard Florey las, der sich dann gemeinsam mit Ernst

Boris Chain und Norman Heatley an die Entwicklung eines medizinischen Präparates machte. Pünktlich zum zweiten Weltkrieg war das Antibiotikum fertig, und es verhinderte in seinem Verlauf unzählige Amputationen bei Kriegsverletzten. Bis heute rettete das aus Schimmelpilzen gewonnene Penicillin viele Millionen Menschenleben. Auch Lebensrettung hält der Mikrokosmos also für uns bereit, wenn wir Zeit und Geduld in seine Erforschung investieren.

Eine weitere Art, auf die uns Mikroorganismen schaden können, ist über eine Konkurrenz um unsere Nahrungsmittel. Denn manche Bakterien und Pilze mögen unser Essen mindestens genauso gern wie wir. Das betrifft bereits geerntete Lebensmittel ebenso wie Nutzpflanzen auf dem Feld. Alle haben sie, genau wie wir Menschen, typische Krankheitserreger, die sie heimsuchen. Die Folge sind Einbußen bis hin zu Totalverlusten bei der Ernte, wenn die Pflanzen nicht wirksam geschützt werden. Indem sie unsere Pflanzen krank machen, können Mikroorganismen für uns deshalb auch indirekt lebensgefährlich werden. Der für das Auge unsichtbare Erreger der Krautfäule, *Phytophthora infestans*, war zum Beispiel für die Große Hungersnot in Irland 1845 bis 1849 verantwortlich und damit für etwa eine Million Tote sowie für eine große Auswanderungswelle in die Vereinigten Staaten von Amerika. Von dort war der mikrobielle Pilz zuvor eingeschleppt worden. Er vernichtete in Irland mehrere Jahre hintereinander den Großteil der Kartoffeln, die dort ein Grundnahrungsmittel darstellten. Erst später verstand man, vor allem dank der Arbeit des deutschen Naturforschers Heinrich Anton de Bary, dass Pilze für die Fäulnis und die Krankheit der Pflanze verantwortlich waren und dass solche Krankheiten auch bei anderen wichtigen Nutzpflanzen wie dem Weizen auftraten.

Aber nicht nur auf uns Menschen, sondern auch auf den Rest der Biosphäre haben Mikroorganismen im Laufe der Geschichte immer wieder gravierende Auswirkungen gehabt. Die Vorfahren der Cyanobakterien sind beispielsweise für eines der größten Massensterben in der Erdgeschichte verantwortlich. Falls Sie davon noch nicht gehört haben, wird das daran liegen, dass es schon etwas länger her ist, nämlich ungefähr 2,4 Milliarden Jahre. Damals war das Leben noch fast vollständig einzellig, aber es gab bereits eine große Vielfalt unterschiedlicher Arten von Bakterien, Archaeen und Protisten in den Ozeanen. Die Atmosphäre enthielt damals so gut wie keinen Sauerstoff (heute hingegen etwa 20 Prozent) und deshalb war auch das Leben auf eine Welt ohne Sauerstoff eingestellt. Für die allermeisten Lebewesen waren größere Mengen sogar giftig. Nun erfanden besagte Vorfahren der Cyanobakterien eine neue Art der Photosynthese, bei der Sauerstoff als Nebenprodukt anfiel. Zunächst veränderte das die Atmosphäre kaum, denn die im Gestein der Erdoberfläche enthaltenen Verbindungen, darunter vor allem das Eisen, reagierten mit dem Sauerstoff. Die Erde rostete buchstäblich und wurde von einer schwarzen zu einer rötlichen Kugel. Sie könnte zu dieser Zeit ein wenig so ausgesehen haben wie der Mars. Doch als alles verfügbare Gestein mit Sauerstoff reagiert hatte, begannen sich auch die Atmosphäre und die oberen Wasserschichten damit anzureichern und sie lösten die »Große Sauerstoffkatastrophe« aus. Die Aktivität der sich massenweise vermehrenden Cyanobakterien tötete einen Großteil des damaligen Lebens auf der Erde. Gleichzeitig schufen sie mit dieser Umgestaltung der chemischen Zusammensetzung der Erdatmosphäre die Ausgangbedingungen für das Leben, wie wir es heute kennen. Es blieben glücklicherweise genug Organismen übrig, für die Sauerstoff nicht giftig war, und aus ihnen und den Nachkommen der Cyanobakterien entwickelte sich die biologische Vielfalt von heute. Das dauerte dann allerdings noch einige Zeit, denn die Aktion mit dem Sauerstoff führte unter anderem zu einer langen Kaltzeit.

Vor ungefähr 252 Millionen Jahren sorgten dann Vorfahrinnen der Archaeen für ein Massensterben, indem sie die Fähigkeit erwarben, Acetate als Nahrungsquelle zu nutzen. Diese chemische Abwandlung von Essigsäure kam in großen Mengen und bisher ungenutzt in tiefen Schichten der Ozeane vor, in denen es auch weiterhin keinen Sauerstoff gab. Als eine bestimmte Art Archaeen durch eine evolutionäre Weiterentwicklung plötzlich in der Lage war, diese Ressource zu erschließen, vermehrte sie sich innerhalb relativ kurzer Zeit massenhaft. Dass als Nebenprodukt des Abbaus von Acetat das Gas Methan anfiel und sich in der Atmosphäre anreicherte, war für einen Großteil des damaligen Lebens auf der Erde fatal. Unvorstellbare 90 Prozent aller Arten starben damals aus. Darunter auch die meisten Pflanzen, weshalb parallel zu einem Anstieg der Klimagase Methan und Kohlenstoffdioxid ein Einbruch der Sauerstoffkonzentrationen die Folge war. Erneut hatte also die Entwicklung eines neuen Stoffwechsels durch einen Mikroorganismus eine globale Katastrophe in der Biosphäre ausgelöst. Es ist jedoch nicht gesagt, dass nur einzellige Lebewesen solche Katastrophen auslösen können. Wie wir wissen, schickt sich eine mehrzellige, vermeintlich intelligente Spezies aus der dritten Domäne des Lebens momentan an, die Atmosphäre ebenfalls stark zu verändern, indem sie über Jahrmillionen im Boden gespeicherte Kohlenwasserstoffe hervorholt und in klimaaktives Kohlenstoffdioxid und Methan verwandelt. In etwa einer Milliarde Jahren, vermuten manche Forscher:innen, könnte innerhalb von nur 10 000 Jahren all das wieder zurückgedreht werden und die Erde wieder den Mikroorganismen gehören: Die aufgrund ihres Alters heißer werdende Sonne wird dieser Theorie zufolge das CO_2 in der Atmosphäre zerlegen, wodurch sämtliche Pflanzen auf der Erde nach und nach absterben werden. Den anschließenden Zusammenbruch des globalen Nahrungsnetzes werden nur manche Arten von Mikroorganismen überleben, die in einer Atmosphäre ohne Sauerstoff auskommen können.[29]

Lesetipp:
Jenen, die sich für die Geschichte von Ernten und Missernten und deren Auswirkungen näher interessieren, kann ich das Buch »Ernten machen Geschichte«[30] von Hans-Hermann Cramer sehr empfehlen. Erstaunlich oft spielten Mikroorganismen dabei eine zentrale Rolle.

Zahnräder der großen Stoffkreisläufe und Meister des Recyclings

Mikroorganismen sind Meister der chemischen Umwandlung von organischen Stoffen auf der Erde. Sie sind die mikroskopisch kleinen Zahnräder, die die großen Stoffkreisläufe am Laufen halten, auf die alle anderen Lebewesen angewiesen sind. Das große Massensterben, das durch Methan produzierende Archaeen ausgelöst wurde, macht deutlich, dass Mikroorganismen für den Kohlenstoffkreislauf eine wichtige Rolle spielen. Heute stoßen manche von ihnen die Klimagase Kohlenstoffdioxid und Methan aus, andere helfen dabei, es zu binden. Sich das zunutze zu machen, indem man im großen Stil Klimagase mit Mikroorganismen bindet, könnte einen Beitrag dazu leisten, unsere Wirkung auf die Atmosphäre wieder ins Gleichgewicht zu bringen und der Klimakrise zu begegnen. Solche Ansätze lernen wir später noch etwas näher kennen.

Zum Kohlenstoffkreislauf gehört vor allem auch das Entstehen neuen Lebens, und dass der in ihm enthaltene Kohlenstoff nach dem Tod wieder in den Kreislauf zurückgeführt wird. Im Schnitt würden sich 5000 Kilogramm tote Tiere, die eines natürlichen Todes gestorben sind, pro Jahr auf einem Quadratkilometer ansammeln, wenn nicht Mikroorganismen ihre Körper zerlegen und in den Kreislauf zurückführen würden. Noch viel relevanter ist der Abbau toter Pflanzen, die, wie wir gelernt haben, den mit Abstand größten Teil der Biomasse auf der Erde stellen. Das häufigste organische Molekül der Erde ist die Cellulose. Aus dieser langen und sehr stabilen Kette aus einzelnen Zuckermolekülen bauen Pflanzen ihre Zellwände auf, die ihnen das Leben an Land ermöglicht haben. Denn sie verleihen ihnen Stabilität und die Möglichkeit, eine nach oben wachsende Architektur auszubilden, mit Gefäßen, die die einzelnen Teile der Pflanze miteinander verbinden, ähnlich den Adern bei Tieren. Einen Teil des durch die Photosynthese gewonnenen Zuckers nutzen Pflanzen, um ihren Energiebedarf zu decken, doch der Überschuss wird unter anderem in die Produktion der Zellwände investiert, also in Cellulose. Dort sind der Zucker und seine Energie erst einmal ziemlich fest gebunden. Pflanzen selbst besitzen Cellulasen, also Enzyme, welche die Cellulose spalten, um die Zellwände im Laufe des Wachstums anzupassen. Doch um nach dem Absterben der Pflanzen in den Kreislauf zurückgeführt werden zu können, müssen Cellulose und andere komplexe organische Moleküle zerlegt werden. Bevor man von Mikroorganismen wusste, galt für lange Zeit noch die von Aristoteles 350 v. Chr. aufgestellte »Humustheorie«, der zufolge Pflanzen sich von den im Humus enthaltenen, organischen Stoffen ernährten. Erst über 2000 Jahre später, nämlich 1826 wurde sie von Carl Sprengel widerlegt, der zeigen konnte, dass eigentlich anorganische Mineralstoffe als Nahrung für Pflanzen dienen. Geschlossen wird der Kreislauf von einer Gruppe von Mikroorganismen, die man auch als Destruenten (»Zerstörer«) bezeichnet. Sie verwandeln organische in anorganische Stoffe, wodurch die gebundenen Mineralstoffe frei und für Pflanzen verfügbar werden. So wird auch der Kohlenstoff in der Cellulose befreit und in CO_2 verwandelt, das wiederum von den Pflanzen aufgenommen und in neue Cellulose verwandelt werden kann.

Für Tiere, uns eingeschlossen, ist die Energie in der Cellulose vorerst unerreichbar. Bis auf wenige Ausnahmen wie zum Beispiel die Insektengruppe der »Fischchen«, die natürlich niemand von uns jemals in seinem Bad hatte, ist es Tieren im Laufe der Evolution aus irgendeinem Grund nie gelungen, Cellulasen zu entwickeln. Sie sind dafür wieder einmal auf eine Symbiose mit Mikroorganismen angewiesen. Und bis auf erneut wenige Ausnahmen handelt es sich hierbei um Endosymbiosen, also solche, bei denen sich der mikrobielle Symbiont im Inneren des Tiers befindet (eine kuriose Ausnahme stellen Blattschneiderameisen dar, die auf gesammelten Blättern einen mikrobiellen Pilz züchten, der für sie die Cellulose zerlegt). Man findet diese Art der Endosymbiose zwar auch bei Termiten und Wasservögeln, am bekanntesten und für unsere Ernährung am relevantesten dürfte sie aber in Form des Wiederkäuens bei pflanzenfressenden Säugetieren sein. Besonders beim Rind hat man den Prozess des Wiederkäuens von Gras genau studiert. Tatsächlich decken Rinder ihren Proteinbedarf hauptsächlich über mikrobielles Protein und gar nicht über das Protein im Gras. Da Gras hauptsächlich aus Cellulose besteht und Rinder als Tiere dieses wegen der fehlenden Enzyme nicht verwerten können, lassen sie diesen Job von den Bakterien in einem ihrer Mägen, dem Pansen, erledigen. Die Bakterien fühlen sich im Pansen pudelwohl, denn es ist warm und gibt ausreichend Futter. Diese symbiotische Beziehung ist allerdings nur eine auf Zeit und endet jeden Tag für eine der beteiligten Parteien tödlich. Denn wenn die Fermentation der Cellulose ausreichend fortgeschritten ist und die Bakterien sich munter vermehrt haben, spült das Rind sie in seinen nächsten Magen, wo sie allesamt verdaut werden. Im Gegensatz zum Gras können die Bakterien und ihre Proteine sehr wohl auch von Tieren verdaut werden. Zusätzlich produzieren die Bakterien jede Menge Fettsäuren, die den Tieren als Energiequelle dient. Rinder ernähren sich also eigentlich von Mikroorganismen, nicht von Gras.

In Teilen unseres Darms leben ebenfalls Bakterien, die Cellulose verdauen und in Fettsäuren umwandeln, auch wenn das Ausmaß nicht mit jenem im Rinderpansen zu vergleichen ist. Aus diesem Grund wird auch häufig davon gesprochen, dass sogenannte Ballaststoffe gut für die Darmflora seien. Wir können sie selbst nicht verdauen, wo auch die Bezeichnung »Ballast« herrührt, doch wir füttern mit ihnen die Mikroorganismen in unserem Darm, die daraus wiederum Fettsäuren herstellen, die viele wichtige Funktionen im menschlichen Körper erfüllen. Außerdem halten diese gutartigen Bakterien andere, unerwünschte Mikroorganismen in unserem Darm in Schach. Hannelore Daniel ist emeritierte Professorin der Technischen Universität München, war und ist Mitglied in zahlreichen politikberatenden Gremien und forscht seit Langem zu Lebensmitteln und deren Einfluss auf unsere Physiologie, unter anderem auf unser Mikrobiom. Ich kenne Sie seit meiner Arbeit für den Bioökonomierat, in dem sie Mitglied war, und habe sie gefragt, was der aktuelle Stand des Wissens zum Einfluss der Bakterien in unserem Darm auf unsere Gesundheit ist. »Sehr vieles, was den Zusammenhang zwischen dem Mikrobiom und unserer Gesundheit betrifft, gilt es noch zu erforschen«, schreibt sie mir. »Hier werden viel zu oft voreilige Schlüsse gezogen, welche Ernährungsweisen oder gar welche einzelnen Lebensmittel einen Einfluss auf die Mikroorganismen in unserem Darm und – andersherum – welche Auswirkungen Veränderungen im Mikrobiom auf unsere Gesundheit haben. Manches ist hingegen bereits sehr gut erforscht, und wir wissen beispielsweise, dass die Cellulose in faserreicher, pflanzlicher Kost und auch das pflanzliche Speicherkohlenhydrat Inulin im Dickdarm durch Fermentation zu Acetat, Lactat, Propionat und Butyrat abgebaut werden. Und diesen organischen Säuren spricht man vielfältige gesundheitsfördernde Eigenschaften zu.«

Die Art und Weise, wie Mikroorganismen den Kohlenstoffkreislauf auf der Erde am Laufen halten, ist also nicht nur für die Biosphäre als Ganzes von Bedeutung, sondern auch ganz konkret für unsere Ernährung und Gesundheit.

Box 3: Keine Photosynthese ohne Mikroorganismen

Irgendwann im Laufe der Evolution gelang es Vorfahrinnen der heutigen Cyanobakterien, das Sonnenlicht als Energiequelle nutzbar zu machen, um Wasser zu spalten und die daraus entstehende, chemische Energie zur Umwandlung von Kohlenstoffdioxid in Zucker zu nutzen. Diesen Vorgang nennt man Photosynthese. Der Endosymbiontentheorie zufolge wurden diese Einzeller von anderen, größeren Einzellern verschluckt, die selbst nicht zur Photosynthese fähig waren, und von da an als Symbionten in ihrem Inneren gehalten. Die größeren Einzeller profitierten vom Zucker, den die Cyanobakterien produzierten, und diese könnten wiederum von einem gewissen Schutz in den größeren Zellen profitiert haben. Aus dieser Symbiose entwickelten sich die Vorgänger der Algen und Pflanzen, und mit der Zeit wurden die grünen Symbionten im Inneren der Zellen zu dem, was man heute Chloroplasten nennt.

Der zweite große Kreislauf in der Biosphäre ist der des Stickstoffs. Mikroorganismen halten den Stickstoffkreislauf am Laufen, indem sie Luftstickstoff in Ammoniak verwandeln und so aus der Atmosphäre holen. Ohne diesen Vorgang würde früher oder später all der Stickstoff, der unter anderem als Baustein für die Produktion der Proteine in allen Lebewesen essenziell ist, in der Luft landen und dort bleiben. Nur ab und zu sorgen auch Blitze mit ihren hohen Temperaturen dafür, dass der stabile Luftstickstoff gespalten wird und mit dem Regen auf den Boden und in die Meere gelangt. Mikroorganismen besitzen spezielle Enzyme, mit denen ihnen das auch ohne viel Energie gelingt. In einer Symbiose, die sie mit manchen Pflanzenarten eingegangen sind, leben sie direkt an deren Wurzeln und versorgen sie mit Stickstoff, wofür sie von den Pflanzen im Gegenzug mit Kohlenhydraten versorgt werden. Uns Menschen ist es vor etwas mehr als 100 Jahren gelungen, auf eine dritte Art biologisch nutzbaren Stickstoff zu produzieren, mit dem sogenannten Haber-Bosch-Verfahren. Ähnlich wie bei Blitzen kommen auch bei diesem Prozess hohe Temperaturen sowie hoher Druck zum Einsatz, um den stabilen Luftstickstoff zu spalten. Seit der Etablierung des Verfahrens können große Mengen Stickstoffdünger hergestellt werden, und die landwirtschaftlichen Ernten sind in der Folge enorm gestiegen. Dadurch können heute viel mehr Menschen ernährt werden als früher, doch es wird auch viel Energie dafür benötigt, weshalb die Produktion von Dünger für einen großen Teil der weltweiten Klimagasemissionen verantwortlich ist. Würde es mittels Biotechnologie gelingen, die Aufnahme von Stickstoff aus der Luft und seine Umwandlung in Ammoniak durch Mikroorganismen effektiver zu machen, könnte dies die Produktion mittels des sehr energieintensiven Haber-Bosch-Prozesses ersetzen.

Ein dritter Nährstoff von großer Bedeutung ist Phosphor. In Form von Phosphat ist dieses Element in der Landwirtschaft unabdingbar, weil Pflanzen es zum Wachsen brauchen und es im Boden natürlicherweise meist in zu geringen Konzentrationen vorkommt. Im Gegensatz zu Stickstoff und Kohlenstoff ist der Kreislauf von Phosphor sehr träge und verläuft nicht über die Atmosphäre. Einmal über die Nahrung aufgenommen und von Tier und Mensch ausgeschieden, landet er über Rückstände, Abwässer und Klärschlamm irgendwann in den Sedimenten von Gewässern und verbleibt dort größtenteils. In für uns relevanten Zeitabschnitten ist es also eher eine Sackgasse als ein Kreislauf. Solange wir mineralische Vorkommen als Quelle ausbeuten können, ist das kein Problem (wobei das Phosphat in den Ökosystemen, in die es gelangt, durch Überdüngung große Schäden anrichten kann). Doch es deutet sich an, dass diese Reserven irgendwann zur Neige gehen. Wir sollten also einen eigenen Kreislauf etablieren, indem wir Phosphat aus Abwasser und Klärschlamm zurückgewinnen. Das kann gelingen, indem der Klärschlamm verbrannt und Phosphat chemisch herausgelöst wird. Viel umweltfreundlicher und energiesparend könnte es sein, stattdessen spezielle Bakterien auf das Gemisch anzusetzen, die Phosphat herauslösen.[31]

Das sind Beiträge zu den großen Stoffkreisläufen in der Biosphäre, doch es gibt noch unzählige weitere Umwandlungsschritte, die hauptsächlich oder ausschließlich durch Mikroorganismen ausgeführt werden. Die schnelle Evolution und ihre große Vielfalt bringen früher oder später Enzyme für den Abbau fast jeder denkbaren organischen Verbindung hervor. Deshalb wurden auch bereits solche entdeckt, die Verbindungen abbauen, die erst durch den Menschen in die Umwelt gelangten. Wie zum Beispiel Plastik. Hilft man dieser Evolution mit Methoden der Mikrobiologie und Biotechnologie auf die Sprünge, können uns Mikroorganismen beim Recycling und damit beim Aufbau einer echten Kreislaufwirtschaft helfen. Auch anorganische Chemikalien können durch Mikroorganismen gesammelt oder neutralisiert werden. Das deutsche Pionierunternehmen im Bereich der Biotechnologie, die im hessischen Zwingenberg ansässige Brain Biotech AG, hat zum Beispiel Bakterien identifiziert und optimiert, die Edelmetalle aus Schrott extrahieren. Und auch mit Schwermetallen kontaminierte Böden können mit Mikroorganismen gesäubert werden.[32] Erdölfressende Bakterien können wiederum dabei helfen, den Dreck aus dem Meer zu entfernen, den wir durch Havarien von Öltankern und Bohrinseln dort hinterlassen, und Forscher:innen haben ein Enzym in Archaeen identifiziert, das Plastik zerlegt.[33]

Das Prinzip einer Bioökonomie, also einer Wirtschaft, die auf nachhaltigen und biologischen Kreisläufen basiert, ist auf den Einsatz von Mikroorganismen absolut angewiesen. Nur mit ihnen kann es gelingen, unser Wirken in die vorhandenen Stoffkreisläufe der Erde zu integrieren. Da es unzählige Mikroorganismen gibt, von denen die allermeisten noch gar nicht erforscht sind, gibt es auch unzählige mikrobielle Superkräfte, die darauf warten, entdeckt zu werden.

Lesetipps:

Wer sich näher dafür interessiert, was der aktuelle Wissensstand zum Mikrobiom und zu seinem Einfluss auf unsere Gesundheit ist, dem kann ich das Buch »Die Unentbehrlichen – Mikroben, des Körpers verborgene Helfer«[34] vom Kieler Mikrobiologen Thomas C. G. Bosch empfehlen.

Im Themendossier »Enzyme – die Supertalente der Bioindustrie« von Philipp Graf auf der Informationsplattform bioökonomie.de erfährt man alles wichtige über Enzyme als wichtige Werkzeuge einer Kreislaufwirtschaft.[35]

Potenzial für eine Revolution

Die Welt der Mikroorganismen ist trotz aller Forschung noch eine größtenteils weiße Karte, auf der noch sehr viel entdeckt werden kann. Wir sprechen viel über die Erforschung des Makrokosmos, schicken Raketen und Sonden zu anderen Himmelskörpern und weit hinein in den leeren Raum, um dort Neues zu entdecken. Doch wenn wir zusätzlich unsere Anstrengungen verstärken würden, den Mikrokosmos zu erforschen, könnte das für unser Leben auf der Erde noch zu viel mehr und vielleicht wichtigeren Erkenntnissen und Lösungen führen. Dafür müssen wir durch Mikroskope, statt durch Teleskope schauen, und anstatt Sonden ins All müssen wir Forscher:innen in Salzwüsten und Roboter in die Tiefsee schicken. Durch die Anwendung neuester Methoden der DNA-Analyse erschließt sich in dem, was bisher nur ein einfacher Milliliter Wasser oder ein scheinbar unbelebtes Gramm Erde war, ein eigener Kosmos. Und zwar einer, bei dem wir ganz sicher sein können, dass wir Leben antreffen werden.

Wie uns unsere kurze Reise durch den Mikrokosmos gezeigt hat, spielen Mikroorganismen für Pflanzen und Tiere, uns Menschen eingeschlossen, eine kaum zu überschätzende Rolle. Man könnte so weit gehen zu sagen, dass sie die heimlichen Herrscher über diesen Planeten sind, denn sie beeinflussen und bestimmen das Leben und Überleben aller anderen Gruppen von Lebewesen. Sie gehen für sich und ihre Wirte nützliche oder sogar lebenswichtige Symbiosen ein, produzieren nahrhafte, lebenswichtige oder tödliche Substanzen und können ganze Populationen krank machen und sogar ausrotten. Selbst an Orten, von denen sich jede andere Form von Leben fernhält, ringen zahllose Arten von ihnen um die Vorherrschaft, entwickeln sich weiter und passen sich an – seit Milliarden von Jahren. Ermöglicht hat ihnen das ihre große Wandlungsfähigkeit und Vielfalt. Wenn man also auf der Suche nach einer Revolution ist, dann ist der Mikrokosmos dafür die perfekte Adresse.

Teil 3:
Das große Blubbern – Entdeckung und historische Bedeutung der Fermentation

Die Entdeckung der Fermentation

Fermentation leitet sich vom lateinischen Wort *fermentum* ab, das Gärung bedeutet. Dieses Wort gebrauchte bereits der römische Schriftsteller Columella um 60 n. Chr. für eine Quellung des Bodens und etwa zeitgleich auch der römische Philosoph und Universalgelehrte Seneca, um einen seiner Ansicht nach für die Herstellung von Honig wichtigen Vorgang zu beschreiben. Später taucht »Ferment« dann als Bezeichnung für Sauer- und Hefeteig auf. Um 1650 beschrieb der deutsche Universalgelehrte Johann Joachim Becher die Gärung als Gegensatz zur Fäulnis. Bei Ersterer, so hatte er bemerkt, entstehe kein übler Geruch. Außerdem soll er bereits festgestellt haben, dass die alkoholische Gärung nur in Anwesenheit von Zucker stattfindet. Ein Zeitgenosse Bechers und ebenfalls Universalgelehrter (es muss damals von Universalgelehrten gewimmelt haben), Franciscos Sylvius, begründete nicht nur die naturwissenschaftlich ausgerichtete Medizin, sondern erkannte, dass bei der alkoholischen Gärung das Gas Kohlenstoffdioxid entsteht (und daraus zum Beispiel die Kohlensäure im Bier). Außerdem erfand der nebenbei noch den Gin.

Chemisch genau ermittelt, wie viel Zucker sich in wie viel Alkohol und Kohlenstoffdioxid verwandelt, hat dann 1815 der Franzose Joseph Louis Gay-Lussac. Dass für die Reaktion ein biologischer Stoff (ein »Ferment«) nötig ist, fand Eilhard Mitscherlich heraus. Er stellte die Theorie auf, dass diese Fermente den Zucker veränderten, ohne sich dabei selbst zu verändern. Er beschrieb damit eine grundlegende Eigenschaft von Enzymen, die wie ein Katalysator wirken, also eine Reaktion ermöglichen, an der sie selbst nicht wirklich beteiligt sind. Dass wiederum Mikroorganismen für den Vorgang verantwortlich sein könnten, fand der Franzose Charles Cagniard de la Tour durch Mikroskopieren heraus. Teil für Teil, durch die Forschung vieler einzelner Menschen, setzte sich so wie bei einem Puzzle ein immer stimmigeres Bild zusammen.

Was viele der frühen Forscher faszinierte, war, dass Gärung in manchen Formen auch ohne Sauerstoff auskam. Diese Fähigkeit ist ein biochemisches Relikt aus der Zeit vor der Großen Sauerstoffkatastrophe, die durch die Cyanobakterien ausgelöst wurde. Einige Arten, die Sauerstoff nicht mögen oder zumindest nicht brauchen, haben das Sauerstoffmassaker damals überlebt. Darunter finden sich wahrscheinlich auch die Urahnen jener heutigen Mikroorganismen, die ohne Sauerstoff fermentieren. »Fermentation c'est la vie sans l'air« (franz. für »Fermentation, das ist Leben ohne Luft«), soll einer der berühmtesten Fermentationsforscher gesagt haben, der uns als Entdecker von Krankheitserregern bereits begegnet ist und mit dem wir uns nun noch etwas genauer beschäftigen müssen: Louis Pasteur. Er arbeitete vor allem an Milchsäure-, Buttersäure- und alkoholischer Gärung, die allesamt ohne Sauerstoff funktionieren. Das führte ihn zunächst zu der Annahme, dass der Vorgang immer ohne Sauerstoff ablaufe. Später erkannte man jedoch, dass es Formen der Fermentation gibt, die Sauerstoff benötigen, wie zum Beispiel die Essigsäuregärung. Der Begriff Gärung wird im Deutschen inkonsistent verwendet, wie man am Wort Essigsäuregärung sieht, in der Regel beschreibt man damit jedoch eine Fermentation, die ohne Sauerstoff abläuft.

Pasteur schaute – genau wie vor ihm van Leeuwenhoek – viel durch Mikroskope. Angeblich half ihm seine ausgeprägte Kurzsichtigkeit dabei, beim Blick durch die Linsen Dinge zu erkennen, die für andere zu klein oder unscharf waren. Eines Tages fiel ihm auf, dass organische Salzkristalle anders aussahen als anorganische. Genauer gesagt, beobachtete er, dass sich in Weinsäure zwei spiegelbildlich geformte Arten von Kristallen befanden (sogenannte chirale Isomere). So etwas fand man in den Kristallen von Säuren aus unbelebter Materie nicht. Für ihn war das ein Beweis für den Vitalismus, dem er anhing und demzufolge lebendigen Dingen eine Art Lebenskraft innewohnte, die sie grundlegend von unbelebter Materie unterschied. Dass er diese Eigenschaft auch in fermentierten Produkten vorfand, war für ihn ein Hinweis auf einen biologischen Prozess. Bisher hatten viele Chemiker die Ansicht vertreten, es handle sich bei der Entstehung von Alkohol, Milchsäure oder Essig aus Zucker um einen rein chemischen Vorgang. Ein Vertreter dieser Theorie war der ebenfalls sehr bekannte Forscher Justus von Liebig. Landwirtschaftlich interessierte Leser:innen kennen ihn wahrscheinlich vor allem für die Popularisierung des »Minimumgesetzes«, das zuvor durch Carl Sprengel aufgestellt wurde und demzufolge immer jener Nährstoff das Wachstum von Pflanzen limitiert, der am schlechtesten verfügbar ist. Dies führte zur Entwicklung und Anwendung von Mineraldünger und damit zu einer enormen Steigerung der landwirtschaftlichen Produktion. Bei der Fermentation lag er allerdings falsch.

Manchen ist vielleicht die berüchtigte Rivalität zwischen Louis Pasteur und Robert Koch bekannt. Beide wollten einander bei der Erforschung von Bakterien und der Entwicklung wirksamer Mittel gegen diese übertrumpfen. Weniger bekannt ist, dass auch Justus von Liebig mit seinen Theorien Pasteur ein Dorn im Auge war. Denn seine Idee, dass Fermentation reine Chemie sei, hielt der Franzose für großen Unsinn und er arbeitete eifrig daran, sie zu widerlegen. Was ihm schließlich auch gelang, indem er mit einem ausgeklügelten Experiment zeigen konnte, wie eine zuvor durch Erhitzen sterilisierte Nährlösung nur dann zu fermentieren begann, wenn sie offen der Luft ausgesetzt war. In einem zweiten Gefäß, das über einen gebogenen, langen Flaschenhals zwar mit der Luft verbunden war, in das jedoch kein Staub gelangen konnte, blieb die Flüssigkeit steril. Wenn er in ein solches Glas nun ein Stück Watte gab, durch das vorher Raumluft gesaugt worden war, begann sich auch dort die Flüssigkeit entsprechend zu verändern. Daraus schloss er, dass sich im Staub der Luft Mikroorganismen befinden mussten, die für die Veränderung der Nährlösung verantwortlich waren. Genau wie van Leeuwenhoek trug Pasteur mit diesen Experimenten nicht nur zur Beantwortung naturwissenschaftlicher, sondern auch grundlegender philosophischer Fragen bei, wie etwa jener, ob Leben spontan aus unbelebter Materie entstehen könne. Zu Pasteurs Zeiten war zwar inzwischen allgemein anerkannt, dass dies für alle größeren Lebewesen nicht der Fall war. Hunde, Eidechsen und Bäume entstanden nicht einfach spontan aus Steinen oder Erde. Bei Mikroorganismen war man sich da allerdings noch nicht so sicher. Einen weiteren Zeitgenossen betrachtete Pasteur in diesem Zusammenhang wohl eher als Widersacher statt als Kollegen. Der Franzose Félix Archimède Pouchet war Anhänger einer gemäßigten Version der Theorie der »Spontanzeugung« und fand heraus, dass weibliche Tiere auch ohne Zutun männlicher Artgenossen Eier produzierten. Er nahm deshalb an, die Eier von Tieren entstünden in deren Körpern spontan, zum Beispiel aus Luft. Pouchet wiederholte Pasteurs Experimente mit aufgekochten Heuaufgüssen, die auch in intakten Gefäßen, in die kein Staub gelangen konnte, zu fermentieren begannen. Da dies zunächst wie ein Gegenbeweis zu Pasteurs Thesen wirkte, setzte dieser empört alles daran, Pouchets Ergebnisse zu diskreditieren, und da er über viel Ansehen und Einfluss verfügte und seine Theorie unter anderem auch dem kirchlichen Zeitgeist mehr entsprach als die Theorie der Spontanzeugung, gelang ihm das auch. Erst später wiesen andere Forscher nach, dass der arme Pouchet mit seinen Experimenten wahrscheinlich – ohne es zu wissen – sogenannte Endosporen entdeckt hatte. Ein Stadium, in das manche Mikroorganismen übergehen und in dem sie für eine lange Zeit ausharren können, manche sogar viele Millionen Jahre. Manche von ihnen können sogar kochendes Wasser überleben.

Aber zurück zu Pasteur. Seine Arbeit ist ein gutes Beispiel dafür, wie sich Grundlagen- und angewandte Forschung gegenseitig befördern können. Seine Leidenschaft dafür, unbedingt Beweise gegen die Theorie der Spontanzeugung finden zu wollen, führte zur Methode der nach ihm benannten Pasteurisierung, des Abtötens von Mikroorganismen durch Erhitzen. Was so trivial klingt, war ein großer Schritt für die gesamte Menschheit und rettete vielen das Leben. Die Erkenntnis, dass Mikroorganismen so gut wie überall sind und uns krank machen können, hat zu heute absolut selbstverständlichen Praktiken geführt, etwa dass sich Ärzte vor Operationen die Hände waschen. Nicht ohne Grund waren Operationen bis zur Einführung des sterilen Arbeitens meist ein Todesurteil: Wenn einen die Krankheit oder Verletzung, wegen der man auf dem Operationstisch lag, nicht das Leben kostete, dann wahrscheinlich die Keime, die ungewaschene Hände bei der Operation in den Körper brachten. Und auch für die Haltbarmachung zahlreicher Lebensmittel spielt die Pasteurisierung bis heute eine große Rolle.

Die Grundlagenforschung Pasteurs führte also zu einer Reihe von wichtigen Anwendungen. Doch es funktionierte auch andersherum: Schon immer interessiert an der alkoholischen Gärung, beschloss Pasteur nach der Niederlage Frankreichs im Deutsch-Französischen Krieg der aufstrebenden Bierindustrie Deutschlands etwas entgegenzusetzen. Er verbesserte das Brauen von französischem Bier, indem er seine grundlegenden Erkenntnisse über Mikroorganismen und Fermentation anwandte. Mithilfe der Pasteurisierung wurde das Bier zusätzlich haltbar gemacht und so zum Exportschlager und zu einer ernstzunehmenden Konkurrenz für deutsches Bier. Diese sehr angewandte, wirtschaftlich und ideologisch motivierte Forschung brachte einen weiteren Schub für die Grundlagenforschung an Fermentation, deren Erkenntnisse wiederum die Basis für die Arbeiten kommender Forscher:innen waren. Die Grundsteine sowohl für eine industrielle Nutzung der Fermentation als auch für die moderne Mikrobiologie waren gelegt. Der Däne Emil Christian Hansen erfand die Verbesserung von Mikroorganismen durch Züchtung, die wiederum in Deutschland durch Max Delbrück weiter vorangebracht wurde, der unter anderem feststellte, dass die Hefezelle »eine Maschine« sei, die sich als solche auch immer weiter verbessern ließe. Diese Idee war bahnbrechend und sie wird uns später in diesem Buch noch beschäftigen. Delbrück brachte, genau wie Pasteur, das Brauwesen und die Forschung an Fermentation gleichermaßen voran. 1903 gründete er den ersten Studiengang zum Diplombraumeister.

Etwa zur selben Zeit fand Eduard Buchner, der letzte wichtige Name, den ich in diesem Abschnitt nennen will, heraus, dass Fermentation auch ohne lebende Zellen funktionieren kann, und entdeckte dadurch die Enzyme. Diese spezialisierten Proteine sind für alle biologischen Funktionen in Zellen verantwortlich und damit auch für die Fermentation durch Mikroorganismen. Sie können unter bestimmten Bedingungen jedoch auch alleine, außerhalb von Zellen funktionieren. Auch die Enzyme in Tieren und Pflanzen können für Fermentation verantwortlich sein. Tee fermentiert zum Beispiel, weil nach dem Aufbrechen der Blätter Enzyme aus den Zellen der Pflanze austreten, die damit beginnen, die Blätter zu zersetzen. Allerdings ist dieser Vorgang zeitlich begrenzt, weil die Enzyme in den sterbenden Blättern nur noch einige Zeit aktiv sind. Ein weiteres Beispiel für eine Fermentation ohne Mikroorganismen ist die Umwandlung von Stärke (wie Cellulose eine Kette aus Zuckermolekülen) in Zucker durch ein Enzym namens Amylase. Es befindet sich unter anderem in unserem Speichel, wo es die Stärke in gekauten Lebensmitteln in Zucker aufspaltet.

Dazu eine kleine Andekdote: Bei einem Aufenthalt im ecuadorianischen Regenwald im Jahr 2006 habe ich bei einer Begrüßungszeremonie in einem Dorf einmal eine Schale Chicha getrunken. Zusammen mit einem Kanadier, einem Engländer und einem US-Amerikaner wurde ich von den etwa 50 Bewohner:innen des Dorfes in einer großen Hütte empfangen, alle standen in einem großen Kreis, und wir verstanden nur sehr wenig davon, was gesprochen wurde. Als Teil der Zeremonie wurde mit einer Kelle eine weißliche, trübe Flüssigkeit aus einer großen Schale in kleinere Trinkschalen gefüllt. Diese gingen im Kreis herum, und jeder trank einige Schlucke. Als die Reihe an uns war, lehnten meine undiplomatischen Begleiter, nachdem sie daran geschnuppert hatten, dankend ab. Einer tat nur so, als ob er nippte. Ich bekam die Schale als Letzter, und da mich alle ansahen und ich experimentierfreudig bin, nahm ich einige Schlucke, ohne zu wissen, worum es sich überhaupt handelte. Es war lauwarm, roch ehrlich gesagt furchtbar und schmeckte sehr säuerlich fermentiert. Später erfuhr ich, dass es sich um eine traditionelle Art von Bier aus Mais und Maniok handelte, für dessen Herstellung dem Brei zunächst Speichel zugefügt wird, der die Stärke in Zucker umwandelt. Der Zucker fermentiert dann anschließend zu Alkohol, was ohne den Speichel bei sehr stärkehaltigen Pflanzen wie Mais nicht oder nur sehr langsam passieren würde.

Heute werden Enzyme bei vielen industriellen Anwendungen eingesetzt, anstatt dass ganze Mikroorganismen verwendet werden. So können manche Prozesse noch gezielter und kontrollierter durchgeführt werden. Man muss dabei bedenken, dass die Einzeller für uns zwar wenig komplex wirken mögen, weil sie so klein sind. Doch ein kompletter Mikroorganismus ist ein hochkomplexes biologisches System mit vielen unterschiedlichen Enzymen, die in seinem Stoffwechsel zusammenwirken. Will man nur die Funktion eines ganz bestimmten Enzyms nutzen, kann es von großem Vorteil sein, es aus dieser Komplexität herauszunehmen und einzeln zu nutzen. Wir können uns das so ähnlich wie bei einer Maschine vorstellen: Angenommen, Spülmaschinen wären etwas, das man in der Natur vorfände. Die natürlichen Vorgänge in der Spülmaschine greifen dank evolutionärer Entwicklung so ineinander, dass dreckiges Geschirr sauber wird, denn das ist es, was Spülmaschinen in der Natur täten. Nun hätten wir entdeckt, dass ein Schritt dieses Vorgangs darin besteht, dass Wasser erhitzt wird, und in diesem Vergleich wäre heißes Wasser etwas, worauf wir es abgesehen hätten. Wir fangen also die Spülmaschine ein, damit sie für uns heißes Wasser produziert, doch immer, wenn wir sie mit kaltem Wasser füttern, produziert sie sauberes Geschirr statt heißes Wasser. Weil sie in ihrem natürlichen Stoffwechsel das heiße Wasser sofort wieder verbraucht. Wir finden durch eine nähere Untersuchung heraus, welches Teil in der Maschine für die Erhitzung des Wassers verantwortlich ist, finden eine Heizspirale und bauen sie aus. An Strom angeschlossen, können wir mit ihr kaltes in heißes Wasser verwandeln, ohne dass es direkt in sauberes Geschirr verwandelt wird. Das ist für unseren Zweck viel effizienter. So funktioniert das auch mit Enzymen, die eine für uns interessante Funktion haben, im Kontext des Mikroorganismus jedoch nicht zum erwünschten Ergebnis führen, weil dort das Produkt des Enzyms sogleich weiterverarbeitet wird.

Wir fassen zusammen: Bei Fermentation nutzen Mikroorganismen Zucker, Alkohol oder andere Stoffe, die sie in ihrer Umgebung vorfinden, als Energiequelle und produzieren dabei ein für uns nützliches Nebenprodukt. Manche Formen der Fermentation benötigen keinen Sauerstoff oder können unter seiner Anwesenheit gar nicht ablaufen – das nennt man dann auch Gärung. In allen lebenden Zellen, also auch in Mikroorganismen, gibt es spezialisierte Proteine namens Enzyme, welche für die Fermentation auf molekularer Ebene verantwortlich sind. Heutzutage kommen für manche Anwendungen in der Industrie sogar nur einzelne Enzyme statt ganze Zellen zum Einsatz. Findet eine Fermentation ganz ohne ein absichtliches Hinzufügen von Mikroorganismen statt, dann handelt es sich um eine sogenannte spontane Fermentation. Drei Arten der spontanen Fermentation von Lebensmittel haben sich im Laufe der Geschichte als besonders nützlich und beliebt erwiesen: Milchsäuregärung, alkoholische Gärung und Essigsäuregärung. Vor allem die ersten beiden haben auf unterschiedliche Weise eine große Rolle in unserer gesellschaftlichen Entwicklung gespielt und finden heute im industriellen Maßstab Anwendung.

Am Anfang war der Alkohol

Für eine Einordnung, die der Bedeutung von Alkohol für die Menschheit gerecht wird, gehen wir noch etwas weiter in der Zeit zurück. Etwa vier bis fünf Milliarden Jahre. Kein Scherz. Damals fand natürlich noch keine Fermentation statt, denn es gab noch gar kein Leben, auch kein mikrobielles, zumindest nicht auf der Erde. Doch, wie Patrick E. McGovern sein Buch »Uncorking the Past«[36] wunderbar einleitet: Es gab damals trotzdem bereits Alkohol. Wissenschaftler:innen haben im Jahr 2001 mit starken Radioteleskopen alkoholische Verbindungen, darunter auch Ethanol, in einer gewaltigen molekularen Wolke namens Sagittarius B2 nahe dem Zentrum unserer Galaxie nachgewiesen.[37] Wäre das schon in den 1960ern bekannt gewesen, hätte es mit Sicherheit eine Folge von Raumschiff Enterprise gegeben, in der Captain Kirk und seine Crew in einer Wolke von Alkohol stranden und eine ausgelassene Party feiern, bevor sie in ernste Schwierigkeiten geraten. Der Fund dieser riesigen alkoholischen Dunstwolke ist aber viel mehr als nur eine Kuriosität. Da es sich bei diesen Alkoholen um Kohlenwasserstoffe handelt, könnten es die chemischen Vorläufer jener Moleküle sein, aus denen das Leben auf der Erde besteht. Inzwischen wurden auch noch etwas komplexere Kohlenwasserstoffmoleküle in jener interstellaren Wolke gemessen.[38] Patrick E. McGovern, der sich als Professor für Anthropologie und wissenschaftlicher Direktor des Biomolecular Archaeology Project am University of Pennsylvania Museum in den USA seit vielen Jahren mit der Geschichte und Bedeutung fermentierter Getränke in der ganzen Welt beschäftigt, sieht eine gewisse Symbolik darin, dass Alkohol womöglich schon in die Entstehung der chemischen Grundlagen des Lebens involviert war. Und auch Fermentation, die Alkohol produziert, trat sehr früh auf den Plan, nämlich sobald das Leben auf der Erde in Form erster Einzeller seinen Anfang nahm und erste urzeitliche Mikroorganismen mit ihren Enzymen Stoffe aus ihrer Umgebung in andere umsetzten, um so Energie zu gewinnen. Da die Erdatmosphäre in ihrer frühen Jugend keinen Sauerstoff enthielt, mussten auch die ersten biologischen Reaktionen ohne diesen auskommen. Dazu gehörte vor allem die Umwandlung von Zucker in Alkohol. Nachdem die Große Sauerstoffkatastrophe für einen kompletten Wandel der Atmosphäre gesorgt hatte, musste sich auch das Leben anpassen, und es setzten sich Formen der Energiegewinnung durch, die Sauerstoff nutzten. Doch die alkoholische Gärung verschwand nicht gänzlich. Denn immer noch gibt es Nischen, in denen wenig Sauerstoff vorhanden ist. Hefen, die heute hauptsächlich für diese Art der Fermentation verantwortlich sind, haben außerdem im

Laufe der Zeit die Fähigkeit entwickelt, auch unter Anwesenheit von Sauerstoff aus Zucker Alkohol herzustellen, und einige Arten von Bakterien können ebenfalls aus Zucker Alkohol herstellen. Dass diese vorzeitliche Art des Stoffwechsels bis heute überlebt hat, ist neben der Gewinnung von Energie wahrscheinlich auch auf die evolutionär vorteilhafte Tatsache zurückzuführen, dass das meiste jüngere Leben auf der Erde Alkohol nicht so gut verträgt. Es lässt sich damit ganz prima ein Milieu schaffen, dem unliebsame Konkurrenz in Form anderer Mikrobenarten lieber fernbleibt und in dem man sich selbst ganz in Ruhe ausbreiten und vermehren kann.

Für Tiere ist Alkohol in geringen Mengen eine Energiequelle und kann sogar gesundheitlich vorteilhafte Auswirkungen haben.[39] Doch schon bei einer Konzentration im Blut im Promillebereich wird es zum Gift und kann der Gesundheit und dem sozialen Zusammenleben auf vielfältige Weise schaden. Manche Tiere haben eine überdurchschnittliche Toleranz für höhere Konzentrationen im Blut entwickelt, darunter auch wir Menschen und einige andere Primaten. Eine Erklärung dafür könnte sein, dass es unsere gemeinsamen Vorfahren auf Früchte als Teil ihrer Ernährung abgesehen hatten. Früchte enthalten viel Energie in Form von Zucker. Das wissen jedoch auch Mikroorganismen zu schätzen, besonders jene Hefearten, die die prähistorische Fähigkeit besitzen, mit nur sehr wenig Sauerstoff leben zu können. Sie haben im Inneren von Früchten wenig Konkurrenz und fühlen sich wohl. In der Regel als Erste vor Ort, sind reife Früchte häufig bereits durch Hefen fermentiert, wenn ein Tier sich an ihnen gütlich tut. Da reife Früchte in der Natur nicht lange halten und in großen Mengen gleichzeitig reif sind, macht es Sinn, viele auf einmal zu essen und den Fruchtzucker in Form von Fettreserven für kargere Zeiten zu speichern. Ein Alkoholkonsum durch dieses Schlemmen von Früchten könnte evolutionär für eine steigende Toleranz bei unseren frühen Vorfahren gesorgt haben. Und nicht nur zu einer Toleranz: Es gibt viele Hinweise darauf, dass Primaten auch den Alkohol als solches zu schätzen lernten.

In »Uncorking the Past« schreibt Patrick E. McGovern unter anderem von einer Pflanzenart, die die Fermentation und die Lust der

Primaten an einem gepflegten Schlückchen zu ihrem Vorteil nutzt. In den Knospen der Palmenart Eugeissona sammelt sich Nektar, der dort zu Alkohol fermentiert und dessen Geruch Malaysische Spitzhörnchen anlockt. Deren Vorfahren, vermuten Forscher:innen, könnten die gemeinsamen Vorfahren aller Primaten sein. Malaysische Spitzhörnchen sind etwa so groß wie europäische Eichhörnchen, haben auch einen Schwanz wie diese, aber eher den Kopf einer großen Maus. Mit seiner Zunge schlürft das Spitzhörnchen den fermentierten Nektar aus den Blüten der Palme. Und zwar nicht zu knapp, wie der Forscher Frank Wiens und Kolleg:innen beobachteten.[40] In einer Nacht kann gut und gerne eine Menge geschlürft werden, die bei einem Menschen etwa neun Gläsern Wein entsprechen würden. Ohne dass die Tiere besonders beeinträchtig wirken. Andere Forscher:innen fanden auf einer abgelegenen Insel bei Panama eine Brüllaffenart, die sich dort regelmäßig mittels der vergorenen Früchte einer Palmenart betrinken. Bei einer Art Wettessen schaffen sie es auf ein Äquivalent von etwa zwei Flaschen Wein pro Affenperson in 20 Minuten. Forscher:innen sehen in solchen Beispielen Hinweise darauf, dass eine Toleranz gegenüber und auch ein Hang zum Alkohol bei uns Menschen in gewissem Maße evolutionär bedingt ist.[41] Auch bei Vogel- und Fledermausarten, die immer wieder fermentierte Früchte fressen, hat man höhere Toleranzen für Alkohol im Blut festgestellt.[42] Forscher:innen untersuchten die genetische Entwicklung des für den Abbau von Alkohol zuständigen Enzyms in unterschiedlichen Tierarten. Zwar trifft es in den meisten Fällen zu, dass ein Zusammenhang zwischen dem Anteil von Früchten in der Diät und einer Toleranz für Alkohol besteht, doch es gibt auch einige Ausnahmen. Wie so vieles andere ist dieses Mysterium also weiterhin Gegenstand aktueller Forschung.[43]

Wissenschaftler:innen gehen heute davon aus, dass die alkoholische Gärung die älteste Form der gezielten Anwendung von Fermentation durch den Menschen ist und in unterschiedlichen Teilen der Welt unabhängig voneinander entdeckt wurde. Das ist auch kein großes Wunder, denn man muss dafür eigentlich nur eine zuckerhaltige Flüssigkeit einige Zeit lang verschlossen oder zumindest abgedeckt stehen lassen. Da Mikroorganismen, wie wir gelernt haben, überall sind, finden sich mit ziemlicher Sicherheit auch Hefen oder Bakterien ein, die aus dem in der Flüssigkeit enthaltenen Zucker Alkohol herstellen. Eine spontane Fermentation also. In seinem Buch »Ancient Wine«[44] beschreibt Patrick E. McGovern, wie Menschen bereits in der Altsteinzeit, also vor mehr als 12 000 Jahren, die alkoholische Vergärung von Trauben gezielt hervorgerufen haben könnten. »Wilden Wein gibt es zum Beispiel im Kaukasus und auf dem Gebiet der heutigen Türkei schon seit Millionen von Jahren, und unsere Vorfahren, die damals vor etwa 1000 Jahren aus Afrika gekommen waren, könnten sich von den farbenfrohen Trauben angezogen gefühlt, sie gesammelt und gelagert haben«, führt McGovern seine Hypothese auf meine Nachfrage aus.[45] »Am Boden von Gefäßen, die mit gesammelten Trauben oder anderen Früchten gefüllt waren, kann sich leicht eine Schicht mit wenig Sauerstoffe und dadurch eine alkoholische Flüssigkeit gebildet haben. Ich stelle mir vor, dass einige der experimentierfreudigeren oder auch durstigeren Steinzeitmenschen, deren Organe und Gehirne mit unseren vergleichbar gewesen sein müssen, diese Flüssigkeit probiert haben und Gefallen am Geschmack und an der anregenden Wirkung auf ihre Sinne und ihren Bewusstseinszustand gefunden haben.«

Bald schon könnten unsere Vorfahren auf die Idee gekommen sein, einen Teil der gesammelten Früchte absichtlich zu vergären, indem sie sie vielleicht mit den Füßen zerstampften oder die Gefäße abdeckten, weil sie bemerkten, dass der Prozess ohne Luftzufuhr besser funktionierte. So manches Zusammentreffen verlief vielleicht entspannter oder sogar ausgelassen, wenn der steinzeitliche Wein serviert wurde. Die Party war erfunden. Allerdings enthielten alkoholische Getränke der ersten Generationen sehr viel weniger Alkohol als heute. Ein Brauen des ersten vergorenen Getränkes, das als Vorgänger des Bieres gelten kann, vermuten Archäologen vor etwa 13 000 Jahren. In Höhlen, die sich auf dem Gebiet des heutigen Israel befinden, fanden sie Reste von zermahlenem Weizen und Gerste. Natufien erstreckte sich über Gebiete, die heute Teile von Israel, Jordanien, Libanon, Palästina und Syrien umfassen. Die Natufier waren eine steinzeitliche Kultur, die vor etwa 11500 bis 15000 Jahren in diesem Gebiet lebte und einige der frühesten Siedlungen der Welt gründete. Womöglich wurde das zerkleinerte Getreide von ihnen absichtlich fermentiert.[46] Falls dem so war, wurde das entstandene Getränk wahrscheinlich im Rahmen von Totenehrungen und anderen Zeremonien getrunken.

Besonders interessant an solchen Funden ist, dass sie dem Einsetzen der Neolithischen Revolution (also dem Beginn von Landwirtschaft und Sesshaftigkeit) vorausgehen oder zumindest sehr eng mit ihm zusammenfallen. Wilde Formen von Weizen und Gerste gab es dank klimatisch günstiger Bedingungen in diesen Gebieten bereits vor dem Beginn der Landwirtschaft. Die Funde in Israel sind allerdings nur indirekte Hinweise auf Fermentation und keine gesicherten Beweise. Den wirklich sicheren, chemischen Nachweis des bisher frühesten alkoholischen Getränks haben McGovern und Kolleg:innen anhand von Funden in China erbracht. Chemische Analysen erhaltener organischer Substanzen, die von Tongefäßen aus dem neolithischen Dorf Jiahu in der nordchinesischen Provinz Henan aufgesaugt und bewahrt wurden, haben ergeben, dass bereits vor 9000 Jahren ein fermentiertes Mischgetränk aus Reis, Honig und Früchten hergestellt wurde. Spätestens zu dieser Zeit dürften, so McGoverns Einschätzung, alkoholische Getränke auch im Mittleren Osten hergestellt worden sein. Die Frage nach den Gründen für das Sesshaftwerden ist eine komplexe Angelegenheit mit unterschiedlichen Meinungen unter Forscher:innen. Die Definition von Sesshaftigkeit an sich ist ebenfalls eine schwierige Frage, da selbst heute noch manche Stammesbauern und -bäuerinnen einen Großteil des Jahres umherziehend in ihren Feldlagern verbringen oder auf die Jagd gehen, anstatt die meiste Zeit an ihrem Heimatort zu bleiben. Der Prozess ist also bis heute noch nicht für die gesamte Menschheit abgeschlossen.

Lange galt als wahrscheinlichste Theorie in Bezug auf den Zusammenhang zwischen Sesshaftwerden und Fermentation, dass zunächst die Landwirtschaft entwickelt wurde und man erst später damit begann, aus überschüssigem Getreide und Obst alkoholische Getränke zu fermentieren. Funde, wie die in China und Israel, legen jedoch nahe, dass dem nicht so war. Manche Wissenschaftler:innen gehen deshalb sogar so weit zu vermuten, dass Menschen zuerst auf den Geschmack alkoholischer Getränke kamen, bevor sie Getreide zu Mehl mahlten, um daraus Brot zu machen. Und dass die Fermentation von Getreide sogar mit ein Grund dafür war, mit der Landwirtschaft anzufangen. In seinem Buch »Warum die Menschen sesshaft wurden« vertritt auch der bekannte Zoologe Josef H. Reichholf diese Theorie. Wie in einem Krimi kombiniert er historische Indizien, archäologische Funde und Ungereimtheiten in bestehenden Theorien zu einer schlüssigen Version der tatsächlichen Geschehnisse. Reichholf beschreibt, neben vielen anderen spannenden Zusammenhängen, dass laut Forschung die Nutzung von Rauschmitteln bei so gut wie allen Völkern der Welt schon lange vor der Neolithischen Revolution eine wichtige Rolle spielte. Vor allem im Zusammenhang mit spirituellen Ritualen und als wichtiger Bestandteil von Kulten. Neben Fliegenpilzen und giftigen, bei richtiger Dosierung aber lediglich berauschenden Pflanzen wurde für diese Zwecke irgendwann auch die alkoholische Fermentation entdeckt. Zunächst mit Früchten, später aber auch mit wildem Getreide – in Regionen, in denen es in größeren Mengen zu finden war.

Eines der größten Rätsel der Neolithischen Revolution ist jedoch weiterhin die eigentliche Entstehung des Ackerbaus. Selbst wenn es so gewesen wäre, dass ein Mangel an Jagdtieren und Beeren in manchen Gebieten die Menschen zwang, andere Nahrungsquellen ausfindig zu machen, was eine der vorherrschenden Theorien ist, ist der Sprung zum Ackerbau doch ein recht großer. Denn das Sammeln der Samen von wildem Getreide, legt Reichholf dar, sei sehr aufwendig und liefere verhältnismäßig wenig Kalorien und Proteine. Da hätte sich zum Beispiel das Sammeln von energiereichen Nüssen viel eher gelohnt. Und dann mussten die spärlichen Getreidesamen noch in eine genießbare Form gebracht werden, durch ein Trennen von den ungenießbaren Teilen, anschließendes Trocknen und Mahlen, die Herstellung eines Teigs und später noch durch Backen oder Kochen. Gerade bei dieser Nahrungsquelle, die so viel Arbeit bedeutete und dabei so wenig Proteine lieferte, sollen sich die Menschen dazu entschieden haben, Flächen freizumachen, gesammelte Samen in die Erde zu setzen, die keimenden Pflanzen zu pflegen und zu schützen und auf eine Ernte viele Monate später gehofft haben? Tatsächlich kommt einem das doch ziemlich unwahrscheinlich vor, und es gibt hierzu hitzige Debatten unter Forscher:innen. Die Fermentation könnte da laut Reichholf und anderen Wissenschaftler:innen das Missing Link sein, quasi das Tatmotiv im Krimi der Entstehungsgeschichte der Landwirtschaft.

Zu den oben beschriebenen, frühen Funden alkoholischer Vergärung von Getreide kommt unter anderem noch der Umstand, dass das Aufkommen gezüchteter Kultursorten von Gerste, Weizen und Roggen auf viele Tausende Jahre vor dem Auftauchen von Brot datiert wird. Es scheint den Menschen also schon in einer Zeit, in der sie eher noch fermentierten als backten, wichtig gewesen zu sein, ein ertragreicheres Getreide zu bekommen. Unter Berücksichtigung vieler weiterer Indizien skizziert Reichholf ein für mich sehr einleuchtendes Bild von kleinen Gemeinschaften von Jäger:innen und Sammler:innen, die – unterstützt von berauschenden Fermentationsprodukten – Kulte des gemeinsamen Zusammenseins und Feierns für sich entdeckten. Immer größere Kultstätten führten auch zu größeren Zusammenkünften, als es zuvor üblich war, und so könnten sich erste übergeordnete soziale Strukturen herausgebildet haben. Eine archäologische Fundstätte, die auf eine solche Entwicklung hinweist, ist Göbekli Tepe (siehe Box 4). Noch immer muss irgendwann jemand auf die Idee gekommen sein, Samen von wildem Getreide nicht nur zu sammeln, sondern auch gezielt wieder auszusäen und später zu ernten. Doch dies erscheint schon viel wahrscheinlicher, wenn man auf dem Weg hin zu einer im Vergleich zum Jagen und Sammeln viel mühsameren Arbeit auf dem Felde inklusive der anschließenden Verarbeitung einen Zwischenschritt annimmt. Einen, bei dem Getreide mithilfe der überall anwesenden Mikroorganismen mit wenig Aufwand zu einem Gebräu vergoren wurde, das nahrhaft und einigermaßen haltbar war und gleichzeitig durch seine berauschende Wirkung eine wichtige soziokulturelle Rolle im Zusammenleben junger Gesellschaften spielte.

Box 4: Göbekli Tepe – die Kultstätte der Jäger:innen und Sammler:innen

Göbekli Tepe ist eine archäologische Fundstätte in der südöstlichen Türkei, nahe der Stadt Şanlıurfa. Es handelt sich um eine der faszinierendsten archäologischen Entdeckungen der letzten Jahrzehnte. Die Stätte umfasst eine Reihe von Steinkreisen, die aus gewaltigen monolithischen Säulen bestehen und in den Boden eingegraben sind. Viele dieser Säulen sind mit aufwendigen reliefartigen Schnitzereien und Darstellungen von Tieren verziert. Bei Göbekli Tepe, was auf Türkisch so viel wie »bauchiger Hügel« bedeutet, handelt es sich um eine der ältesten bekannten Tempelanlagen der Welt. Ihr Alter wird auf etwa 10 000 bis 12 000 Jahre geschätzt, und ihre Entstehung fällt damit in eine Zeit, in der Menschen noch nicht sesshaft waren. Die Funktion von Göbekli Tepe ist Gegenstand intensiver Forschung und Spekulation. Es wird angenommen, dass die Anlage religiösen oder rituellen Zwecken gedient haben könnte, da sie keinen Hinweis auf dauerhafte menschliche Besiedlung in der Nähe aufweist. Die kunstvollen Darstellungen von Tieren und symbolischen Mustern auf den Säulen könnten auf eine religiöse oder kultische Bedeutung hindeuten, was darauf hinweist, dass auch Gemeinschaften von Jäger:innen und Sammler:innen diese spirituellen Dinge bereits wichtig waren. Funde in Göbekli Tepe weisen außerdem darauf hin, dass gemeinsame Festivitäten und Kultismus, gefördert durch fermentierte Getränke aus wildem Getreide, eine große Rolle bei der Entwicklung von neolithischen, sesshaften Gemeinschaften spielten.[47]

Tatsächlich können Beginn und Ausbreitung der Neolithischen Revolution zeitlich immer genauer bestimmt werden. Derzeit ist noch immer nicht abschließend geklärt, was die zugrundeliegenden Motivationen der Menschen waren, ihr Dasein als wandernde Jäger:innen und Sammler:innen aufzugeben und stattdessen an einem Ort zu bleiben, Ackerbau und Viehhaltung zu betreiben und Siedlungen, Städte und schließlich ganze Gesellschaften zu gründen – mit all ihren Institutionen, wie wir sie heute kennen. Es spricht jedoch einiges dafür, dass die Fermentation bei diesem Prozess eine entscheidende Rolle spielte. Stand etwa vor der Entscheidung, sich die anstrengende Arbeit in der Landwirtschaft aufzuhalsen, das Vergnügen?

Lesetipps:

Sowohl »Ancient Wine«[48] *als auch »Uncorking the Past«*[49] *von Patrick E. McGovern erzählen auf spannende Weise, welche Rolle Alkohol in den Kulturen der Welt und ihrer Geschichte spielte. Bisher sind beide Bücher leider noch nicht auf Deutsch erhältlich.*

»Warum die Menschen sesshaft wurden«[50] *von Josef H. Reichholf geht der Frage auf die Spur, was uns wirklich vom Jagen und Sammeln zur Landwirtschaft getrieben hat.*

Es gibt also schlüssige Theorien zur Rolle von fermentierten Früchten und fermentiertem Getreide im Entstehen von gemeinsamen Zeremonien und Kulten und womöglich auch in der Entstehung von Ackerbau.

Mit der Entdeckung der alkoholischen Gärung dauerte es auch nicht lange, bis die bewusstseinsverändernde Wirkung alkoholischer Getränke bemerkt und diese als Rauschmittel bei Festlichkeiten, kultischen Zeremonien und spirituellen Ritualen Anwendung fanden. Mit der Zeit könnte sich diese Sitte von ihren ursprünglichen Zwecken losgelöst haben und in Form von Festen und Gelagen ein sozialer Bestandteil von Gesellschaften geworden sein. Klingt nach Spaß und war es häufig bestimmt auch, obwohl die durch Alkohol gelöste Stimmung auch Emotionen lockern und unterdrückte Feindseligkeiten offen zutage fördern konnte, was sicherlich auch zu Auseinandersetzungen und Streitigkeiten führte. Doch Forscher:innen glauben heute, dass die Entdeckung der alkoholischen Gärung noch viel mehr bewirkte.

Brian Hayden ist Archäologe an der Simon Fraser University in der kanadischen Provinz British Columbia und etablierter Schlemmereiforscher. Er beschäftigt sich mit der Bedeutung von Festlichkeiten für die soziale und kulturelle Entwicklung verschiedener Völker und Gesellschaften. »Feste zu feiern, ist ein weitverbreitetes Merkmal menschlicher Gesellschaften«, erklärt er mir bei unserem sehr freundlichen Austausch über E-Mail. Wie könnte jemand, der an Festen forscht, auch kein freundlicher Mensch sein? »Man findet es bei den allermeisten Zivilisationen mit Machtstrukturen, überall in der Welt. Und es taucht in der Geschichte dieser Zivilisationen auch fast immer sehr früh auf, am Übergang vom Nomadentum zur Sesshaftigkeit. Und da Feste viele Ressourcen kosten, kann man auch davon ausgehen, dass sie eine wichtige sozioökonomische Rolle spielten.«

Nach Brian Haydens Theorie hatten Feste die Funktion, soziale Bande zwischen größeren Gruppen wirksamer zu knüpfen, als es vorher möglich gewesen war. Und es war auch eine Möglichkeit, Einfluss und Macht über andere zu erlangen. Heute als selbstverständlich oder gar profan angesehene Speisen wie gebackenes Brot waren damals eine ganz neue Art Lebensmittel, die auch eine ganz neue Art kulinarischen Genusses mit sich brachte.[51] Denn wer wertvolle Ressourcen darauf verwendete, andere zu Speis und Trank einzuladen, dem schuldeten die Gäste im Nachhinein etwas, und es ließen sich leichter Gefallen einfordern. Sozialer oder sogar militärischer Art. So gesellig und erfüllend solche Gelage dank fermentierter Getränke also am Abend selbst sein konnten, so sehr übten sie im sozialen Gefüge der entstehenden Gesellschaften auch einen Druck aus und machten die einen mächtig und die anderen abhängig. Es ist laut Hayden und anderen Forscher:innen kein Zufall, dass zu eben dieser Zeit auch das Phänomen der sozialen Ungleichheit auftauchte und sich ab dann immer weiter verstärkte. Denn einmal in der Position, mit einem Überschuss an Nahrung und fermentierten Getränken für eine Festgesellschaft sorgen zu können, konnte der dadurch gewonnene Einfluss dazu genutzt werden, für weiteren Überschuss zu sorgen und damit auch für weitere Feste und andere Aktivitäten, die wiederum für noch mehr Machtkonzentration sorgten. Dies baute auch einen Druck auf die Landwirtschaft auf, ihre Produktivität zu steigern. Eine spannende und überaus schlüssige Theorie, die ein ganz neues Licht auf die Entstehung sesshafter Gesellschaften wirft und viele Ungereimtheiten erklären kann, die es in bisherigen Theorien gibt. Und die der Fermentation eine zentrale Rolle zuschreibt.

Der Übergang zu vermehrter Sesshaftigkeit war für die Menschen damals sehr wahrscheinlich kein Zuckerschlecken. Unterschiedliche erschwerende Umstände in diesen Zeiten der gesellschaftlichen Umwälzungen führten zu viel Unsicherheit und Druck, damit aber auch zu Innovation. Einfach in der Natur gesammeltes wildes Getreide reichte als Rohstoff für Nahrung – oder fermentierte Getränke – sehr bald nicht mehr aus, und so begann man, die Pflanzen zu domestizieren, also gezielt auszusuchen, Samen zu sammeln und neu auszusäen. Um einen verlässlicheren und wachsenden Nachschub zu gewährleisten.

Im Vergleich zum Sammeln und Jagen ergab sich durch den Ackerbau zunächst eine größere Unsicherheit im Hinblick auf die Nahrungsversorgung, die durch den zeitlichen Abstand zwischen Aussaat und Ernte zustande kommt. Ein Tier musste man aufspüren und erlegen. Zogen die Herden weiter, zog auch die Sippe weiter. Landwirtschaft bindet an einen festen Ort und liefert einen den lokalen Begebenheiten aus. Mindestens bis zur Ernte der aktuellen Saison musste man an Ort und Stelle bleiben, sonst war alles umsonst gewesen. Doch es war auch sehr gut möglich, dass es dank schlechter Witterung, durch Schädlinge, wilde Vögel und andere Tiere oder ein Auftreten von Pflanzenkrankheiten gar nichts zu ernten gab. Auch hierfür mussten also Innovationen erdacht werden. Zwar sind Jagen und Sammeln Aktivitäten mit einem geringen Risiko (irgendetwas hat man immer gefunden oder erjagt), sie lieferten jedoch auch selten große Überschüsse. In der Landwirtschaft hingegen gab es zwar ein größeres Risiko von Ausfällen (was sich in teilweise katastrophalen Hungersnöten äußerte), aber auch die Chance auf regelmäßige Überschüsse. Zu Beginn des Neolithikums bestand die Nahrung nur zum Teil aus domestizierten Pflanzen und Tieren aus der noch jungen und relativ unsicheren Landwirtschaft, sodass im Falle eines Misserfolgs in der Landwirtschaft die Menschen immer noch genug zu essen hatten. Die einzige Konsequenz bestand laut Brian Hayden darin, dass die Feste verschoben werden mussten, bis bessere Ernten erzielt werden konnten. Und für wichtige Feste brauchte es oft mehrere Jahre an Ernten und Vorbereitungen. Das Verhältnis von Chancen zu Risiken in der Landwirtschaft wurde mit der Zeit immer vorteilhafter. Die Überschüsse wiederum sorgten, da sind sich viele Anthropolog:innen sicher, für weiter wachsende soziale Ungleichheit und Machtkonzentration. Gleichzeitig schufen sie die Grundlage für Investitionen in die Zukunft, in Handel und Wachstum. Um aber von Überschüssen überhaupt länger etwas zu haben und die Zeit zwischen den Ernten überbrücken zu können, mussten sie haltbar gemacht werden.

Lesetipp:

Mit seinem Buch »The Power of Feasts«[52] hat Brian Hayden das erste umfassende theoretische Werk über die Geschichte von Gelagen und Festen in vorindustriellen Gesellschaften veröffentlicht. Die Bedeutung ausschweifender Veranstaltungen mit Speis und Trank zieht sich wie ein roter Faden durch gesellschaftliche Entwicklungen überall in der Welt.

Was lange gärt, wird endlich gut – Haltbarmachung, Gesundheit und Kulinarik

In Bezug auf unser Essen haben wir ein sehr gespaltenes Verhältnis zu Mikroorganismen. Sobald ein essbarer Teil einer Pflanze gepflückt oder ein Tier erlegt oder geschlachtet wird, stürzen sich Mikroorganismen auf das nun wehrlose Gewebe. Sie sind dafür verantwortlich, dass pflanzliche und tierische Lebensmittel verderben und man sie in unbehandeltem Zustand nicht lange lagern kann. Mit der Erfindung der Landwirtschaft hatten Menschen es zwar geschafft, Getreide und andere Pflanzen für ihre Ernährung anzubauen und Tiere zu halten. Dies allein sicherte die Ernährung jedoch auch weiterhin immer nur kurzfristig. Denn selbst, wenn man Schädlinge wie Insekten und Nagetiere erfolgreich von gelagertem Getreide und Fleisch fernhielt, verdarb beides nicht lange nach der Ernte, wenn es nicht kühl und trocken gelagert werden konnte. Geerntete Lebensmittel haltbar zu machen, war also ebenso wichtig, wie sie in immer größeren und verlässlicheren Mengen zu produzieren. Eine Methode der Haltbarmachung machte sich, ohne dass jemand von deren Existenz wusste, Mikroorganismen zunutze: die Fermentation. Menschen fanden wahrscheinlich zunächst per Zufall und dann durch gezielte Experimente heraus, dass eine bestimmte Art der Lagerung Lebensmittel vor dem Verfaulen bewahrte. Manchmal hatte ein Getränk oder ein unter Luftverschluss eingelagertes Stück Fleisch oder Gemüse sogar noch neue, positive Eigenschaften hinzugewonnen, ist zum Beispiel bekömmlicher geworden oder hatte einen interessanten, neuen Geschmack.

Eine der wichtigsten Formen der Fermentation zur Haltbarmachung ist die Milchsäuregärung durch Bakterien. Gelingt es Milchsäurebakterien, sich in einem Lebensmittel zu etablieren, wandeln sie fleißig Zucker in Milchsäure um. Die allermeisten anderen Mikroorganismen können den niedrigen pH-Wert, der durch die Säure entsteht, nicht leiden und halten sich fern oder sterben ab – das Lebensmittel wird haltbar. Die Milchsäurebakterien selbst sterben durch die Ansäuerung zum Teil auch ab, die verbleibenden haben für uns Menschen keine Nachteile, sondern sogar gesundheitliche Vorteile. Kohl wurde so zu Sauerkraut oder Kimchi, je nachdem in welchem Teil der Welt die Fermentation stattfand. Als meine Frau, die Katzen, die Schildkröte und ich für einige Jahre in Ostfriesland lebten, hatten wir dort polnische Nachbar:innen, die inzwischen zu sehr guten Freund:innen geworden sind. Auf meinem Rückweg aus Amsterdam, nach meinem Besuch im Micropia, habe ich bei ihnen einen Zwischenstopp eingelegt. Unsere Freundin Krystyna holte – neben zahlreichen anderen Leckereien – ein großes Glas hervor, das mit in Stücke geschnittener Roter Bete gefüllt war, die sie, genau wie Sauerkraut, fermentiert hatte. Der Saft schmeckte herrlich salzig, süß und sauer gleichzeitig (und hinterließ einen dauerhaften Fleck auf einem meiner Hemden).

Bei Milchsäuregärung handelt es sich, wie bei der alkoholischen Gärung, um eine spontane Fermentation. Das heißt, die Bakterien oder Hefen müssen gar nicht zugesetzt werden. Sie befinden sich bereits in der Luft und auf der Blattoberfläche des Kohls oder der Schale der Roten Bete. Zerkleinert und quetscht man die Blätter oder Knollen, treten zusätzlich Enzyme aus Orten der Zellen aus, an denen sie vorher sicher verwahrt waren, und beginnen damit, die eigenen Zellwände zu zersetzen. Wird nun Sauerstoff ferngehalten, indem man zum Beispiel einen luftdichten Gärtopf verwendet oder, wie Krystyna, den Deckel auf das Glas schraubt, hindert man unerwünschte Mikroorganismen daran, sich auszubreiten. Schimmelpilze sind beispielsweise meist auf Sauerstoff angewiesen, deshalb darf beim Sauerkraut auch kein Stückchen Kohl aus dem Wasser herausragen. Unter diesen Bedingungen ist es nahezu unvermeidlich, dass sich Milchsäurebakterien ausbreiten und vom sterbenden Kohl ernähren, ihn weicher machen und aus seinen Bestandteilen ganz neue Geschmacksstoffe und Aromen herstellen.

Das ist das Wunder der spontanen Fermentation, und Menschen haben sich überall in der Welt und ganz unabhängig voneinander diesen Prozess zunutze gemacht, um ihre Lebensmittel haltbarer und bekömmlicher zu machen. Und zwar nicht nur pflanzliche. Am häufigsten kommt die Milchsäuregärung wohl bei jenem tierischen Produkt zum Einsatz, das ihr den Namen gab. Joghurt, Buttermilch, Sauerrahm und die unzähligen Sorten von Käse, die man auf der Welt findet, sind alles Produkte der Fermentation durch Milchsäurebakterien.

Auch bei der alkoholischen Gärung handelt es sich um eine spontane Fermentation, bei der allerdings Hefen statt Bakterien zum Einsatz kommen. Sie verwandeln Zucker in Früchten, vorbehandeltem Getreide oder anderen zuckerhaltigen Ausgangsstoffen in Alkohol. Eine dritte Art der traditionellen Fermentation ist die Essigsäuregärung (die meist gar keine Gärung ist, weil sie Sauerstoff benötigt), sie wird wiederum von Essigsäurebakterien durchgeführt, die Alkohol als Nahrung nutzen. Bei der Herstellung des Letzteren will man die Entstehung von Essig vermeiden und muss dafür sorgen, dass wirklich nur Hefen am Werk sind. Doch auch Essig ist ein beliebtes Produkt von Fermentation, das viele Anwendungen findet und Lebensmittel über lange Zeit haltbar machen kann.

Als letzte wichtige Kategorie traditioneller Fermentation von Lebensmitteln sollte der Einsatz von Schimmelpilzen nicht ungenannt bleiben. Auch dabei können ganz unterschiedliche Lebensmittel entstehen, die ebenfalls haltbarer und nahrhafter werden. Bei einer Fermentation mit Schimmelpilzen kann in der Regel nicht auf ein spontanes Eintreffen der erwünschten Mikroorganismen gehofft werden. Hier müssen die richtigen Pilzkulturen dem Lebensmittel zugesetzt werden, was man auch Animpfen nennt. Zur Kunst perfektioniert wurde der Einsatz von Schimmelpilzen in Japan, wo mit dem Gießkannenschimmel *Aspergillus flavus* var. *oryzae* Sojasauce, Sake, Miso und viele weitere Leckereien hergestellt werden.

Die Bedeutung von Methoden zur Haltbarmachung von Lebensmitteln für das Leben der Menschen und den Verlauf der Geschichte ist kaum zu überschätzen. Sauberes Wasser ist beispielsweise erst seit relativ kurzer Zeit und nur in einem Teil der Welt eine Selbstverständlichkeit. Krankheitserreger, die unter anderem durch Rückstände aus Fäkalien ins Trinkwasser gelangen, machen das lebenswichtige Trinken zu einer zugleich lebensgefährlichen Angelegenheit. Schon früh dürften laut Patrick E. McGovern deshalb Menschen bemerkt haben, dass Getränke mit einem leichten Alkoholgehalt der Gesundheit zuträglich sind. Alkohol ist für viele Mikroorganismen tödlich und deshalb ein einfaches Mittel zur Desinfektion. Diese sorgt auch gleichzeitig dafür, dass sich die Flüssigkeiten oder Lebensmittel länger halten. Dasselbe gilt für die Säuren, die von Essig- und Milchsäurebakterien produziert werden. Dadurch konnte nach der Ausbreitung der Landwirtschaft die zeitliche Lücke zwischen den Ernten besser überbrückt werden, aber auch Expeditionen in weiter entfernte Gebiete wurden so möglich.

Fermentierter Kohl spielte bei der Seefahrt und somit auch bei der Entdeckung anderer Erdteile eine große Rolle, denn er beugte Skorbut vor, einer für Seefahrer früher typischen Mangelerscheinung, die durch zu wenig Vitamin C hervorgerufen wird. Lange bevor er als Sauerkraut ein Teil der traditionellen deutschen Küche wurde, war mit Milchsäurebakterien fermentierter Kohl in Asien bekannt und soll zum Beispiel schon beim Bau der Chinesischen Mauer verzehrt worden sein. In Korea wird er als Kimchi schon mindestens seit dem siebten Jahrhundert gegessen. Der griechische Philosoph Hippokrates, der in etwa von 465 bis 375 v. Chr. lebte, beschrieb bereits seine heilende Wirkung, und auch im alten Rom schätzte man ihn.

Eine große Palette an Lebensmitteln überall auf der Welt wird per Milchsäuregärung haltbar gemacht. Durch ihre Spontaneität drängt sie sich förmlich auf, sodass sie zahlreiche Male von Menschen entdeckt wurde. Unterschiede finden sich deshalb nicht so sehr in der Methodik der Fermentation, sondern in den Lebensmitteln, die fermentiert wurden und werden. In Indien, auf den Philippinen und in anderen asiatischen Ländern wird traditionell Reis und Reisteig fermentiert. Die Bewohner:innen der hohen Gebirge Nepals fermentieren den Überschuss an geerntetem Gemüse zum traditionellen Gericht *Gundruk*, das während jener Jahreszeiten, in denen kein Gemüse wächst, die einseitige Ernährung mit Mais und Wurzeln gut ergänzt. In Westafrika entsteht aus den Früchten des Johannisbrotbaums mithilfe von Milchsäurebakterien das traditionelle Gericht *Dawadawa*, in vielen Teilen Afrikas wird Hirse fermentiert und dadurch nahrhafter. In Mexiko gibt es das beliebte Getränk *Atole agrio* aus Mais, in Schweden wird hingegen Hering zu *Surströmming* fermentiert – über dessen Geruch lässt sich angeblich streiten, ich erlaube mir aber kein Urteil, bevor ich ihn nicht selbst einmal probiert habe. Im Mittelmeerraum werden Oliven nach der Ernte in einer Salzlake eingelegt, in der Milchsäurebakterien die harten und bitteren Früchte des Echten Ölbaums weich, bekömmlich und haltbar machen. Bei all diesen und noch viel mehr Lebensmitteln gab es eine gemeinsame Evolution von Haltbarkeit und Kulinarik. Praktischer Nutzen wurde auf kreative Weise mit Genuss kombiniert. Dabei kommen häufig auch mehrere Arten von Fermentation gleichzeitig zum Einsatz, wie bei meinem Kombucha. In Frankreich, Italien, Österreich, Deutschland und anderen Ländern nutzt man eine Kombination aus Milchsäurebakterien und Schimmelpilzen, um Fleisch zu traditioneller Wurst zu verarbeiten: Während die Bakterien im Inneren der Wurst ohne Sauerstoff arbeiten, bilden die essbaren, weißen Pilze auf der Haut einen weißen Flaum. Beim Sauerteig kommt eine Kombination von Milchsäure- und alkoholischer Gärung zum Einsatz.

Zwar sind Milchsäure, Alkohol und Essigsäure die jeweiligen Hauptprodukte der Fermentation, doch bei Weitem nicht die Einzigen. Stattdessen entsteht durch den Stoffwechsel der Mikroorganismen eine ganze Palette von chemischen Substanzen. Obwohl seit Tausenden von Jahren gebraut und konsumiert, ist die genaue chemische Zusammensetzung von Kombucha-Tee zum Beispiel noch gar nicht so lange bekannt. Einer Übersichtsstudie[53] aus dem Jahr 2022 fasst die komplexe Chemie des fermentierten Getränks und die Faktoren, von denen diese abhängt, zusammen. Es finden sich darin zahlreiche Vitamine und Mineralstoffe, die für uns wichtig sind. Viele kommen aus den Blättern des Tees und werden in ihrer Menge durch die Fermentation positiv beeinflusst. Neben dem Hauptprodukt, der Essigsäure, findet man in Kombucha-Tee auch andere organische Säuren und wichtige Vitamine, die von den Mikroorganismen produziert werden. Das trifft auf die Milchsäuregärung, also zum Beispiel Sauerkraut, ebenso zu. Hinzu kommt, dass viele der Nährstoffe, die sich in Pflanzen befinden, durch die Fermentation für die Aufnahme während unserer Verdauung besser verfügbar werden. Einen großen Teil dieser Nährstoffe könnten wir normalerweise gar nicht aufnehmen und würden sie ungenutzt wieder ausscheiden. Die Mikroorganismen zerlegen oder verändern diese schlecht zugänglichen Nährstoffe, sodass wir sie aufnehmen können.

Und nicht nur bei unserem Essen kommt Fermentation zum Einsatz. Grünfutter für Nutztiere wird, genau wie Sauerkraut, mithilfe von Milchsäurebakterien fermentiert – so wird gemähtes Gras, Getreide oder auch Klee zu sogenannter Silage. Diese hat ebenfalls den großen Vorteil, dass sie länger haltbar ist und deshalb zur Fütterung in Herbst und Winter genutzt werden kann, wenn draußen nichts Frisches mehr wächst. Björn Kirchhoff, ein befreundeter Landwirt und Tierhalter, schwärmt mir auf meine Nachfrage vor, dass die Milchsäuregärung nun einmal »die günstigste und einfachste Form der Haltbarmachung« sei. Da er meist auf einem Traktor sitzt oder wegen anderer Arbeiten auf dem Hof nicht lange die Hände frei hat, schickt er mir die Antworten auf meine Fragen über Landwirtschaft meist per Sprachnachricht. Im Hintergrund hört man dann Geräusche, die auf geschäftigen Betrieb oder mehr oder weniger gut geölte Motoren hinweisen. »Über Milchsäuregärung muss ich dir ja nichts erzählen«, ruft Björn in sein Telefon. Wir haben ein sehr wertschätzendes Verhältnis. »Wir nehmen den Tieren damit quasi schon den ersten Verdauungsschritt ab. Statt in ihrem Pansen erledigen die Bakterien die Arbeit schon im Silageballen. Dadurch erhöht sich die Verdaulichkeit und die Nährstoffaufnahme.«

In den großen, mit Plastik umwickelten Ballen oder auch in großen Silos für die Herstellung von Silage vermehren sich die Milchsäurebakterien und ernähren sich vom Gras, dessen Protein für uns und auch für Rinder eigentlich nicht zugänglich ist. Das hat mit der Form zu tun, in der die Proteine vorliegen. In den Blättern von Pflanzen sind die Proteine größtenteils so fest gebunden, dass sie bei unserer Verdauung nicht aufgenommen werden können und einfach wieder ausgeschieden werden. Durch die Fermentation wird das Protein, genau wie im Pansen eines Rinds, in eine für Tiere verdaubare Form umgewandelt. Auch wichtige Fettsäuren entstehen dabei, sie stellen für das Rind die wichtigste Energiequelle dar.[54] Wenn Björn Silage herstellt, serviert er den Tieren, an die er sie später verfüttert, also eine nahrhafte Mahlzeit und nimmt ihnen gleichzeitig einen Teil der Verdauung ab, was den Tieren und ihm Energie spart. Auf diese Weise fermentiertes Grünfutter (dabei kann es sich auch um Blätter von Nutzpflanzen wie zum Beispiel Mais handeln) kann sogar nahrhaft für Nutztiere sein, die gar keine Wiederkäuer sind, also zum Beispiel für Schweine und Hühner.

Traditionelle Fermentation spielte im Laufe unserer Geschichte also eine große Rolle. Alkohol beeinflusste die Entstehung von Spiritualität und sozialen Strukturen, Milch- und Essigsäuregärung sorgten gemeinsam mit essbaren Schimmelpilzen dafür, dass Lebensmittel nahrhafter und über längere Zeit haltbar wurden. Inzwischen haben wir Fermentation industrialisiert, doch wirklich neue Erfindungen blieben bis vor Kurzem aus. Was kann Fermentation heute?

Was Fermentation heute kann

Ich will die Menge an Fachbegriffen in diesem Buch so klein wie möglich halten. Doch ein Begriff wird uns noch einige Male begegnen, und es gibt für ihn keinen wirklich guten Ersatz aus unserer alltäglichen Sprache: Bioreaktor. Ich bin überzeugt davon, dass wir diesen Begriff auch außerhalb von Büchern wie diesem in Zukunft häufiger hören werden, wenn die Revolution aus dem Mikrokosmos erst einmal so richtig Fahrt aufgenommen hat. Bei einem Bioreaktor handelt es sich, vereinfacht gesagt, um einen abgeschlossenen Raum, in dem eine biologische Reaktion unter mehr oder weniger kontrollierten Bedingungen ablaufen kann. Wir sind in den bisherigen Kapiteln schon mehreren Bioreaktoren begegnet. Dem Glas, in dem mein Kombucha-Tee fermentiert, zum Beispiel. In ihm habe ich für Bedingungen gesorgt, unter denen sich die symbiotische Gemeinschaft aus Hefen und Bakterien wohlfühlt und das tut, was sie am besten kann und wovon ich am meisten profitiere. Auch ein Sauerkrauttopf, ein Einmachglas und ein Gärballon zur Alkoholherstellung sind Bioreaktoren. Und auch den Pansen eines Rinds könnte man als Bioreaktor bezeichnen, denn im Laufe der Evolution von Wiederkäuern hat er sich zu einem eigenen Behältnis entwickelt, in dem bestimmte Bedingungen herrschen, damit die erwünschte mikrobielle Reaktion vonstatten gehen kann.

Bioreaktoren sind inzwischen jedoch vor allem ein integraler Bestandteil unserer Industrie. Die Herstellung alkoholischer Getränke oder fermentierter Speisen findet heute nicht mehr in Holzfässern und Kupferkesseln, sondern in großen Braukesseln und Bioreaktoren aus Edelstahl statt, die sich leichter reinigen lassen und durch Ihre Langlebigkeit für eine gleichbleibende Qualität sorgen. Und bereits heute stellen wir in Bioreaktoren einiges mehr her als Alkohol, Essig und fermentierte Lebensmittel. Aromen, Vitamine, Farbstoffe und viele andere Lebensmittelzusätze könnten theoretisch weiterhin auf traditionelle Weise aus Tieren, Pflanzen oder anderen Lebewesen gewonnen werden. Praktisch würde das jedoch bei einer Versorgung von mehreren Milliarden Erdenbewohner:innen mit gewaltigen Anbauflächen und sehr negativen Einflüssen auf Umwelt, Klima und Tierwohl einhergehen. Stattdessen wurden inzwischen viele dieser Zutaten durch sogenannte petrochemische Alternativen ersetzt, also Stoffe, die aus den Kohlenwasserstoffen des Erdöls chemisch synthetisiert werden. Auch aus Biomasse, zum Beispiel dem im Holz enthaltenen Lignin, können auf chemischem Wege Verbindungen produziert werden, die natürlichen Aromen ähneln. Fermentation kann diese künstlichen Alternativen überflüssig machen.

Sehen wir uns das einmal genauer an – am Beispiel von Vanillearoma, dem am häufigsten verwendeten Aroma überhaupt. Natürlicherweise kommt Vanillin in den Schoten der Gewürzvanille, einer Orchideenart, vor. Ihr Anbau ist aufwendig und gelingt nur unter bestimmten klimatischen Bedingungen, weshalb das gewonnene Vanillin sehr teuer ist. Versuche, einen Anbau in Gewächshäusern und damit auch in Europa zu ermöglichen, stehen noch am Anfang.[55]

Mittlerweile werden 90 Prozent des weltweit konsumierten Vanillins gar nicht mehr aus Vanilleschoten, sondern indirekt aus Erdöl und Lignin hergestellt. Lignin fällt in großen Mengen bei der Herstellung von Papier an, weshalb Vanillearoma heute quasi ein Nebenprodukt der Papierindustrie ist. Durch diese Alternativen können viel mehr Menschen auf der Welt Produkte mit Vanillearoma genießen, ohne dass die anspruchsvolle Orchidee im Spiel ist. Chemisch ist das Vanillin aus Erdöl und Lignin identisch mit dem aus Vanilleschoten. Allerdings liegen der Produktion chemische Prozesse zugrunde, die man als unnatürlich betrachten könnte. Eine dritte Alternative stellt die Herstellung von Vanillin mithilfe von Mikroorganismen dar, also über Fermentation.

Gleich mehrere Arten von Bakterien können natürlicherweise aus bestimmten Ausgangsstoffen Vanillin herstellen. Diese Eigenschaft wird seit vielen Jahren verbessert (wie das genau funktioniert, dazu kommen wir später noch), und so kann Vanillin statt aus Holzresten oder Erdöl inzwischen auch in Bioreaktoren hergestellt werden. Solches Vanillin darf in der Zutatenliste auf der Rückseite von Verpackungen als »natürliches Aroma« deklariert werden, im Gegensatz zu den beiden anderen Alternativen. Dieser Vorteil wird jedoch durch den momentan noch viel höheren Preis zunichtegemacht, der aber immer noch unter jenem von Vanillin aus Vanilleschoten liegt.

Ein weiteres Beispiel für eine moderne Anwendung von Fermentation ist die Produktion von mehreren Millionen Tonnen der Aminosäuren L-Glutamat und L-Lysin mithilfe des Bakteriums *Corynebacterium glutamicum*. Glutamat kennen wir als Geschmacksverstärker, Lysin ist eine wichtige Aminosäure, die vor allem in der Tierfütterung zum Einsatz kommt. Medikamente werden heutzutage ebenfalls zu großen Teilen in Bioreaktoren hergestellt. Das für uns Menschen lebenswichtige Hormon Insulin reguliert unseren Blutzuckerspiegel und wird normalerweise in unserer Bauchspeicheldrüse produziert. Menschen mit Diabetes fehlt diese Eigenschaft der körpereigenen Insulinproduktion oder sie ist vermindert, was zu großem Leiden führen kann. Zum Glück kann Insulin heute als Medikament verabreicht werden, und Menschen mit Diabetes können dadurch ein beinahe normales Leben führen. Früher konnte das wichtige Hormon in ausreichenden Mengen nur aus der Bauchspeicheldrüse anderer Tiere gewonnen werden, vor allem aus jener von Rindern und Schweinen. Doch da die Organe der Tiere nur sehr wenig davon enthalten, brauchte man für 100 Kilogramm Insulin die Drüsen von unglaublichen 7,5 Millionen Tieren. Erst Ende der 1970er-Jahre gelang es, das Bakterium *Escherichia coli* genetisch so zu verändern, dass es Insulin produzierte. Seitdem müssen für Insulin keine Tierdrüsen mehr verwendet werden. Stattdessen wird es in Bioreaktoren von Mikroorganismen produziert.

Bioreaktoren sind also schon heute kaum aus unserer Welt wegzudenken und produzieren viele der Dinge, die wir täglich konsumieren. Trotzdem führen sie ein Schattendasein als eine von vielen technologischen Neuerungen in einer immer komplexeren Industrie. Aus unseren Küchen in die Industrie abgewandert, ist uns die Fermentation fremd geworden, und so hilfreich und sogar lebensrettend viele der neuen Anwendungen auch sein mögen, sind sie doch bisher nicht vergleichbar mit den revolutionären Durchbrüchen, die uns Mikroorganismen vor Tausenden von Jahren ermöglicht haben, als wir am Scheideweg der Neolithischen Revolution standen und uns für die Sesshaftigkeit entschieden. Heute stehen wir erneut vor einem historischen Scheideweg und müssen uns von einer Zivilisation, die über die Verhältnisse der Biosphäre lebt, weiterentwickeln zu einer, die Wohlstand und Nachhaltigkeit verbindet. Kann Fermentation uns erneut den Weg weisen?

Teil 4: **Die Renaissance der Fermentation: Altes Wissen neu gedacht**

Wie soll uns Fermentation aus der Patsche helfen?

Ausgerüstet mit einem Basiswissen über Mikroorganismen und Fermentation, widmen wir uns nun der Frage, wie uns eine Weiterentwicklung dieser uralten Methode aus der Patsche helfen könnte. Dazu müsste Fermentation einen oder gleich mehrere der negativen Einflüsse unserer Ernährung auf Umwelt und Klima abmildern.

Übersichtlich und eindrücklich zusammengefasst, findet man die Belastung der Systeme der Erde durch unser Wirken im Schema der »Planetaren Grenzen«, das der schwedische Resilienzforscher Johan Rockström und 27 weitere Forscher:innen 2009 etabliert haben. Es definiert auch einen für die Menschheit sicheren Handlungsraum, innerhalb dessen wir nur so viel auf die jeweiligen Systeme einwirken, dass diese sich ausreichend schnell regenerieren können. Nur dann stellen sie auch zukünftigen Generationen noch all das zur Verfügung, was sie uns heute bieten. Eine starke Überschreitung überlastet die Fähigkeit der globalen Biosphäre, sich zu erholen, und würde voraussichtlich zu Kipppunkten führen, die das Vorankommen der Menschheit gefährden oder sogar einen Zivilisationskollaps auslösen könnten. Innerhalb der planetaren Grenzen zu bleiben, ist eine allgemein akzeptierte Definition von Nachhaltigkeit, und dieses Prinzip liegt internationalen Bestrebungen wie den Zielen für eine nachhaltige Entwicklung der Vereinten Nationen oder auch Abkommen zum Klima- und Biodiversitätsschutz zugrunde. Die neun planetaren Grenzen im Modell sind nach der 2015 aktualisierten Fassung: Neue Substanzen, Integrität der Biosphäre, Stoffkreisläufe, Süßwasser, Landnutzung, Klimawandel, Luftverschmutzung, Ozeanversauerung und Ozonschicht. Sechs von diesen Grenzen – nämlich alle außer Luftverschmutzung, Ozeanversauerung und Ozonschicht – sind bereits überschritten, teilweise in dramatischem Ausmaß.[56] Und für diese Überschreitung sind zu einem großen Teil auch unser Ernährungssystem und damit die Landwirtschaft verantwortlich, die zwar immer mehr Menschen ernährt und dafür dank einer stetigen Weiterentwicklung immer weniger Ressourcen und Fläche benötigt, insgesamt aber nicht nachhaltig ist.

Wenn Fermentation uns also retten soll, müsste sie in der Lage sein, uns in einer oder am besten mehreren der planetaren Grenzen wieder in den für die Menschheit sicheren Handlungsraum zurückzubewegen.

Tatsächlich hat sie bereits begonnen, zumindest einige unserer Einflüsse abzumildern. Seit mehreren Jahrzehnten ermöglichen uns Bakterien und mikrobielle Pilze, häufig mithilfe moderner Biotechnologie, die Produktion von zahlreichen Vitaminen, Aromen und anderen Lebensmittelzusätzen und sparen dadurch die Fläche ein, die für den Anbau von Pflanzen nötig wäre, um dieselben Mengen an Naturstoffen zu gewinnen. Doch bisher sind das nur lauwarme Tropfen auf einen sehr heißen Stein. Um wirklich von einer Revolution sprechen zu können, müsste Fermentation mehr leisten als solche kosmetischen Verbesserungen des Status quo. Sie müsste uns eine Umstellung unserer Ernährung schmackhaft machen und die Art, wie wir Lebensmittel produzieren, von Grund auf neu denken. In den nächsten Kapiteln lernen wir drei Formen von Fermentation kennen, die dies ermöglichen könnten.

Fermentation als Katalysator für eine pflanzlichere Ernährung

Wenn wir unsere Ernährung hier in Europa nachhaltiger gestalten wollen, muss sie vor allem eines werden: pflanzlicher. Das bedeutet nicht, dass alle vegan leben müssen, aber der momentane durchschnittliche Konsum tierischer Lebensmittel pro Kopf ist unnötig hoch und für einen Großteil der negativen Einflüsse verantwortlich, den unsere Ernährung auf Umwelt und Klima hat. Einer aktuellen Studie zufolge könnten wir als Weltbevölkerung das Schwinden von Wäldern und anderen natürlichen Ökosystemen bis 2050 komplett aufhalten, wenn wir den Konsum von Schweine-, Rind- und Hühnerfleisch sowie Milch um die Hälfte reduzieren und durch pflanzenbasierte Alternativen ersetzen würden.[57] Das würde, den Wissenschaftler:innen zufolge, auch den Ausstoß von Klimagasen durch die Landwirtschaft um 30 Prozent senken. Im besten Falle würde sogar wieder einiges an Land frei werden, das für Aufforstung und Wiederherstellung von Ökosystemen genutzt werden könnte, was wiederum weitere positive Effekte auf Artenvielfalt und Klimawandel hätte. Solche Studien machen Hoffnung, dass wir das Steuer noch herumreißen und vieles, wenn auch nicht alles, retten können. Doch wie realistisch ist es, dass ausreichend viele Menschen ihren Konsum tierischer Produkte schnell genug verringern und auf pflanzliche Alternativen umsteigen? Laut dem 2023 erschienenen »Ernährungsreport« des deutschen Bundesministeriums für Ernährung und Landwirtschaft, für den jedes Jahr Verbraucher:innen in einer repräsentativen Umfrage zum Thema Essen befragt werden, haben 47 Prozent der Befragten noch nie ein veganes oder vegetarisches Alternativprodukt gekauft.[58] Dieser Wert hat sich seit 2020 so gut wie nicht verändert.

Man könnte denken, dass zumindest dieser Aspekt einmal nichts mit Fermentation zu tun haben sollte – aber weit gefehlt! Ein großer Vorteil des Verzehrs fermentierter pflanzlicher Lebensmittel war schon immer die gesteigerte Verfügbarkeit von Nährstoffen. Durch die Mikroorganismen wird häufig Stärke aufgespalten, sodass die darin enthaltene Energie leichter im Körper aufgenommen werden kann. Außerdem liegen in fermentierten Lebensmitteln mehr freie Aminosäuren vor, und Bakterien sowie Hefen können lebenswichtige Vitamine produzieren,[59] die unser Körper unbedingt braucht, aber selbst nicht herstellen kann. Und auch den Mikroorganismen selbst werden probiotische Eigenschaften zugeschrieben, wenn sie es durch unseren Magen lebendig in den Darm schaffen.

Auch der Geschmack ändert sich durch Fermentation, zum Beispiel erzeugen Hefen die herzhafte Geschmacksrichtung umami, die hauptsächlich in tierischen Produkten zu finden ist. Diese Eigenschaft haben Hersteller:innen von neuen pflanzlichen Alternativen für tierische Produkte nun wiederentdeckt. Um darüber mehr zu erfahren, habe ich Alexander Stephan kontaktiert, den ich inzwischen viele Jahre kenne. Ich durfte einmal den Prototyp einer Wurst probieren, die aus Pilzmyzel und Algen hergestellt war statt aus Fleisch und an deren Entwicklung er beteiligt war. »Ich denke, die Welt der veganen Ernährung muss sich bei uns hier neu erfinden«, meint er. Wenn es um Lebensmittel und deren Herstellung geht, gerät er schnell ins Schwärmen. Außerdem weckt sein hessischer Akzent immer Heimatgefühle in mir. »Besonders in der asiatischen Küche, die viel mehr von Fermentation versteht als die mitteleuropäische, dreht sich alles um umami. Ich bin ein großer Fan von Miso – diese Pasten sind der Inbegriff von gutem Geschmack. Dazu eine Sättigungsbeilage in Form von Nudeln oder Reis, etwas Protein aus Tofu oder Pilzen, viel Gemüse für die Fasern und Vitamine. So fällt vegetarische und sogar vegane Ernährung leicht.« Bei uns in Deutschland bestand ein veganes Gericht bis vor gar nicht langer Zeit hingegen meist noch daraus, dass man einfach nur die Beilagen bekam. Und Speckwürfel im Kartoffelsalat musste man selbst aussortieren (»Ach so, *ganz* vegan meinten Sie?«). Asien ist im Vergleich dazu ein Eldorado für fermentierte vegetarische und vegane Gerichte. Neben dem von Alexander Stephan erwähntem Miso gibt es da zum Beispiel noch das traditionelle Tempeh aus Indonesien und das in Japan, China und Korea zubereitete Kōji. Bei der Fermentation beider Gerichte kommen unterschiedliche Arten von Schimmelpilzen zum Einsatz, die gekochte Sojabohnen, Reis und andere Speisen in etwas Neues verwandeln. Diese Gerichte sind, wie die meisten anderen Produkte von Fermentation, schon viele Hunderte von Jahren alt. Gleichzeitig sind heutzutage zahlreiche Hersteller:innen pflanzlicher Ersatzprodukte verzweifelt darum bemüht, dass ihre Produkte herzhafter schmecken. Dafür erfinden sie neue Methoden der Verarbeitung, bringen zum Beispiel pflanzliche Proteine unter hohem Druck und hohen Temperaturen in eine fleischähnliche Form oder arbeiten mit verschiedensten Inhaltsstoffen. Wäre es nicht naheliegender, stattdessen auf eine altbekannte Methode zurückzugreifen und diese Produkte zu fermentieren?

»Welche techno-funktionalen Eigenschaften von pflanzlichen Alternativen durch Fermentation verbessert werden können, muss noch weiter erforscht werden.« Damit meint Alexander Stephan zum Beispiel Verbesserungen der Textur, also wie sich ein Lebensmittel im Mund anfühlt. »Doch manche Firmen setzen sie bereits ein, um zum Beispiel veganen Wurstaufschnitt in Textur und Geschmack fleischähnlicher hinzubekommen. Auch den Einsatz von fermentierten Bohnen oder Weizenprotein kann ich mir gut vorstellen.«

Schon länger als bei veganer Wurst wird Fermentation bei der Herstellung von veganem Käse angewendet. Auch hier sorgt die Fermentation einer pflanzlichen Basis für herzhafteren Geschmack. Von Kolleg:innen, die von meiner Begeisterung für Fermentation Wind bekommen hatten, bekam ich zum Geburtstag ein Set geschenkt, mit dem man selbst veganen Käse fermentieren kann. Das wollte ich gleich ausprobieren, und ich will hier kurz davon berichten. Als Grundlage pürierte ich Cashewkerne mit Wasser und Salz und »impfte« sie mit den mitgelieferten Mikroorganismen an. In einem verschlossenen Gefäß ließ ich die Milchsäurebakterien – fünf unterschiedliche Arten an der Zahl – ihre Magie vollführen. Für den Anfang wollte ich es mit dem Einsteigerlevel versuchen: Frischkäse. Der ist schon nach ein bis zwei Tagen fertig fermentiert, einen weiteren Tag ließ ich ihn abtropfen. Tatsächlich war das, was dabei herauskam, optisch einem Frischkäse aus Milch sehr ähnlich. Und auch der für Käse typische, leicht säuerliche Geruch hatte sich eingestellt. Die Konsistenz war nicht so cremig wie bei Milchkäse (vielleicht brauche ich einen besseren Mixer?) und geschmacklich kam noch immer eine deutliche Nussnote heraus – aber daraus besteht diese vegane Käsealternative ja schließlich auch. Mein persönliches Resümee dieses ersten eigenen Versuchs: Kann man machen. Meine Lust am Experimentieren war jedenfalls geweckt. Bei Gelegenheit werde ich mich an fortgeschrittenere Varianten wagen, wie zum Beispiel an veganen Camembert. Zusätzlich zu Milchsäurebakterien braucht man dafür, wie bei Camembert aus Milch, noch Kulturen von Edelschimmelpilzen.

Häufig schmecken vegane Alternativen aber noch nicht gut genug, zumindest hört man das von vielen Menschen – mir persönlich geht es auch immer wieder so. Und weil es eben auf viele zutrifft, ist das ein potenziell großer Absatzmarkt, den es zu erschließen gilt. In zahlreichen Firmen, aber auch an vielen öffentlich finanzierten Instituten forschen und tüfteln Menschen daran, pflanzliche Proteine in ihrer Textur und ihrem Geschmack zu verbessern. Vor Kurzem wurden Ergebnisse einer deutschen Forschungsgruppe veröffentlicht, die unterschiedliche pflanzliche Lebensmittel mit verschiedenen Pilzarten fermentiert hat. Ziel war es herauszufinden, bei welcher Kombination Aromen entstehen, die jenen von Produkten aus Fleisch ähneln. Der stärkste und stabilste fleischartige Geruch, den die Forscher:innen herstellen konnten, war jener nach Leberwurst, nachdem Zwiebeln 18 Stunden lang mit dem Pilz *Polyporus umbellatus* fermentiert worden waren. Dieses Aroma könnte zukünftig genutzt werden, um eine pflanzliche Alternative für Leberwurst noch authentischer schmecken zu lassen.

Dank dem Einsatz von Mikroorganismen und solcher Forschungsprojekte könnten pflanzliche Fleisch- und Käsealternativen in Zukunft immer besser schmecken, sich besser verkaufen und so den Konsum tierischer Produkte reduzieren. Der Fortschritt in diesem Teil des Supermarktregals war schon während der letzten Jahre erstaunlich. Man muss bald weder auf den Burger noch auf das Wurstbrot verzichten, wenn man weniger oder kein Fleisch mehr essen möchte. Zu beidem gibt es pflanzliche Alternativen, die in Textur und Geschmack den Originalen immer näher kommen. Besonders Alternativen zu Fischprodukten überzeugen mich persönlich bereits jetzt schon sehr. Schon einmal pflanzliche Imitate von Fischstäbchen oder Thunfisch probiert?

Eine Aufwertung von veganen Alternativen ist nicht alles, was die Wiederentdeckung der Fermentation hervorbringt. Das Münchner Start-up Planet A Foods fermentiert gerösteten Hafer, Sonnenblumenkerne und andere Zutaten zu einem Ersatz für Kakao, dessen Anbau in tropischen Gebieten häufig ökologische Probleme mit sich bringt. Das Ergebnis heißt ChoViva, es stößt bei seiner Produktion laut seiner Erfinder:innen 90 Prozent weniger Klimagase aus und ist in Geruch und Geschmack echtem Kakao sehr ähnlich. Kürzlich konnten sich die Pionier:innen von Planet A Foods eine Kooperation mit einem großen Hersteller von Haferflocken und Müsli sichern und so einen ersten Schritt in den Massenmarkt machen.

Mein Fazit: Eine erste Möglichkeit, wie Fermentation zur Reduzierung des ökologischen Fußabdruckes unserer Ernährung und einer Einhaltung der planetaren Grenzen beitragen kann, ist die Förderung des Konsums pflanzlicher Lebensmittel. Diese sind an sich schon viel nachhaltiger als tierische Produkte und werden dank Fermentation nährstoffreicher und schmackhafter, wodurch sie mehr Menschen zu einer Reduktion ihres Fleischkonsums bewegen könnten. Noch nicht revolutionär genug? Nach einem kurzen Exkurs sehen wir uns an, wie wir ganz neue Lebensmittel brauen könnten.

Exkurs: Edelstahl statt Kupfer, Labor statt Zufall – so wird heute Bier gebraut

Bevor wir dazu kommen, wie wir in Zukunft Essen durch Brauen statt durch den Anbau von Pflanzen oder das Schlachten von Tieren produzieren können, müssen wir uns etwas genauer anschauen, wie Brauen heute funktioniert. Das wird uns dabei helfen, die neuen Methoden mit den alten zu vergleichen. Dafür wollte ich mir mit eigenen Augen eine Brauerei ansehen und ihre Funktionsweise von echten Fachleuten erklären lassen. Glücklicherweise haben mir Braumeister von gleich zwei Brauereien in Berlin zugesagt, mir einen solchen Einblick zu gewähren und sich von mir mit Fragen löchern zu lassen. Als Erstes fahre ich an einem sommerlich heißen Tag in den Nordwesten der Stadt, wo in einem Gewerbegebiet die noch junge Brauerei Fuerst Wiacek seit einigen Jahren ihre eigenen Produktionsanlagen hat. Lukasz Wiacek, etwa so alt wie ich (also *sehr* jung, Ende 30), ist einer der Gründer des Unternehmens. Er empfängt mich herzlich am Eingang der unauffälligen Industriehalle. Lukasz ist schlank, trägt ein schwarzes T-Shirt und eine schwarze Basecap. Warum auch nicht, was habe ich erwartet? Einen großen Kerl mit Vollbart, der ein kariertes Hemd und eine Ziegenlederhose trägt? Vielleicht.

Nachdem wir uns bekannt gemacht haben, gehen wir einige Schritte durch einen kurzen Flur und stehen auch schon direkt in der Brauerei. Ich lasse den Ersteindruck auf mich wirken. Große Kessel, Treppen, Geländer, unzählige Rohre und noch mehr Kessel, ich schätze sechs oder sieben Meter hoch. Alles ist aus hellem, rostfreiem Stahl gefertigt. Auch der Boden ist hell, alles ist ausgeleuchtet und wirkt sehr sauber, fast steril. Von Kupferkesseln oder gar Holzfässern keine Spur. Als Nächstes führt Lukasz mich in einen kleineren Raum, der an die große Halle anschließt. Hier stapeln sich Säcke mit gemälztem Getreide, das in einer großen Maschine geschrotet, also zerkleinert wird. Die Stärke in Getreidekörnern besteht aus langen Ketten einzelner Zuckermoleküle und ist ein stabiler Speicher für Energie, den die junge Pflanze normalerweise in den Tagen nach der

Keimung für das Wachstum der ersten Blätter und Wurzeln nutzt. Dazu zerlegt sie die Stärkemoleküle nach und nach in kleinere Stücke und schließlich in Zucker. Beim Mälzen wird die Keimung unter kontrollierten Bedingungen eingeleitet und dann durch Trocknung gestoppt, sodass ein Teil der Stärke bereits in Zucker umgewandelt ist. Eine der ersten Herausforderungen, als sie mit einer eigenen Brauerei begannen, sei die optimale Schrotung des Malzes gewesen: nicht zu fein, nicht zu grob. Die Getreidekörner sollen aufgebrochen werden, sodass der sogenannte Mehlkörper im Inneren freigelegt wird. Gleichzeitig möchte man aber kein Mehl erzeugen. Inzwischen klappe das jedenfalls hervorragend.

Nach diesem ersten, wichtigen Schritt wird das Schrot über ein System aus in Rohren versteckten Ketten in die große Halle transportiert. In dieser steigen Lukasz und ich eine Metalltreppe hinauf auf eine Gitterplattform, von der aus man von oben in drei große Metallkessel mit runden Bullaugen schauen kann. Früher hätte man hier, im Sudhaus genannten Teil der Brauerei, elegant geschwungene Kupferkessel vorgefunden. »Heute verkleiden manche ihre Kessel mit Kupfer, um einen Retrolook zu erzeugen«, erzählt mir Lukasz schmunzelnd, »Brauereien verwenden heute in der Regel nur noch Edelstahl.« Im ersten Kessel des Sudhauses wird das Schrot mit Wasser vermischt und unter Rühren erwärmt. Dabei entsteht die sogenannte Maische, weshalb dieser Kessel auch Maischgefäß genannt wird. Durch die Wärme werden die Enzyme noch einmal richtig aktiv und wandeln die restliche Stärke in Zucker um. Der Einfachheit halber sage ich nur »Zucker«, konkret handelt es sich hier um ein Gemisch aus den molekular einfacher aufgebauten Zuckerarten Malz-, Frucht- und Traubenzucker sowie unterschiedlichen Dextrinen, Varianten einer komplexeren Art von Zucker.

Lukasz geht einige Schritte weiter und legt die Hand auf den zweiten Kessel. »Das ist der Läuterbottich. Hier drin findet das sogenannte Läutern statt, eine erste Filterung. Die Spelzen, also die Hüllen der Samen, und alle anderen Feststoffe sinken nach unten und dienen dort als Filter für die Flüssigkeit. Was dabei herauskommt, nennt man die Würze.« Die festen Bestandteile, die bei diesem Schritt übrigbleiben, werden Biertreber genannt. Den verschenken Lukasz und sein Partner Georg Fürst als Tierfutter an einen Bauern. Größere Brauereien in Regionen mit viel Tierhaltung können mit dem Verkauf des Trebers einen kleinen Nebenerwerb aufbauen. Die Würze fließt anschließend in den dritten Kessel des Sudhauses, wo sie zusammen mit Hopfen gekocht wird, der einen maßgeblichen Einfluss auf den Geschmack des Bieres hat. Dabei wird einiges an Wasser verdampft, und es passieren noch diverse andere Dinge wie das Ausfällen von Proteinen, das Inaktivieren von Enzymen, das Ausdampfen unerwünschter Aromen und die Entstehung von Bitterstoffen. So bildet sich die sogenannte Stammwürze. Für manche ihrer Biere schieben Lukasz und Georg bei diesem Schritt eine Milchsäuregärung mit Lactobacillus-Arten ein. Das ergibt den für Biersorten wie die Berliner Weisse typischen säuerlichen Geschmack. Die Bakterien beziehen sie aus einem darauf spezialisierten Labor.

Wir steigen die Treppe wieder hinunter, um zu den sechs noch größeren Metalltanks zu laufen. Ich erkenne sofort die Form eines Bioreaktors, auch wenn Lukasz die großen Behälter, in denen die alkoholische Gärung stattfindet, nicht so nennt. Sie haben die Form langer Zylinder (die geometrische Form, nicht der Hut) und laufen am unteren Ende spitz zu. Deshalb nennt man sie in Brauereien auch zylindrisch-konische Tanks oder kurz ZKTs, erklärt mir Lukasz. Legte man sie waagerecht hin, würden sie ein wenig so aussehen wie die Wassertanks an diesen großen Wasserpistolen, mit denen man früher die Nachbarskinder nass gemacht hat.

Wie auch immer man sie nennen will, in diesen großen Behältern aus Stahl findet die Fermentation vom im Getreide enthaltenen Zucker zu Alkohol statt. Die Hefe, die Lukasz und Georg dafür nutzen, bestellen sie in Form von Trockenhefe bei einem Spezialanbieter für Brauhefen und andere Mikroorganismen. Vermischt mit der Würze aus dem Sudhaus, erwachen die Hefezellen aus ihrem Nickerchen, das sie im trockenen Zustand halten, und beginnen zunächst einmal damit, sich zu vermehren. Dabei verbrauchen sie den Sauerstoff, den die Würze noch enthält, wenn sie in den Bioreaktor gepumpt wird.

Während der Phase der Vermehrung wandeln sie den Zucker vollständig in Kohlenstoffdioxid und Wasser um. Sobald der Sauerstoff aufgebraucht ist, vermehren sich die Hefezellen nur noch langsam. Man nennt dies das Erreichen einer stationären Phase, in der sich die Anzahl neuer und sterbender Hefezellen die Waage hält. Dafür beginnen sie nun mit ihrer eigentlichen Arbeit und schalten ihren Energiehaushalt auf alkoholische Gärung um. Damit sich im ZKT alles gut verteilt, wird dieser an manchen Stellen gekühlt, wodurch die Flüssigkeit durch Konvektion in Bewegung bleibt – kalte Flüssigkeit sinkt nach unten, warme steigt auf.

Im Brauvorgang dauert die Gärung etwa fünf bis sieben Tage. Eine anschließende Filterung nimmt man bei Fuerst Wiacek nicht vor, alle Biersorten der Brauerei sind naturtrüb. Durch das Absenken der Temperatur sinken gröbere Feststoffe aber nach unten. Und auch die Hefe sinkt nach unten, weshalb sie am unteren, am konischen Ende abgezapft werden kann. Für bis zu zehn weitere Runden könne man die Hefe nutzen, erklärt Lukasz. Sie wird dafür in einem kleinen Metallfass in einem Kühlraum gelagert. Vor der nächsten Runde bestimmen sie durch Auszählung der Zellen unter dem Mikroskop und durch Hochrechnen, wie viele lebende Zellen noch pro Liter vorhanden sind – damit sie immer gleich viel Hefe einsetzen. Nach dem zehnten Recyceln wird neue Hefe gekauft.

Jede Brauerei kauft einen auf ihre Gärbedingungen und die erwünschten Eigenschaften ihres Bieres zugeschnittenen Stamm von Hefen. Als Stamm bezeichnet man gezüchtete Mikroorganismen mit ganz bestimmten Eigenschaften. Innerhalb eines Stammes sind alle Zellen Klone, also genetisch identisch, da sie sich nur über Zellteilung vermehren. Dadurch kann man als Brauer:in sicher sein, dass sich die Zellen eines Stammes immer genau so verhalten, wie man es möchte. Zum Beispiel gibt es Hefestämme, die auch höhere Alkoholkonzentrationen aushalten, sodass man mit ihnen höherprozentige Getränke wie Portwein fermentieren kann. Und sie unterscheiden sich darin, welche Zucker sie verwerten können und was sie daraus – außer Alkohol – noch produzieren. Das ist einer der Faktoren, die den Geschmack des Bieres beeinflussen. Aus einem Katalog mit zahllosen Hefestämmen sucht man sich als Braumeister:in oder Bierhersteller:in also jenen aus, der am besten zum eigenen Brauprozess passt.

Box 5: Der Einsatz von Fermentation für alkoholfreie Cocktails

Die alkoholische Gärung spielt als Form der Fermentation auf unterschiedliche Weisen eine große Rolle, weshalb ich ihr in diesem Buch einiges an Platz eingeräumt habe. Menschen, die alkoholischen Getränken nicht viel abgewinnen können, sind aber keinesfalls außen vor. Vor einigen Monaten habe ich an einem Workshop teilgenommen, in dem es um die Zubereitung alkoholfreier Cocktails ging. Ohne zu ahnen, dass mir auch dabei einmal mehr Fermentation als Trend begegnen würde. Der junge Barkeeper, der den Workshop leitete, erzählte uns begeistert von den Weiterentwicklungen, die es im Bereich der alkoholfreien Alternativen in den letzten Jahren gab. Als er in einem Nebensatz erwähnte, dass dabei auch Fermentation eine Rolle spielt, wurde ich hellhörig. Während die anderen sich der nächsten praktischen Aufgabe widmeten, sprach ich ihn darauf an und er erzählte mir, dass immer mehr Barkeeper:innen ihre eigenen Experimente mit Milch- und Essigsäurefermentation in ihre Arbeit einfließen ließen. Er zeigte mir ein großes Glas mit eingelegten Zitronen und einiges von seinem beachtlichen Fermentationsequipment. »Die große Herausforderung bei alkoholfreien Spirituosen und Cocktails ist es«, erklärte er mir, »dass Alkohol nun einmal einen großen Teil des Geschmacks und Aromas ausmacht. Er verdampft schneller als Wasser und bringt die Aromen in die Luft und so in unsere Nase.« Es sei nicht leicht, diese Eigenschaften auf andere Art zu kompensieren. Doch bei der Fermentation von Früchten, zum Beispiel der Schalen von Zitrusfrüchten mittels Milch- und Essigsäuregärung, entstehen derart komplexe Aromen, dass sie für die Herstellung von alkoholfreien Getränken zu einer immer beliebteren Methode wird.

Lukasz und Georg brauen, wie gesagt, erst seit Kurzem mit ihrer eigenen Anlage. Die Tanks, in denen sie jetzt ihre Biere brauen, fassen ungefähr 5000 Liter, und zu den neun, die sie schon haben, sollen bald sechs weitere hinzukommen. Das klingt für mich schon nach richtig viel, aber es geht noch größer. Viel größer. Um davon einen Eindruck zu bekommen, habe ich mich einige Wochen später mit zwei Mitarbeitern der BrewDog-Brauerei in Mariendorf, einem südlichen Stadtteil Berlins, verabredet. BrewDog EU ist ein schottischer Hersteller von Craft-Bieren und hat in einem der historischen Gebäude auf dem sehr interessanten Gelände des stillgelegten Gaswerks Mariendorf seine Brauaktivitäten auf das europäische Festland ausgeweitet. Die beiden jungen Männer, die mir netterweise eine kleine Führung durch die Anlage geben wollen, tragen jedoch keine Schottenröcke, sondern einfach T-Shirts und Jeans. Und sie sind wirkliche Spezialisten für Braukunst. Daniel Perabo hat an der renommierten Hochschule in Weihenstephan Brauwesen studiert, und Philip Denkinger ist Lebensmitteltechnologe. Gemeinsam kümmern sie sich darum, dass beim Brauen des Bieres, das ich in dem an die Brauerei angeschlossenen Restaurant selbst schon öfter getrunken habe, alles so läuft, wie es soll.

Wie schon bei Fuerst Wiacek stehen wir auch hier nach einer kurzen Begrüßung direkt mittendrin, und ich versuche, das hier noch größere metallische Gewirr aus Rohren und Tanks optisch zu erfassen. Die Anlage befindet sich zwar in einem historischen Backsteinbau, sieht aber ebenso modern, fast futuristisch aus wie die Erste. Einiges erkenne ich dank meiner jetzt vorhandenen Vorkenntnisse bereits. Zunächst gehen wir auch hier in einen kleineren Raum neben der großen Halle. Hier wird aber kein Malz gelagert und geschrotet wie bei Lukasz, sondern wir stehen vor einer ziemlich kleinen Brauanlage. »Wir haben ein komplettes System aus kleineren Kesseln und Tanks, die meist von Menschen ohne eigene Brauerei angemietet werden«, erklärt mir Daniel. »Hier kann man gut auch mal etwas experimentellere Rezepte ausprobieren, bei denen zum Beispiel Früchte beigemischt werden.« Auch Privatleute, die das Brauen für sich entdeckt haben, probieren ihre selbstkreierten Rezepte hier aus. »Wenn dann etwas nicht so toll läuft oder es Rückstände gibt, dann haben wir nicht die großen Tanks eingesaut«, ergänzt Philip grinsend. Am Nicken von Daniel erahne ich, dass das kein rein theoretisches Szenario ist. »Und manche Dinge, die jemand vielleicht im ganz kleinen Maßstab erfolgreich ausprobiert hat, funktionieren nicht zwangsweise auch im größeren Volumen. Da macht es Sinn, das erst mal mit wenigen tausend Litern auszuprobieren und nicht direkt in einem ZKT mit 30 000 Litern.«

Auch hier stehen die Kessel des Sudhauses in einer Reihe, es gibt Treppen und Plattformen, und wir sehen uns alles nach und nach an. Die vielen kleinen Tanks sehen direkt niedlich aus, wie sie da nebeneinander aufgereiht stehen. »Wo bekommt ihr eure Hefen her?«, frage ich die beiden. »Die kommen aus Schottland«, sagt Philip. »Das

Bier soll hier möglichst genauso schmecken wie dort drüben. Deshalb nutzen wir auch dieselben Hefestämme. Wir haben einen für ober- und einen für untergäriges Bier. Nachdem die hergeschickt worden sind, werden sie in Laboren der Versuchs- und Lehranstalt für Brauerei in Berlin gelagert und auf Agarplatten am Leben gehalten. Immer, wenn wir neue Hefe brauchen, sagen wir dort Bescheid und bekommen eine Ladung. Das ist wirklich praktisch.« Auch bei BrewDog wird die Hefe nach einem Brauvorgang recycelt, und es wird vorher durch eine Zählung der Zellen bestimmt, wie viel Liter man für die nächste Runde braucht.

Wir gehen in einen weiteren Raum, ein kleines Labor. Es erinnert mich an meine Zeit im Biologiestudium, und ich entdecke Materialien und Geräte, die mir bekannt vorkommen. Kein Hightech, alles eher wie in einem Labor für Ökologie als in einem für Molekularbiologie. Aber es reicht aus, um Hefe zu mikroskopieren und einige einfache chemische Versuche durchzuführen. »Wir messen zum Beispiel in Proben aus den Gärtanks, wie die Gärung verläuft. Jede Hefe verhält sich da ja anders«, erklärt mir Philip. »Und wir wollen wissen, wann die Gärung, also die Umwandlung von Zucker in Alkohol und Kohlensäure, abgeschlossen ist. Das ist der Fall, wenn die Zuckerkonzentration nicht mehr weiter absinkt. Erst dann kann man das Bier sicher abfüllen, ohne dass es in den Dosen später noch zu sehr nachgärt.« Die Fermentation stoppt also ganz automatisch, weil die Hefe irgendwann durch ihren eigenen Alkohol gehemmt wird und den restlichen Zucker nicht mehr umwandeln kann. Biere, bei denen anschließend noch einmal Zucker hinzugemischt wird (pfui!), müssen deshalb zunächst pasteurisiert werden. Auch alkoholfreies Bier wird pasteurisiert, damit hier auf keinen Fall noch Alkohol entstehen kann.

Jetzt will ich aber endlich die richtig großen Kessel und Tanks sehen! Wir gehen in die große Halle. »Du hast keine Höhenangst, oder?«, fragt Philip. Habe ich zum Glück nicht, also steigen wir eine Treppe hinauf, diesmal mit sehr viel mehr Stufen. Das Dreiergespann der Sudkessel ist hier noch mal viel größer als bei Lukasz. Und es gibt hier noch ein viertes Gefäß, den Whirlpool. Er verrührt die Würze, wodurch ein Strudel entsteht, in dessen Mitte sich die groben Partikel sammeln, sodass diese dann herausgefiltert werden können. Mich interessiert, was die Größe dieser Anlagen begrenzt. »Limitierend für die Größe ist der Kessel für die Läuterung«, erklärt mir Daniel. Zur Erinnerung: Das ist der zweite Kessel im Sudhaus, in dem die festen Bestandteile nach unten sinken und dort als natürlicher Filter dienen. Ist die Schicht zu dick, kann die Flüssigkeit nicht mehr durchsickern. Dann würde man eher noch in einen zweiten Bottich investieren.

Wir gehen zu den Tanks, in denen die Fermentation abläuft. Die sind wirklich riesig, man fühlt sich wie in einem Raketensilo (nicht, dass ich jemals in einem gewesen wäre). Die kleineren ZKTs fassen 10000, die größten 30000 Liter. »Das ist ja echt 'ne Menge«, sage ich. Etwas Schlaueres fällt mir spontan nicht ein. Daniel und Philip grinsen. »In Schottland bauen sie gerade einen für 80000 Liter, und richtig große Brauereien haben noch Größere.« Nun fällt mir doch noch etwas Schlaues ein, denn mich interessiert mal wieder, was die Größe limitiert, weil das für spätere Kapitel noch wichtig sein wird. »Wahrscheinlich kann man sie nicht beliebig hoch bauen, weil die Hefe sonst zerdrückt wird?« Ein anerkennendes Nicken der beiden rettet mir den Tag. »Genau«, sagt Daniel. »Die Schwerkraft bringt einen limitierenden Faktor rein.« Philip geht an einen der ZKTs ran und legt die Hand auf das konische untere Ende. »Hier unten würden die Hefezellen zerdrückt oder könnten zumindest nicht mehr arbeiten, wenn der Druck von oben zu groß wird.«

Wenn sie immer dieselben beiden Hefestämme nutzen, frage ich die beiden, wie bekommen sie dann so viele unterschiedliche Aromen in ihre Biersorten? »Einmal durch den Hopfen«, sagt Daniel. »Der kommt am Anfang beim Kochen hinzu, bei manchen Sorten aber zusätzlich auch noch da rein«, er deutet auf einen kleineren Kessel, der zwischen allen großen auf einer Plattform steht. »Und von dort dann in den ZKT. Die Hopfensorten machen einen großen Teil des Geschmacks aus. Aber nicht nur. Die Hefen sind zwar dieselben, aber je nach Malz und den Bedingungen im Sudhaus befindet sich ein anderes Gemisch von Zuckern in der Würze. Also nicht nur Maltose, sondern auch komplexere Zucker wie zum Beispiel Dextrine.« Und da passiert dann die Alchemie: Durch das Zusammenspiel von Zuckerarten, Hopfen, Temperatur, Hefe und einigen anderen Faktoren entstehen komplexe organische Moleküle, von denen manche für ganz neue Aromen verantwortlich sind. »Eine der Hefen erzeugt zum Beispiel manchmal ein Bananenaroma«, schwärmt Philip.

Trotz all der Technik und der Möglichkeiten zur Kontrolle gibt es beim Bierbrauen also einen Bereich des Ungewissen, in dem komplexe biologische Reaktionen ablaufen, die man chemisch gar nicht genau erklären kann. Oder eigentlich nicht *trotz* der ganzen Technik: Sämtliche Methoden, die Lukasz, Daniel und Philip zur Verfügung stehen, ermöglichen das eigentlich erst. Ähnlich wie verschiedenste Pinsel, Schwämme und Malmesser viel mehr Möglichkeiten beim Malen ermöglichen. Es heißt ja auch nicht umsonst Brau*kunst*. Wir beenden unsere Runde an einem Kühlschrank, aus dem ich einige der erfolgreichen Ergebnisse dieser ganzen Mühen mitnehmen darf, und dann verabschiede ich mich von den beiden.

Im Vergleich zu früher hat sich also beim modernen Bierbrauen einiges geändert. Stahl statt Kupfer, Labore statt Zufall. Es ist viel Technik am Werk, um Temperaturen, Sauerstoffgehalt und Druck zu regulieren. Und auch bei der Biologie der Fermentation wird nicht mehr viel dem Zufall überlassen. Lange hat die Industrialisierung des Bierbrauens zu immer größeren Anlagen und immer einheitlicheren Bieren geführt. In den letzten Jahren ist eine Gegenbewegung entstanden, und immer mehr *Craft-Bier*-Brauereien brauen wieder individuellere Biere in kleineren Mengen. Das heißt nicht, dass sie zurück zu Kupferkesseln und Spontanfermentation gehen, sondern modernste Technik und Mikrobiologie mit Kreativität kombinieren, um aus dem biologischen Prozess der Fermentation immer wieder etwas Neues herauszukitzeln. Auch in anderen modernen Produktionsstätten für Fermentation, etwa Käsereien, Apfelweinkeltereien oder Essigfabriken, wird heute mit Edelstahl, neuester Technik und möglichst kontrollierter Auswahl und Anwendung der Mikroorganismen gearbeitet. In Japan wiederum werden Sojasauce und andere Lebensmittel, die mit Kōji-Schimmelpilzen fermentiert werden, heutzutage ebenfalls in großen Tanks, sogenannten Feststoff-Bioreaktoren, hergestellt.

Masse mit Klasse – Mikroorganismen als Lebensmittel

Wir nehmen ständig Mikroorganismen zu uns, zum Beispiel, wenn wir fermentierte Milchprodukte oder fermentierte vegane Alternativen essen oder ein Weißbier trinken. In diesen und vielen weiteren Lebensmitteln sind die Mikroorganismen jedoch eher Rückstände des Fermentationsprozesses und machen nur einen kleinen Teil des Lebensmittels und seines Nährstoffprofils aus. Bei der Art von Fermentation, um die es jetzt geht, sollen die Mikroorganismen selbst zum Lebensmittel werden. Dabei kommt eine weitere herausragende Eigenschaft der Einzeller ins Spiel, nämlich ihre schnelle Vermehrung. Unter optimalen Bedingungen können sie sich durch Zellteilung exponentiell vermehren. Die Zeit, die zwischen zwei Verdopplungen liegt, nennt man Generationszeit. Bei Hefen misst diese wenige Stunden, bei Bakterien kann sie weit unter einer Stunde liegen – wir erinnern uns an die Rekordhalterin mit ihren 280 Milliarden Nachkommen innerhalb eines Tages. Wenn man es richtig anstellt, hat man also sehr schnell sehr viele von ihnen. Handelt es sich um einen für uns Menschen nahrhaften Mikroorganismus, ergibt sich daraus eine großartige Möglichkeit der Lebensmittelproduktion. Da es bei einer vollwertigen Ernährung vor allem auch darum geht, ausreichend und hochwertiges Protein zu sich zu nehmen, nennt man essbare Mikroorganismen häufig auch Einzellerprotein (engl.: *single cell protein*). Tatsächlich ist der Proteingehalt von Bakterien, Hefen und Schimmelpilzen vergleichbar mit jenem von Fleisch,[60] teilweise sogar deutlich höher. Ihr Protein ist für uns sehr wertig, enthält also viele für uns lebenswichtige Aminosäuren. Zusätzlich enthält zum Beispiel Hefe viel Vitamin B und wichtige Mineralstoffe.

Wahrscheinlich, um nicht immer »Produktion mikrobieller Biomasse« sagen zu müssen, hat sich inzwischen in vielen Kreisen der

Begriff »Biomassefermentation« für dieser Art der Fermentation etabliert. Er soll beschreiben, dass hier durch Fermentation Biomasse entsteht, was auch stimmt. Allerdings kann er auch zu Verwirrung führen, wenn er so verstanden wird, dass Biomasse durch Mikroorganismen fermentiert, also verändert wird. Und das ist ja genau das, was bei Sauerkraut und Co passiert, also der ersten Art der Fermentation. Ich hatte einen sehr bereichernden Austausch mit Tomas Linder, Forscher an der Schwedischen Universität für Agrarwissenschaften (SLU). Er ist Mikrobiologe und forscht selbst schon seit vielen Jahren unter anderem an Hefen und macht sich über sein eigenes Forschungsfeld hinaus viele Gedanken dazu, wie Fermentation zu einer nachhaltigen Ernährung beitragen könnte. Für problematisch hält er, dass manche der neu erfundenen Begrifflichkeiten in diesem sich schnell entwickelnden Feld eher für Verwirrung statt für Klarheit sorgen. »Besonders den Begriff der Biomassefermentation halte ich für keine gute Wortschöpfung. Er suggeriert, man würde ein Ausgangsmaterial mit Mikroorganismen verändern, so wie man es eben bei der traditionellen Fermentation von Lebensmitteln tut. Bei der Produktion von Biomasse mit Mikroorganismen geschieht aber etwas ganz anderes.« Ich muss Tomas in diesem Punkt zustimmen und werde deshalb diesen Begriff selbst auch nicht verwenden. Noch einmal zusammenfassend: Ein Lebensmittel zu fermentieren, bedeutet, vorhandenes Material mithilfe von Mikroorganismen zu verändern. Aus Weißkohl wird Sauerkraut, aus Getreide wird Bier und aus Pflanzenprotein wird ein Pflanzenprotein, das mehr nach Fleisch schmeckt. Bei der Produktion von essbarer, mikrobieller Biomasse wird ein Ausgangsmaterial als Futter für Mikroorganismen verwendet, die dieses komplett verwerten, sich vermehren und geerntet werden. Statt irgendwelcher pflanzlicher oder tierischer Produkte – wie bei fermentierten Lebensmitteln – sind hier die Mikroorganismen selbst das Produkt.

Die Idee, Einzellerprotein als Nahrungsmittel herzustellen, ist zwar nicht so alt wie die traditionelle Fermentation, sie ist aber auch nicht ganz neu. Der Chemiker Justus von Liebig lag zwar falsch mit seiner

Theorie, Fermentation sei reine Chemie, entwickelte dafür aber den Brühwürfel und zeigte, dass man Hefezellen zu einem Extrakt aufkonzentrieren kann. Dass man die beim Bierbrauen übrigbleibende Hefe als nahrhaftes Tierfutter verwenden kann, soll wiederum Max Delbrück Anfang des 20. Jahrhunderts herausgefunden haben. Diese Erkenntnis wurde in den bald folgenden Weltkriegen in Deutschland und England erstmals im größeren Stil praktisch angewendet, um eine proteinreiche Nahrungsergänzung herzustellen. Der aufgrund des Krieges zusammenbrechende Handel und die Umstellung der eigenen Industrie auf die Herstellung von Waffen und anderen Kriegsgütern führten zu einer akuten Nahrungsmittelknappheit. Da kam die Möglichkeit der autarken Versorgung der eigenen Bevölkerung mit einer hochwertigen Proteinquelle wie gerufen. Die vielen Bierbrauereien im Land lieferten die Hefe, die zu einer Paste verarbeitet oder zu Pulver getrocknet wurde. Während des Kalten Krieges begann auch die Sowjetunion mit der Produktion von Einzellerprotein für die Tierfütterung. Heute öffentlich zugänglichen Papieren der amerikanischen Geheimdienste zufolge schätzte man die potenzielle Produktionskapazität für das Jahr 1980 auf bis zu eine Million Tonnen pro Jahr.[61] Nach solchen Krisenzeiten verschwand Einzellerprotein als alternatives Futter- und Lebensmittel größtenteils wieder von der Bildfläche, bis auf einige Artefakte, die es bis in die Gegenwart geschafft haben, wie das englische Marmite und sein australisches Pendant Vegemite, beides Hefeextrakte, wie sie von Justus von Liebig erfunden wurden. Weil Hefe nahrhaft ist und durch den hohen Gehalt an der Aminosäure Glutamat für die berüchtigte Geschmacksrichtung umami sorgt, ist sie als Lebensmittelzusatz und auch als Zutat bei der Herstellung von veganem Käseersatz beliebt. Heute werden für diese Anwendungen häufig eigene Hefestämme gezüchtet. Doch auch Brauereien finden heute neue Abnehmer:innen für die Bierhefe, die nach dem Brauen übrig bleibt.

Ich bin mit einem Mikrobenmetzger verabredet. Er heißt Christoph Pitter und ist einer der Gründer der Protein Distillery. »Du kannst dir das wirklich wie bei einem Metzger vorstellen, Martin.« Christoph hat einen grünen Hoodie an – mit dem Logo seiner Firma, einer stilisierten Getreideähre. Er sitzt mit seinem Laptop an einem einigermaßen ungestörten Ort, doch selbst dort bemerke ich die geschäftige Atmosphäre, die im Hintergrund herrscht. »Wir bekommen die Hefe von Partnerfirmen, meist Brauereien, und zerlegen sie in ihre Bestandteile. Wir entfernen das Wasser und trennen das Protein von den verschiedenen Ballaststoffen.« Hefe hat einen Proteinanteil von etwa 50 Prozent, was eine ganze Menge ist. »Das Produkt ist ein nahrhaftes Gemisch aus unterschiedlichen Proteinen, Vitaminen und Mineralstoffen.«

Ein fertiges Lebensmittel entsteht dadurch noch nicht, durch seine funktionalen Eigenschaften ist das mikrobielle Proteingemisch jedoch eine perfekte Zutat für vegane Produkte. Genau wie die Fermentation pflanzlicher Lebensmittel kann auch das Beimischen von mikrobieller Biomasse für eine bessere Textur und einen herzhafteren Geschmack sorgen. Umami ist auch hier das Stichwort. »Wir zerlegen also, wie ein Metzger, die Hefe und liefern die Bestandteile an unterschiedliche Kund:innen, die daraus Lebensmittel herstellen. So wie manche von einer Metzgerei nur Filet und andere nur Speck wollen, liefern wir bestimmte Teile der Hefe. Hersteller:innen von veganen Produkten sind zum Beispiel meist an Proteinen mit bestimmten Eigenschaften interessiert und wollen am liebsten solche, die sich wie tierische Proteine verhalten. Pflanzen können das meist nicht liefern, Hefe schon.« Und so wie ein Metzger nicht nur unterschiedliche Teile eines Tieres liefert, sondern diese auch aus unterschiedlichen Nutztieren herstellt, wollen Christoph Pitter und sein Team in Zukunft unterschiedliche Arten von Mikroorganismen in ihrem Prozess »zerlegen«.

In einer Wertschöpfungskette der Zukunft, die weniger auf Tieren und dafür mehr auf Pflanzen und Mikroorganismen basiert, erfüllen Firmen wir die Protein Distillery mit ihrem Konzept eine wichtige Schlüsselfunktion. Gleichzeitig haben Brauereien und perspektivisch auch andere Industrien mit verwertbaren, mikrobiellen Resten eine neue Möglichkeit, diese als Rohstoff zu verkaufen. Ähnlich wie früher in Krisenzeiten könnte diese wertvolle Proteinquelle dadurch wieder auf unseren Tellern landen. Nur diesmal nicht als eine Notlösung, sondern in Form von schmackhaften Produkten, die uns gleichzeitig helfen, ökologisch nachhaltiger zu essen. »Dabei ist es von zentraler Bedeutung«, sagt Christoph, »dass leckere und gleichzeitig kostengünstige Rezepturen entwickelt werden. Darauf liegt momentan einer unserer Schwerpunkte. Wir wollen helfen, vegane Produkte nahrhaft und lecker zu machen. Damit neugierige Menschen wie du und ich sie nicht nur einmal probieren, sondern immer wieder kaufen wollen.«

Ein anderer mikrobieller Pilz, der neben Hefe bereits heute für die Herstellung von Lebensmitteln eingesetzt wird, ist *Fusarium venenatum* aus der Gattung der Schlauchpilze. Schon seit 1985 wird aus diesem der vegetarische und inzwischen auch vegane Fleischersatz Quorn hergestellt. Für die Produktion wird der Pilz, der im Gegensatz zur Hefe in Hyphen, also einem verzweigten Geflecht wächst, in einem riesigen Bioreaktor mit einer Nährlösung verrührt. Diese Nährlösung enthält Zucker und alle wichtigen Nährstoffe, die der Pilz zum Wachsen braucht, deshalb vermehrt er sich, bis eine dickflüssige Suppe entsteht. In einem kontinuierlichen Prozess wird der Pilz von der Nährlösung getrennt und anschließend weiterverarbeitet. Das Ergebnis ist – ähnlich wie bei den Hefen aus Brauereien – ein Pulver aus mikrobieller Biomasse, das viel Protein, viele Mineralstoffe, Ballaststoffe und Vitamine enthält.

Entdeckt wurde *Fusarium venenatum* von Lord Joseph Arthur Rank, dem Vorsitzenden eines Unternehmens namens Rank Hovis McDougall, beziehungsweise von den Wissenschaftler:innen, die für ihn arbeiteten. Und zwar in den 1960er-Jahren in einer Bodenprobe aus dem englischen Buckinghamshire. Warum hat man gerade dort diesen nahrhaften Pilz gefunden? Man erwartete damals aufgrund von Prognosen eines rasanten Bevölkerungswachstums eine Verknappung von proteinreichen Nahrungsmitteln bis 1980 und daraus resultierende Hungersnöte. Also machte man sich auf die Suche nach Alternativen – ganz ähnlich wie auch heute wieder. Und man drehte buchstäblich jeden Stein um, auf der Suche nach möglichen Proteinquellen der Zukunft, die auf einfache Weise und in großen Mengen hergestellt werden können. Da man wusste, dass besonders im Boden zahlreiche, noch größtenteils unbekannte Mikroorganismen leben, durchsuchte man Bodenproben nach vielversprechenden Kandidaten. *Fusarium venenatum* fiel unter anderem durch seinen hohen Proteingehalt und die Tatsache auf, dass er keinerlei für uns Menschen ungesunde oder gar giftige Substanzen produziert.

Gemeinsam mit der britischen Firma Imperial Chemical Industries (ICI) gründete Rank Hovis McDougall die Firma Marlow Foods UK, um die Expertise von ICI für den Bau großer Bioreaktoren für die Produktion von Einzellerprotein zu nutzen. Die zweite und dritte Generation der Quorn-Bioreaktoren fassen 150000 Liter und sind damit weltweit die größten, die für diesen Zweck im Einsatz sind. Wir haben hier ein ganz konkretes Beispiel dafür, wie die Vielfalt des Mikrokosmos Lösungen für unsere Probleme liefert und unser Leben verbessern kann. Biodiversität ist ein Reservoir von Lösungen für unsere Probleme.

Mit ihren Produkten haben die Hersteller:innen von Quorn Pionierarbeit geleistet, viele Jahre bevor die große Welle pflanzlicher Ersatzprodukte in unseren Supermarktregalen eintraf. Schon 2014 stellte man fest, dass die Produkte vor allem von Menschen gekauft wurden, die auch Fleisch essen,[62] also gar keine Vegetarier:innen sind. Diese sogenannten Flexitarier:innen, die ihren Konsum tierischer Produkte zwar reduzieren, aber nicht ganz aufgeben wollen, sind die erklärte Zielgruppe der neuen Generation vegetarischer und veganer Produkte. Seit einigen Jahren ist Mykoprotein, wie man Einzellerprotein aus Pilzen auch nennt, wieder in aller Munde. Im Zuge der erneut aufgekommenen Sorge um die zukünftige Verfügbarkeit von Lebensmitteln, die Umwelt und Klima weniger schaden, entdecken viele Gründer:innen und Investor:innen die Produktion mikrobieller Biomasse als vielversprechenden Ansatz wieder. Die im schwedischen Göteborg ansässige Firma Mycorena ist ein Beispiel dafür. Das Wiener Food-Start-up Revo Foods hat kürzlich eine vegane Alternative für Lachs, die auf dem Mykoprotein von Mycorena basiert, in österreichische Supermärkte gebracht.

An dieser Stelle ein weiteres Beispiel, wie Grundlagenforschung und Anwendung Hand in Hand gehen können: Mark Kozubal suchte für seine Doktorarbeit in den heißen, sauren Quellen im Yellowstone National Park nach Mikroorganismen. Seine Forschung wurde von der NASA finanziert, Ziel war es zu untersuchen, wie Leben an solch extremen Standorten möglich ist. Er fand dort eine weitere Art von *Fusarium*: *Fusarium strain flavolapsis*. Als man den Pilz unter Laborbedingungen für allerlei Experimente kultivierte, kam irgendwann jemand im Team auf die Idee, dass man ihn doch auch als Lebensmittel nutzen könnte. Viele weitere Versuche und Basteleien später hatte man bei Nature's Fynd, wie die aus der Idee hervorgegangene Firma getauft wurde, eine so simple wie geniale Art gefunden, den Pilz möglichst effektiv anzubauen. Statt in geschlossenen Bioreaktoren, in denen die Zellen, in einer Flüssigkeit untergetaucht, vermehrt werden (engl.: *submerged fermentation*), wächst der Pilz hier auf der Oberfläche einer stehenden Nährlösung. Man kann sich das ähnlich wie bei einem Essenswagen in einer Kantine vorstellen, in dem Metallbehälter für Essen übereinander gelagert werden. Ein Rühren oder Belüften ist nicht notwendig, was diese Art der Produktion relativ energiesparend macht. Aktuell sind die Tüftler:innen bei Nature's Fynd dabei, aus ihrem Mykoprotein einen Ersatz für Frischkäse zu entwickeln. Aus einem Forschungsprojekt, das mehr über das Leben von Mikroorganismen herausfinden sollte, ist die Idee für ein Lebensmittel der Zukunft entstanden.

Pilze sind eine ganz besonders interessante Gruppe von Organismen. Unter anderem, weil man sie gar nicht so leicht in mehrzellige und einzellige Individuen einteilen kann, wie wir bereits bei unserer Reise durch den Mikrokosmos gelernt haben. Es gibt klare Einzeller wie die Hefen. Andere Gruppen, zu denen die Schimmelpilze gehören, wachsen hingegen in Fäden, sogenannten Hyphen. Auch Ständerpilze, deren Hüte wir aus dem Wald, von Wiesen oder aus leckerem Pilzrisotto kennen, bilden zwar im Laufe ihres Lebens makroskopische Strukturen aus, bestehen aber im Grunde ebenfalls aus einem Geflecht mikroskopischer Hyphen, die in ihrer Gesamtheit das sogenannte Myzel bilden. Dieses durchwächst in der Natur den Boden und abgestorbenes Holz, in Pilzfarmen Sägespäne oder Kaffeesatz, bevor es dann daraus hervorbricht und den Fruchtkörper bildet, also jenen Stil mit Hut, den wir im Alltag als eigentlichen Pilz bezeichnen. Der Übergang von mikroskopisch zu makroskopisch und von einzellig zu vielzellig ist im Reich der Pilze also fließender als bei anderen Gruppen von Organismen. Worauf ich hinauswill: Statt Hefen oder Schimmelpilze in Bioreaktoren zu vermehren, kann man dasselbe auch mit dem Myzel von Ständerpilzen machen. Die Bildung der Fruchtkörper wird dabei verhindert, sodass man sich die Produktion genauso vorstellen kann wie bei mikrobiellen Pilzen: große Metalltanks, in denen sich das Myzel in einer Nährlösung vermehrt, bis es schließlich geerntet wird.

Box 6: Pilze als unterschätztes Lebensmittel

Pilze sind sehr nahrhaft und enthalten – im Gegensatz zu den allermeisten Pflanzen – alle für uns essenziellen Aminosäuren. Das liegt daran, dass Pilze näher mit uns verwandt sind als mit Pflanzen. Außerdem haben sie Umami-Geschmack, was sie als Fleischersatz sehr geeignet macht. Warum der Anbau von Pilzen ganz allgemein so spannend ist: Sie brauchen kein Licht zum Wachsen. Weil sie keine Photosynthese betreiben, sondern genau wie wir auf eine schon vorhandene Kohlenstoffquelle angewiesen sind. Was sich zunächst nach einem Nachteil anhört, stellt sich bei näherer Betrachtung als Vorteil heraus. Stillgelegte U-Bahn-Schächte, Kellergewölbe, ungenutzte Hallen auf Industriegeländen: All das sind Orte, an denen Pilze hervorragend angebaut werden können. Als Substrat reichen ihnen Stroh, Holzreste, Kaffeesatz oder andere Reststoffe aus, und so kann man aus solchen Reststoffen hochwertige Lebensmittel produzieren. Urbane Pilzfarmen gibt es in vielen Städten der Welt. Häufig hängen mehrere Meter lange Säcke aus Plastik von den Decken, gefüllt mit Substrat und durchwachsen von weißem Myzel. An Einstichlöchern sprießen Austernseitlinge, Champignons oder Shiitake-Pilze heraus. Auch das spart andernorts Anbaufläche und Tierhaltung ein und hilft außerdem, lange Transportwege zu vermeiden. Wir sollten also unbedingt nicht nur mehr Pflanzen, sondern unbedingt auch mehr Pilze statt Fleisch essen.

Doch warum sollte man Pilze – statt auf die herkömmliche Art – in Form von Myzel-Bioreaktoren anbauen? Die Fruchtkörperbildung bei der Produktion von Pilzen zu umgehen, hat mehrere Vorteile. Erstens ist man nicht mehr an den sexuellen Lebenszyklus des Pilzes gebunden, für dessen Zweck die Fruchtkörper in der Natur ausgebildet werden. Ähnlich wie beim Anbau von Pflanzen ergibt sich dadurch normalerweise ein Rhythmus – vom Animpfen des Substrats mit den Pilzsporen, was dem Aussäen der Pflanzensamen entspricht, bis hin zur Ernte der Fruchtkörper. Dann muss das Substrat erneuert und wieder angeimpft werden, damit ein neuer Zyklus beginnt. Bei der Vermehrung von Myzel in einem Bioreaktor kann stattdessen ununterbrochen produziert werden. Das im US-Bundesstaat New York ansässige Start-up MyForest Foods hat eine Methode entwickelt, um das Pilzmyzel gängiger Speisepilze in großen Mengen zu produzieren und daraus unter anderem eine Alternative für Speck aus Schweinefleisch zu kreieren. Gemeinsam mit einem kanadischen Großproduzenten von Pilzen planen die Mikrobenpionier:innen den Bau einer vertikalen Pilzfarm, die auf nur einem Hektar Fläche über 1000 Tonnen Myzel pro Jahr produzieren soll. Auch in Hamburg gibt es ein Start-up, das auf diese Weise Pilzmyzel in Bioreaktoren produziert. Niklas Koch von Infinite Roots hat mir freundlicherweise Bilder der Produktionsanlagen des Unternehmens geschickt. Darauf entdecke ich ZKTs, also dieselbe Art von Tanks, die auch in den Bierbrauereien standen.

Die Nutzung von mikrobiellen Pilzen oder auch Pilzmyzel für Lebensmittel verbindet neue Technologie mit traditioneller Esskultur. Die Firma Prime Roots in den USA nutzt für ihre Myzel-Produkte zum Beispiel den japanischen Kōji-Pilz in einem neu entwickelten Herstellungsprozess in Bioreaktoren und verkauft bereits sehr erfolgreich Alternativen für Speck, Foie gras und andere tierische Spezialitäten.[63] Pilzbrauereien sind also bereits Realität und bringen die Produktion von Pilzen durch Fermentation auf ein ganz neues Level.

Doch nicht nur Pilze eignen sich für die Produktion essbarer, mikrobieller Biomasse. Das in Hamburg gegründete Start-up MicroHarvest hat vor, Bakterien für die Herstellung von proteinreichem und auch ansonsten sehr nahrhaftem Pulver zu nutzen, und hat für sein Konzept bereits einige Preise abgeräumt. Doch die momentan wohl bekannteste Firma auf diesem Gebiet ist Solar Foods. Durch ein auffälliges Marketing, in dem die stählernen Bioreaktoren nicht etwa hinter einem gefälligen Retrolook versteckt, sondern in futuristischen Inszenierungen in den Mittelpunkt gerückt werden, wird technologischer Aufbruch statt wohlige Esstischatmosphäre vermittelt. Das Produkt ihrer Fermentation, dass sie Solein nennen, wird ehrlich und offen als das präsentiert, was es ist: ein gelbes Pulver. Dadurch soll vermittelt werden, dass daraus alles Mögliche entstehen kann. Ein ultimativer Baustein für eine nahrhafte, nachhaltige Ernährung. Die Gründer haben auf Fotos meist weiße Laborkittel an und gucken ernst. Neben ihnen stehen die Mikroorganismen und die stählernen Bioreaktoren bei der Kommunikation von Solar Foods im Fokus. Diese nüchterne Kommunikation, die auf manche ehrlich und futuristisch, auf andere abschreckend wirken könnte, hebt die Firma von anderen ab. Was Solar Foods außerdem so besonders macht, ist die Art, wie das Unternehmen seine Bakterien füttert. Doch dazu später mehr.

Bei der Fermentation von Ausgangsstoffen zu mikrobieller Biomasse hat man es nicht immer auf das Protein abgesehen. Auch die Produktion von Öl kann ein Ziel der Übung sein. Mehrere Start-ups und Forschungsgruppen arbeiten beispielsweise an einem Ersatz für Palmöl, dessen Einsatz in Lebensmitteln und vielen anderen alltäglichen Konsumgütern inzwischen weitverbreitet ist. Der Anbau des Öls ist zwar im Vergleich zu anderen Ölpflanzen wie Raps und Sonnenblume sehr flächeneffizient und bringt Ländern wie Indonesien eine wichtige Einnahmequelle, es müssen für den Anbau jedoch auch Ökosysteme weichen. Eine mikrobielle Produktion könnte die Effizienz noch um ein Vielfaches steigern.

In Deutschland entwickelt Thomas Brück, Professor an der Technischen Universität München, Alternativen zu Palmöl, die mit Hefen produziert werden. »Wir konnten zeigen, dass Hefeöl alle wichtigen Eigenschaften aufweist, die auch Palmöl so interessant für die Lebensmittelindustrie machen«, erklärt er mir den Ansatz seines Teams. »Unter anderem in Backwaren haben wir das ganz praktisch getestet.« Das von den Einzellern produzierte Öl könnte also eine Alternative für Palmöl sein, die wir in Bioreaktoren hier bei uns herstellen. »Und nicht nur für Palmöl. Auch Raps-, und Sonnenblumenöl konnten wir in angepassten Prozessen schon in ihrer Qualität eins zu eins ersetzen. Nun sind wir dabei, den Prozess mit unserem Spin-out Global Sustainable Transformation (GST) GmbH zu skalieren. Theoretisch könnte man mit einem Hektar vertikaler Ölproduktion mit Hefen in Bioreaktoren 80 000 Hektar Palmölplantagen ersetzen.« Das Potenzial für eine Verringerung der Landnutzung und damit für den Schutz von Ökosystemen in den Anbauländern ist also enorm. Ein weiteres Beispiel für ein noch junges Unternehmen, dass tropische Öle mit Mikrobenöl zu ersetzen versucht, ist NoPalm Ingredients aus den Niederlanden.[64]

Mein Fazit: Mit der Produktion von mikrobieller Biomasse und Pilzmyzel in Bioreaktoren haben wir eine zweite Möglichkeit kennengelernt, wie Fermentation unsere Ernährung revolutionieren kann. Statt Tieren könnten wir ganz einfach mehr Mikroorganismen essen, und viele Pionier:innen auf diesem Gebiet arbeiten fleißig daran, das zu ermöglichen. Dabei steht im Fokus, altes Wissen und in Krisenzeiten erprobte Technologie mit neuestem Wissen und der Entwicklung leckerer und nahrhafter Produkte zu kombinieren.

Noch immer nicht revolutionär genug? Nach einem weiteren Exkurs legen Mensch und Mikroorganismus noch eine Schippe drauf.

Exkurs: Mikrobenzüchten, Gentechnik und synthetische Biologie

Schon heute nutzen wir Fermentation für viel mehr, als den meisten Menschen bewusst sein dürfte. Viele der Lebensmittel, die wir im Supermarkt kaufen, enthalten Zutaten, die dank Fortschritten in der Biotechnologie inzwischen mithilfe von Mikroorganismen hergestellt werden. Und damit meine ich nicht nur die Lebensmittel auf unserem sonntäglichen Frühstückstisch. Inzwischen wird auch eine große Palette an Zusatzstoffen in diesen Lebensmitteln mithilfe von Mikroorganismen produziert, zum Beispiel Aromen. Vanillin haben wir uns als Beispiel schon etwas genauer angesehen. Doch es gibt noch viel mehr. Zum Beispiel wird auch das Lab, mit dem heutzutage im industriellen Maßstab Käse aus Kuhmilch hergestellt wird, nicht mehr aus den Mägen von Kälbern gewonnen, wie es früher noch der Fall war. Zum Glück, denn angesichts der Mengen an Käse, die heute konsumiert werden, wären dafür sehr viele Kälbermägen nötig.

Lab besteht aus zwei Enzymen, Chymosin und Pepsin. Im Magen von jungen Wiederkäuern sorgen sie dafür, dass die aufgenommene Milch der Mutterkühe andickt, die Proteine darin gespalten werden und so alles besser verdaut werden kann. Seit den 1990er-Jahren kommt mikrobielles Lab zum Einsatz, also Enzyme, die von Mikroorganismen produziert wurden. Die mikrobielle Produktion von Lab hat sich innerhalb weniger Jahrzehnte als vorherrschende Methode durchgesetzt. Inzwischen wird in Deutschland nur noch etwa zehn Prozent und weltweit etwa 35 Prozent des Käses auf die ursprüngliche Weise produziert. Dabei kommen wir nun zu einer methodischen Unterscheidung, die für viele Menschen sehr wichtig ist und uns in späteren Kapiteln noch beschäftigen wird. Mikrobielles Lab wird immer durch *genetisch* veränderte, jedoch nicht zwingend durch *gentechnisch* veränderte Mikroorganismen hergestellt.[65]

Jede Art der Züchtung, die auf der Auswahl und Vermehrung bestimmter, ausgewählter Individuen beruht, verändert deren Erbgut, also ihre Gene. Der moderne Mais unterscheidet sich dank Jahrtausenden der Züchtung nicht nur äußerlich sehr von seiner wilden Vorfahrin, der Teosinte, auch seine Gene haben sich dadurch sehr verändert. Es handelt sich beim Mais also um einen genetisch veränderten Organismus. Bis vor einigen Jahrzehnten verlief dieser Einfluss auf das Erbgut von Nutzpflanzen und -tieren sowie auch auf jenes von Mikroorganismen, die für Fermentation eingesetzt wurden, allein über die Auswahl äußerer Merkmale. Man wählte gezielt jene Maispflanzen aus, die einen größeren Kolben als die anderen hatten. Und jene Hefen, die beim Bierbrauen schneller arbeiteten. Dadurch lenkte man auch die genetischen Grundlagen für diese Eigenschaften in eine bestimmte Richtung. Die Evolution funktioniert nach denselben Prinzipien. Der Evolutionsbiologe und

Autor Richard Dawkins nannte dies den »blinden Uhrmacher«, weil auch die natürliche Auswahl nicht direkt auf das Genom zugreift, sondern es nur indirekt verändert, indem sie aufgrund der äußeren Merkmale über Überleben und Tod entscheidet. Diese Merkmale werden wiederum zum Großteil durch die Genetik bestimmt, wodurch eine Auswahl anhand von äußeren Merkmalen – egal ob durch Natur oder Mensch – immer auch die Genetik der betroffenen Organismen verändert.

Mit der Zeit wurden die Methoden der Züchtung immer ausgefeilter, denn man verstand immer besser, nach welchen Regeln sie funktionierte, auch ohne dass man von DNA und Genen wusste. Seit man von deren Existenz weiß und ihren Code entschlüsseln kann, hat man eine noch viel genauere Datengrundlage, auf der man Entscheidungen bei der Auswahl von Individuen treffen kann. Immer mehr äußere Eigenschaften können mit bestimmten Sequenzen im DNA-Code in Beziehung gesetzt werden, und man kann dadurch den Prozess der Züchtung enorm beschleunigen. Besonders bei Pflanzen ist das sehr hilfreich, denn man spart sich dadurch die Zeit, die normalerweise für die Anzucht, Ernte und Untersuchung, etwa von Inhaltsstoffen, nötig wäre. Ein Beispiel: Weiß man, welche Eigenheiten im Erbgut eines Getreides zu einem erhöhten Proteingehalt im Korn führen, muss man für die Züchtung nicht erst viele Pflanzen aussäen, wachsen lassen und dann untersuchen, um jene mit dem höchsten Proteingehalt zu finden. Stattdessen reicht eine Anzucht von Keimlingen, deren Erbgut man untersucht, um dann jene auszuwählen, die laut ihrer Gene den höchsten Proteingehalt in ihren Samen aufweisen werden. Weil diese Art der Züchtung ziemlich schlau ist, nennt man sie auch »SMART Breeding« (engl. für schlaue Züchtung; gleichzeitig ist SMART auch die Abkürzung für *Selection with Markers and Advanced Reproductive Technologies*; es würde mich jedoch wundern, wenn hier nicht wieder einmal die Idee für die Abkürzung zuerst da gewesen wäre).

Auch diese fortgeschrittene und technisch ziemlich smarte Art der Züchtung wird noch nicht als Gentechnik eingestuft, denn die genetische Entwicklung der Pflanzen wird in eine bestimmte Richtung gelenkt, ohne unmittelbar in das Erbgut einzugreifen. Eine direkte Veränderung der DNA ist in Pflanzen seit den 1980er-Jahren möglich, mithilfe des Bodenbakteriums *Agrobacterium tumefaciens*[66] (und schon wieder geht nichts ohne Mikroorganismen). Dieses schleust auch in der Natur seine Gene in Pflanzen ein, um dort für Wucherungen zu sorgen, in denen es sich einnistet und die Pflanze dazu bringt, bestimmte Stoffe zu produzieren, die ihm als Nahrung dienen. Diese natürliche Fähigkeit zur genetischen Manipulation wurde zum Werkzeug für die Pflanzenzüchtung umfunktioniert, indem man die durch das Bakterium in die Pflanze eingeschleuste DNA vorher verändert, ihr zum Beispiel ein Gen hinzufügt, das man gerne in der Zielpflanze sehen würde. Eine Art genetisches Trojanisches Pferd. Auf diese Weise entstanden die ersten gentechnisch veränderten Nutzpflanzen. Gen*technisch* verändert, weil nun mit einer Technik direkt ins Erbgut eingegriffen wurde, statt nur bereits in der Pflanze vorhandene Gene zu beeinflussen, und weil die Pflanzen eine genetische Spur dieser Veränderungen in Form von bakterieller DNA in sich tragen, die als Vehikel mit übertragen wird.

Seitdem gab es einen weiteren, großen Sprung in der Pflanzenzüchtung, der einen direkten gentechnischen Eingriff erlaubt, ohne artfremde DNA zu übertragen. Dieser Sprung ereignete sich im Jahr 2012, als die Wissenschaftlerinnen Jennifer Doudna und Emmanuelle Charpentier zusammen mit Kolleg:innen erstmals die »Genschere« CRISPR/Cas (siehe Box 7) beschrieben. Entdeckt wurde der dieser Methode zugrundeliegende Mechanismus abermals in Bakterien, und dieser wiederum wurde abermals zu einem Werkzeug umfunktioniert. Doch mit der Genschere ist man nicht länger auf ein Bakterium angewiesen, um Gene in die Pflanze einzuschleusen, sondern kann direkt die Buchstaben des genetischen Codes bearbeiten, wie in dem Textprogramm, das ich zum Schreiben dieser Zeilen benutze. Das klingt natürlich viel einfacher, als es in der Praxis ist, aber es ist eine gute Metapher für das, was bei der sogenannten Genomeditierung passiert.

Bei der »klassischen« Gentechnik mithilfe des erwähnten Bodenbakteriums oder auch mithilfe von für denselben Zweck umfunktionierten Viren schleust man immer auch einen Teil von deren DNA ein, also artfremdes Erbgut. Bei Genomeditierung wird das unnötig und das präzise Verändern einzelner Buchstaben im Code der DNA möglich, wodurch zum Beispiel bestimmte Gene an- oder abgeschaltet werden können. Pflanzen, bei deren Züchtung klassische Gentechnik zum Einsatz kam, bei der immer artfremde DNA übertragen wird, sind laut europäischem Gentechnikrecht und dem davon abgeleiteten deutschen Gentechnikgesetz als »Gentechnisch veränderte Organismen« (GVOs) eingestuft. Das hat einige Konsequenzen für den Anbau und die Zulassung der betreffenden Sorten, und Lebensmittel, die solche Pflanzen enthalten, müssen entsprechend gekennzeichnet werden. Zusätzlich ist die Technologie relativ aufwendig und deshalb kostspielig. Mit dem Ergebnis, dass Züchtung und Konsum gentechnisch veränderter Pflanzen in Europa so gut wie nicht stattfinden (allerdings stammt zum Beispiel der größte Teil der Baumwolle, aus der unsere Kleidung besteht, aus gentechnisch veränderten Pflanzen).

Was Pflanzen angeht, die mit der Genschere gezüchtet wurden, aber gar keine artfremde DNA enthalten, gilt bisher dieselbe Gesetzgebung – zumindest in der EU. Viele andere Länder der Welt haben ihre Gesetzgebung, die in einer Zeit entstanden ist, in der es die neuen Methoden noch nicht gegeben hat, inzwischen angepasst. In den meisten Fällen bedeutet dies, dass zwischen Pflanzen mit artfremder DNA und Pflanzen ohne artfremde DNA unterschieden wird. Eine Pflanze, die zum Beispiel durch gentechnische Veränderung bakterielle Gene enthält, wird dort nicht mehr genauso behandelt wie eine Pflanze, bei der innerhalb des eigenen Genoms einige Buchstaben verändert wurden. Auch in Europa haben sich über die letzten Jahre so gut wie alle namhaften wissenschaftlichen Einrichtungen für eine solche Anpassung der Gesetzgebung und entsprechende Empfehlungen an die Politik ausgesprochen. Einige Zeit hat die EU-Kommission geprüft, ob eine solche Anpassung angebracht ist, und 2023 schließlich einen Vorschlag für eine Änderung gemacht, der nun in weiteren Schritten dem EU-Parlament und dem EU-Rat vorgelegt wird. Es wird sich also sehr bald auch in der EU entscheiden, ob alles beim

Alten bleibt oder ob die Regeln für manche Formen der Pflanzenzüchtung mit der Genschere gelockert werden.

Box 7: Die Genschere CRISPR/Cas

CRISPR/Cas, auch Genschere genannt, ist eine revolutionäre Technologie in der Molekularbiologie, die es ermöglicht, gezielt die DNA in lebenden Organismen zu verändern. Die Abkürzung CRISPR steht für *Clustered Regularly Interspaced Short Palindromic Repeats* und bezieht sich auf wiederkehrende genetische Sequenzen, die ursprünglich als Teil des Immunsystems von Bakterien und Archaeen gegen Viren identifiziert wurden. Cas steht für *CRISPR-associated proteins* und bezieht sich auf die Proteine, die in Verbindung mit den CRISPR-Sequenzen arbeiten.

Die Genschere ermöglicht es Wissenschaftler:innen, DNA-Sequenzen in einem Genom präzise zu schneiden und zu verändern. Dies geschieht, indem eine RNA-Sequenz, die zu der zu verändernden DNA-Sequenz passt, in die Zelle eingeführt wird und die gesuchte Stelle aufspürt. Das Cas-Protein, das an die Such-RNA angedockt ist, fungiert dann als molekulare Schere, die die DNA an der entsprechenden Stelle schneidet. Nachdem die DNA geschnitten wurde, kann die Zelle versuchen, die DNA auf natürliche Weise zu reparieren, wodurch möglicherweise Mutationen oder gezielte Genveränderungen entstehen.

Die Genschere hat zahlreiche Anwendungen in der biologischen Forschung, der Medizin und der Landwirtschaft. Sie ermöglicht die gezielte Erforschung von Genfunktionen, die Entwicklung von Therapien für genetische Erkrankungen, die präzisere Züchtung von Pflanzen, Tieren und manchen Mikroorganismen. Die Technologie hat das Potenzial, viele Bereiche der Wissenschaft und Technologie zu revolutionieren und unsere Landwirtschaft nachhaltiger zu machen. Manche Anwendungen werfen aber auch ethische Fragen auf, vor allem, wenn es um Anwendungen bei Mensch und Tier geht.

So viel zu den Pflanzen, um die es ja meistens geht, wenn über Gentechnik und Lebensmittel gesprochen wird. Doch wie funktioniert Züchtung bei Mikroorganismen? Diese haben einige entscheidende Unterschiede zu Pflanzen, die je nach Gruppe wiederum verschieden ausfallen. Hefen, Bakterien und Archaeen verdoppeln sich durch einfache Zellteilung. Pilze sind komplizierter und haben sowohl asexuelle als auch sexuelle Arten der Vermehrung im Repertoire, bei denen zwei Individuen Genmaterial austauschen.

Zunächst zur Verdopplung, also zur asexuellen Vermehrung. Dabei entstehen zwei genetisch identische Zellen. Isoliert man eine einzige Zelle einer Mikrobenart und vermehrt sie in einem Nährmedium, erhält man eine sogenannte Reinkultur, in der alle Nachkommen der Zelle Klone (also genetisch identisch) sind. In den Brauereien, die ich besucht habe, werden Reinkulturen von Hefen verwendet, da diese sich immer gleich verhalten, und der Brauprozess so besser kontrolliert und die Qualität des Bieres gesichert werden kann. Man nennt unterschiedliche Reinkulturen einer Mikrobenart auch Stämme. Die Züchtung von Stämmen mit bestimmten Eigenschaften ist das, worauf man sich in der industriellen Mikrobiologie konzentriert. Beim Brauen von Bier, bei der Herstellung von Käse und auch allen neuen Arten der Fermentation kommen Stämme zum Einsatz. Mit der Zeit wurden und werden immer effektivere Methoden erfunden, um die Entwicklung von Stämmen in eine erwünschte Richtung zu lenken. Zum Beispiel nutzt die englische Firma Myconeos die bisher wenig erforschte sexuelle Vermehrung mancher Schimmelpilzarten, um dadurch ganz neue Züchtungen zu erreichen.[67]

Um noch etwas mehr darüber zu erfahren, wie Mikrobenzüchten heutzutage funktioniert, habe ich mich mit René Inckemann unterhalten. René forscht am Max-Planck-Institut für terrestrische Mikrobiologie und ist nebenbei noch Präsident des Vorstands der German Association for Synthetic Biology, eines Vereins, der sich der Förderung von Forschung und Innovation im Bereich der synthetischen Biologie verschrieben hat. Ausnahmsweise hat er diesmal keinen weißen Kittel an, und im Hintergrund ist kein Labor zu sehen, wie es sonst eigentlich immer der Fall ist, wenn wir ein Gespräch per Videokonferenz haben. Selbst spät abends sitzt René häufig noch an Experimenten oder deren Auswertung, er ist also ein echter Vollblutwissenschaftler. »In der industriellen Anwendung werden Mikroorganismen heutzutage fast nur noch ganz gezielt genetisch verändert«, kommt René direkt auf den Punkt. »Das kann heißen, dass man den Stoffwechsel des Zielorganismus verändert oder dass man neue Gene einbringt.« Im ersten Fall hilft es, sich den Stoffwechsel wie einen Schaltkreis vorzustellen, der aus vielen, zusammengeschalteten Komponenten besteht, den Enzymen. In einem sehr vereinfachten Beispiel können wir uns einen Schaltkreis vorstellen, der nur aus drei Enzymen besteht. Das erste verwandelt einen aus der Umgebung der Zelle aufgenommenen Zucker in ein Zwischenprodukt, das durch ein zweites Enzym modifiziert und durch ein drittes wieder abgebaut wird.

»Mikroorganismen und ihre Enzyme sind perfekt an ihre Bedürfnisse in der Natur angepasst«, erklärt René. »Das heißt aber meistens nicht, dass sie wie biologische Maschinen perfekt funktionieren, so wie wir es gerne hätten.« Hier erinnere ich mich an das von Max Delbrück überlieferte Zitat »Hefe ist eine Maschine«. Damit scheint er tatsächlich die Grundlagen der modernen Biotechnologie vorausgesehen zu haben. Was René meint, ist, dass ein Schaltkreis von Enzymen in der Natur zwar perfekt funktioniert, jedoch auf ein ganz anderes Ziel hinarbeitet als wir und deshalb wahrscheinlich nicht das tut, was wir von ihm wollen. Zum Beispiel könnte das Zwischenprodukt zwischen dem zweiten und dritten Enzym das sein, was wir gerne ernten wollen. Vielleicht ein neues Aroma, ein medizinischer Wirkstoff oder ein nahrhaftes Protein. Natürlicherweise würde es nur in geringen Mengen vorkommen, weil das dritte Enzym es ja abbaut. Mit einem gentechnischen Eingriff kann man die Aktivität eines Enzyms hoch- oder runterregulieren oder es sogar ganz ausschalten. Wir könnten also das erste Enzym in unserem Schaltkreis dazu bringen, möglichst viel zu produzieren und die Aktivität des dritten Enzyms so weit wie möglich verringern. So würde sich unser gewünschtes Produkt, das für den Mikroorganismus eigentlich nur ein Zwischenprodukt ist, in großen Mengen anreichern, und wir könnten es ernten. »Solche Eingriffe in den Stoffwechsel funktionieren nicht immer auf Anhieb, weil sie manchmal das Überleben oder wichtige Funktionen der Zelle negativ beeinflussen. Deshalb sind dafür viele Versuche nötig.« Und deshalb sitzt René wohl immer so lange im Labor.

Inzwischen ist die moderne Biotechnologie so weit entwickelt und verfügt über so präzise Werkzeuge zur genetischen Veränderung, dass die Entwicklung neuer Stämme immer schneller und günstiger machbar wird. »Wir stupsen die Evolution damit quasi in eine erwünschte Richtung. Da passiert nichts, was nicht prinzipiell auch in der Natur passieren könnte. Auch dort verschwinden immer wieder Gene oder vorhandene Gene mutieren und erhalten so neue Funktionen.« Doch die Anzahl möglicher Veränderungen ist so groß, und die Wahrscheinlichkeit, dass genau das passiert, was man gerne hätte, deshalb sehr gering. »Diese Art des Feintunings vorhandener

Gene kommt vor allem dann zum Einsatz, wenn ein Mikroorganismus von Natur aus einen interessanten Stoff produziert«, sagt René. Bei vielen Vitaminen, Aromen und anderen Lebensmittelzusätzen ist das zum Beispiel der Fall. Eine Alternative zu einem direkten Eingriff ist die sogenannte gerichtete Evolution (Box 8).

Box 8: Gerichtete Evolution: der Natur auf die Sprünge helfen

Bei der Methode der gerichteten Evolution setzt man Mikroorganismen zunächst Bedingungen aus, unter denen viele ihrer Gene mutieren, also sich verändern. Das können zum Beispiel UV-Strahlung oder auch bestimmte Chemikalien sein. Damit simuliert man im Zeitraffer die Entstehung genetischer Vielfalt, die auch in der Natur stattfindet. Anschließend setzt man die entstandene Vielfalt veränderter Mikroorganismen Bedingungen aus, unter denen nur jene überleben können, die ganz bestimmte Mutationen ausgebildet haben. Dieser Schritt simuliert die natürliche Auslese in der Natur. Die Überlebenden vermehrt man dann erneut und schon hat man eine genetisch angepasste neue Population. Setzt man dies in Zyklen fort und verändert die künstlichen Umweltbedingungen der Mikroorganismen Schritt für Schritt immer weiter, kann man ihre Evolution in eine neue Richtung lenken. So können auch ohne direkte Eingriffe ganz neue Eigenschaften und Moleküle entstehen.

Und wie sieht es mit dem Einbringen artfremder Gene aus? »Die zweite prinzipielle Möglichkeit der genetischen Veränderung ist das Einbringen von Genen aus anderen Arten«, erläutert René. »Auch das ist inzwischen eine Standardmethode in der Mikrobiologie, sowohl in der Forschung als auch in der Anwendung. Man nennt das dann heterologe Genexpression – im Gegensatz zur homologen, bei der nur mit den eigenen Genen des Organismus gearbeitet wird.« Als Expression bezeichnet man die Übersetzung des genetischen Codes in Aminosäuren, die wiederum zu Proteinen zusammengebaut werden, zu denen auch die Enzyme zählen.

Es gibt unterschiedliche Wege, Genmaterial in Mikroorganismen einzuschleusen. Bei manchen reicht es, die neuen DNA-Abschnitte in die Flüssigkeit zu geben, in der sich die Mikroorganismen befinden. »Durch einen kurzen elektrischen Impuls macht man die Hüllen der Zellen für einen Moment durchlässig, sodass die fremde DNA aufgenommen wird«, erklärt mir René. Diese Methode nennt man Elektroporation. Bei der fremden DNA könnte es sich zum Beispiel um Gene handeln, die normalerweise in einer Pflanze oder einem Tier vorkommen und dort für die Produktion eines Süßstoffes oder Milchproteins zuständig sind. Richtig in den Stoffwechsel des Mikroorganismus integriert, können die neuen Gene eine Produktion dieser Stoffe ermöglichen, ganz ohne Pflanze oder Tier. Nicht einmal die DNA muss rein physisch noch von diesen Organismen stammen, denn heutzutage ist es möglich, sie künstlich im Labor zu synthetisieren. Im Prinzip gibt man dafür einfach nur noch an einem Computer den gewünschten Code aus den vier Buchstaben des Lebens A, T, G und C ein, und eine mit diesen Daten gefütterte DNA-Synthese-Maschine setzt die chemischen Grundbausteine der DNA entsprechend zusammen. Digitaler Code wird in biologischen Code übersetzt, Biologie wird zur Technologie. Mit dieser und noch weiteren modernen Methoden fällt es Biotechnolog:innen immer leichter, ganze Stoffwechselwege von Mikroorganismen umzubauen oder sogar ganz neue von Grund auf zu gestalten. Im November 2023 gelang es einem internationalen Team aus Forscher:innen, die Hälfte des Genoms eines Hefestammes durch neue Gene zu ersetzen.[68] Dass die Zellen überlebten und sich sogar teilten, gilt als Durchbruch in diesem Bereich, den man synthetische Biologie nennt.

Während bei der Entwicklung neuer Stämme heutzutage also so gut wie immer gentechnische Methoden zum Einsatz kommen – egal, ob mit artfremden Genen oder ohne sie –, ist diese Unterscheidung auf der Produktseite von großem Interesse, ganz besonders bei Lebensmitteln. Denn nur solche Organismen, die artfremde Gene enthalten, gelten als GVOs. Für Lebensmittel, die GVOs enthalten, gelten andere Regeln bei der Zulassung und Vermarktung, und die gesellschaftliche Debatte zieht hier bisher eine rote Linie. Dabei handelt es sich in der biotechnologischen Praxis eher um ein sehr verschwommenes Kontinuum einzelner Methoden, um die Genetik von Organismen in eine erwünschte Richtung zu lenken.

Die dritte Möglichkeit, mit Fermentation unsere Ernährung zu revolutionieren, vereint diese modernen Methoden mit der Vielfalt des Mikrokosmos und dem traditionellen Wissen über Fermentation, um etwas ganz Neues zu ermöglichen: tierische Produkte ohne Tiere.

Mikroorganismen als Produktionsmaschinen: die Präzisionsfermentation

Mit der Fermentation pflanzlicher Lebensmittel und der Produktion mikrobieller Biomasse haben wir bereits zwei prinzipielle Formen der Fermentation kennengelernt, die uns bei unserem Projekt »nachhaltige Ernährung der Zukunft« sehr helfen können. Im ersten Fall werden vegane Produkte aufgewertet, sodass sie nährstoffreicher, bekömmlicher und leckerer sind. So könnte der Konsum pflanzlicher Lebensmittel steigen und der Konsum tierischer Lebensmittel sinken. Im zweiten Fall entsteht ein ganz neuer Grundstoff für Lebensmittel, mit dem man bestehende Produkte imitieren, mischen oder auch ganz neue Lebensmittel erfinden könnte. Bisher traut sich an ein Erfinden ganz neuer Produkte noch niemand so wirklich heran. Stattdessen konzentriert man sich auf die bestmögliche Nachahmung bekannter Zubereitungsformen von Fleisch, Wurst, Milch und Käse. Das gelingt auch immer besser, doch es bleiben im Grunde Imitate, denn das Pflanzenprotein in der Veggiewurst bleibt ein Pflanzenprotein, auch wenn es durch eine Behandlung seine Struktur und durch Zusatzstoffe seinen Geschmack verändert. Und das mikrobielle Protein bleibt eben ein mikrobielles Protein, auch wenn es so zubereitet wird, dass es Lachs, Hackfleisch oder Frischkäse zum Verwechseln ähnlich ist.

Was wäre, wenn man tierische und pflanzliche Produkte nicht nur imitieren, sondern originalgetreu herstellen könnte, ohne dass das entsprechende Tier oder die Pflanze im Produktionsprozess eine Rolle spielt? Was eigentlich unmöglich klingt, lässt die dritte Form der modernen Fermentation Wirklichkeit werden. Sie nutzt Mikroorganismen nicht dazu, andere Lebensmittel zu verändern, oder für den direkten Verzehr, sondern als mikrobielle Zellfabriken. Statt wie beim Einzellerprotein essbare Mikroorganismen zu vermehren und aus ihnen Lebensmittel herzustellen, hat man es bei der Präzisionsfermentation auf eine Ernte von Stoffen abgesehen, die von den Mikroorganismen produziert werden.

Obwohl nicht alle damit glücklich sind, hat sich für diese Art der Fermentation in den letzten Jahren die Bezeichnung Präzisionsfermentation durchgesetzt, welche die US-amerikanische Denkfabrik RethinkX in einem vielbeachteten Bericht aus dem Jahr 2019 etabliert hat. Unglücklich kann man damit sein, weil der Begriff suggeriert, andere Methoden der Fermentation seien nicht oder weniger präzise. Das kann man so jedoch nicht sagen, denn auch Thomas Brück von der Technischen Universität München und sein Team stellen beispielweise mit ihrem Verfahren präzise das erwünschte Hefeöl her. Gemeint ist mit Präzisionsfermentation aber, dass man den Mikroorganismus mittels eines gentechnischen Eingriffs nur ein ganz bestimmtes Molekül herstellen lässt. Also quasi einzelne Grundbausteine von Lebensmitteln. Ein weiterer Grund für Kritik am Begriff Präzisionsfermentation ist, dass er den Einsatz von Gentechnik nicht klar benennt. Denn aus methodischer Sicht handelt es sich um nichts anderes als eine heterologe Expression, also um das Einbringen artfremder DNA in einen Mikroorganismus, um diesen zur Produktion eines bestimmten Stoffes zu verleiten, den er normalerweise nicht produzieren würde. Zum Beispiel produzieren zwar manche Mikroorganismen von Natur aus Zitronensäure, und man kann sie theoretisch auch durch gerichtete Evolution oder homologe Expression (= Veränderung der eigenen Gene) dazu bringen, dies besser zu tun. Doch sowohl die Reinheit des Produktes als auch die Effizienz des Herstellungsprozesses sind dann in der Regel viel geringer, als wenn man den Organismus mit einem direkten genetischen Eingriff dazu bringt, sich doch bitte auf die Herstellung von Zitronensäure zu konzentrieren und alles andere, was er in der Natur sonst so tun würde, auf ein nötiges Minimum zu beschränken. In Summe finde ich, dass Präzisionsfermentation trotz dieser Unzulänglichkeiten ein passender Begriff ist, weil er gut beschreibt, worum es geht, und im Gegensatz zum Begriff »Biomassefermentation« zu keiner Verwechslungsgefahr mit einer der anderen Arten von Fermentation führt. Kurzum: Bei Präzisionsfermentation programmiert man Mikroorganismen so um, dass sie ein ganz bestimmtes Molekül produzieren.

Die erste breite Anwendung von Präzisionsfermentation im Lebensmittelbereich – auch wenn sie damals noch niemand so nannte – war die biotechnologische Produktion des Labenzyms Chymosin, mit dem

Käse hergestellt wird. Traditionell wurde Chymosin aus Kälbermägen gewonnen, was seit einigen Jahrzehnten zum Glück größtenteils der Vergangenheit angehört. Das Enzym hilft den Kälbern bei der Verdauung der Muttermilch, indem es die Milchproteine spaltet, wodurch die Milch verklumpt. Diesen Effekt möchte man auch bei der Herstellung von Käse erreichen, man nennt ihn dort Dicklegung. Chymosin kann seit den 1990er-Jahren statt aus Kälbermägen auch mithilfe von verschiedenen Mikroorganismen hergestellt werden, in die das entsprechende Gen aus dem Genom von Rindern eingebracht wurde. Seit Jahrzehnten wird Präzisionsfermentation seitdem dazu genutzt, Aromen, Farbstoffe und andere Lebensmittelzutaten herzustellen, die die meisten von uns täglich konsumieren. Der Funken, der eine Revolution entzünden könnte, wird also eigentlich nicht durch eine technologische Neuerung verursacht, sondern durch eine Idee: Tiere aus der Gleichung zu nehmen, ohne das Ergebnis zu verändern. Einer neuen Generation von Biotech-Pionier:innen steht mit der Präzisionsfermentation ein Werkzeug zur Verfügung, diese revolutionäre Idee in die Tat umzusetzen und die Bedeutung von »vegan« neu zu denken.

Der erste Fermentationspionier, den ich persönlich kennenlernen durfte, ist Raffael Wohlgensinger. Wir haben uns vor ungefähr vier Jahren zum ersten Mal getroffen, und seine Vision hat mich von Anfang an in ihren Bann gezogen. Käse ohne Kuh – wie kommt man auf eine solche Idee? Kolleg:innen von mir haben Raffael in der YouTube-Reihe »Die Biopioniere« porträtiert, die im Auftrag des deutschen Bundeministeriums für Bildung und Forschung produziert wird. Die Episode trägt den Titel »Der Käsezüchter« und Raffael, mit wuscheligem Haar und buntem Star-Wars-Shirt, erzählt darin von seiner verrückten Idee, Milchprodukte mit Mikroorganismen statt mit Kühen zu produzieren. Aufgewachsen in der Schweiz, gehörte das ein oder andere Wochenende auf der Alm und der Kontakt zu Kühen zu seinem Leben dazu, lässt er uns wissen. Gleichzeitig sei ihm bewusst, dass diese idyllische Art der Tierhaltung nicht repräsentativ dafür sei, wie die allermeisten Nutztiere ihr Leben verbrächten und dass das schiere Ausmaß der Nutztierhaltung so nicht nachhaltig sein könne. »Ich denke, dass den meisten Menschen das heutzutage bewusst ist. Trotzdem sehen wir, dass die Zahl von vegan lebenden Menschen in den letzten Jahren stagniert und der Konsum tierischer Lebensmittel insgesamt nicht sinkt. Das zeigt für mich, dass es bisher einfach noch nicht die richtigen Alternativen gibt. Echter Käse ist einfach zu lecker und der Verzicht zu schwierig.«

Während seines Studiums der Betriebswirtschaft stieß Raffael auf das Thema zelluläre Landwirtschaft, bei dem es damals noch vor allem um Fleisch aus Zellkultur ging (mehr in Box 9). »Warum nicht auch Käse und andere Milchprodukte?«, fragte sich Raffael und wurde mit seiner Idee schon bald darauf von einem sogenannten Company Builder in Berlin gefördert. Das sind Investor:innen, die auf den Aufbau neuer, innovativer Firmen spezialisiert sind. Heute, nur drei Jahre später, hat Raffaels Firma Formo eigene Büros in Berlin, Labore in Frankfurt am Main und inzwischen über hundert Angestellte. Das war möglich, weil Raffael Investor:innen davon überzeugen konnte, dass seine Idee zur richtigen Zeit kommt und das Potenzial hat, unsere Ernährung zu revolutionieren. »Wir werden es Menschen ermöglichen, sich ganz ohne Verzicht nachhaltiger zu ernähren«, erklärt mir Raffael, weiterhin von seiner Vision überzeugt, als wir im Zuge meiner Recherchen für dieses Buch erneut miteinander sprachen. »Das ist gut für die Umwelt und für die Nutztiere, aber auch für die Menschen, weil sie sich endlich so verhalten können, wie sie es eigentlich möchten.«

Heute ist die Formo Bio GmbH eine Vorreiterin in der Anwendung von Präzisionsfermentation für den Ersatz tierischer Produkte. Das Unternehmen nutzt Bakterien, um mit ihnen Milchproteine zu produzieren, aus denen wiederum Käse hergestellt werden kann. Wir werden uns im nächsten Kapitel ansehen, wie das ganz praktisch funktioniert. Inzwischen gibt es auch in anderen Ländern der EU Start-ups, die in eine ähnliche Richtung gehen, wie zum Beispiel Those Vegan Cowboys aus Belgien. Die Gründer:innen und ihre Mitarbeiter:innen tragen auf ihrer Website, die im Wildweststil gestaltet ist, Cowboyhüte, geben sich Spitznamen, die auch aus einem Western stammen könnten und nennen ihre Produktionsstätte eine Ranch. Doch auf dieser Ranch gibt es keine Kühe. Stattdessen präsentieren die veganen Cowboys die fiktive, stählerne Kuh Margaret, die aus vielen Metallplatten und Zahnrädern besteht. Sie soll das Milchprotein produzieren, aus dem der Käse der Zukunft gemacht wird. Und das viel nachhaltiger als ihre lebendigen Verwandten. Das erinnert mich an etwas, das schon Henry Ford gesagt haben soll, nämlich dass eine mechanische Kuh weniger verschwenderisch mit Getreide und Heu umgehen würde[69] als eine aus Fleisch und Blut. Und auch in Österreich bilden sich erste Keimzellen der fermentativen Revolution: Das 2021 in Wien gegründete Start-up Fermify hat sich ebenfalls der Produktion von Casein mit Mikroorganismen statt Kühen verschrieben.

In den USA gibt es Produkte mit Milchprotein aus Präzisionsfermentation der Firma Perfect Day sogar bereits zu kaufen, unter anderem als Zutat in der Eiscreme der Marke Brave Robot. Dafür nutzt das Unternehmen einen gentechnisch veränderten Schlauchpilz namens *Trichoderma reesei*, mit dem es tierfreies Molkeprotein herstellt. Auch die in Tel Aviv, Israel, ansässige Firma Remilk ist dank großzügiger Investitionen den europäischen Mitbewerber:innen einige Schritte voraus. Sie hat die Zellen einer Hefeart entsprechend umfunktioniert. Durch die Vielfalt des Mikrokosmos können unterschiedliche Wege zum selben Ziel führen. Momentan visieren die meisten Firmen hochpreisige Anwendungen für ihr Milchpulver an, wie beispielsweise Käse. Doch das Potenzial geht weit darüber hinaus, denn heutzutage wird Milchpulver in einer sehr breiten Palette von Produkten eingesetzt. Im Jahr 2020 erzeugten allein in Deutschland rund 57000 Betriebe mit 3,9 Millionen Tieren 33,1 Millionen Tonnen Milch. Der Milchertrag pro Kuh liegt inzwischen bei durchschnittlich fast 8500 Kilogramm pro Jahr.[70]

Neben dem Ersatz von Kuhmilch in Lebensmitteln kann die Präzisionsfermentation auch dazu genutzt werden, menschliche Muttermilch originalgetreu zu imitieren. Bei Säuglingen, die nicht gestillt werden können und mit Flasche aufgezogen werden, wird die Muttermilch bisher meist durch spezielle Rezepturen aus Kuhmilch ersetzt. Vor allem jedoch die speziellen Milchzucker, die nur in der menschlichen Muttermilch enthalten sind, fehlen diesen Rezepturen. Wissenschaftliche Untersuchungen sprechen diesen Zuckern besonders positive gesundheitliche Effekte auf die Neugeborenen zu, weshalb man schon lange auf der Suche nach Alternativen war. Man scheiterte aber immer wieder daran, sie chemisch zu synthetisieren. Stefan Jennewein war überzeugt, dass die Biotechnologie das Problem lösen könne. 2005 gründete er die nach ihm benannte Firma Jennewein Biotechnologie GmbH und begann, an einer Lösung für das Problem zu tüfteln. Der Durchbruch gelang nach vielen Jahren Arbeit, indem ein Stamm von *E.-coli*-Bakterien genetisch so verändert wurde, dass er einen der humanen Milchzucker produzierte.[71] In wenigen Jahren baute Jennewein die Produktion aus und produzierte bald viele Tonnen unterschiedlicher menschlicher Milchzucker, die für eine vollwertige Ernährung von Neugeborenen verwendet werden können. Inzwischen wurde die Jennewein Biotechnologie GmbH vom großen dänischen Biotech-Konzern Chr. Hansen übernommen, der bereits mit über 40000 unterschiedlichen Stämmen von Mikroorganismen verschiedenste naturidentische Stoffe für Lebensmittel, Medikamente und Futtermittel produziert.

Noch ein Beispiel für ein Einsatzgebiet von Präzisionsfermentation: Eiweiß aus Hühnereiern, auch Eiklar genannt, ist in sehr vielen Lebensmitteln erhalten, etwa in fast allen süßen Backwaren. Außerdem wird es zur Schönung von Weinen genutzt, um unerwünschte Stoffe herauszufiltern. Überall, wo Mayonnaise drin ist, sind logischerweise auch Eier drin. Wenn ich gedanklich einmal durchgehe, wofür ich auch in der eigenen Küche Eier nutze, habe ich schnell eine beachtliche Liste zusammen. Zum Kuchenbacken, in der Schnitzelpanade, in Kartoffelpuffern, ab und zu als Rühr- und Frühstücksei, in der Quiche von letzter Woche und im Tiramisu von der Woche davor. Hühnereier sind längst zu einem Massenprodukt geworden, und um diese Massen zu produzieren, werden allein in Deutschland knapp 44 Millionen Legehennen gehalten. Mehr als die Hälfte davon in Bodenhaltung.[72] Vorreiter:innen der neuen Fermentation, wie jene beim finnischen Start-up Onego Bio, wollen das ändern, indem sie Präzisionsfermentation einsetzen. Dazu haben sie einen mikrobiellen Pilz so umprogrammiert, dass er naturidentisches Ovalbumin produziert, welches den größten Teil von Eiklar ausmacht. Das US-amerikanische Unternehmen The EVERY Company ist ebenfalls dabei, Eiweiß aus Präzisionsfermentation zu entwickeln.

Und ein weiteres Lebensmittel soll mit Präzisionsfermentation statt mit Tieren hergestellt werden, wenn es nach Start-ups wie dem niederländischen Fooditive geht: Honig. Die Folgen des Klimawandels in Form von länger anhaltenden Dürren und stärkeren Regenfällen machen auch Honigbienen zu schaffen, und es ist gut möglich, dass sich das nicht nur negativ auf ihre Tätigkeit als bestäubende Insekten wichtiger Nutzpflanzen, sondern auch auf die zukünftige Verfügbarkeit von Bienenhonig auswirken wird.[73] In manchen Ländern ist Honig außerdem fast ausschließlich ein Importgut. Hier dürfte besonderes Interesse an solchen Möglichkeiten der Selbstversorgung bestehen. Was Bienenhonig so außergewöhnlich macht, ist die Veränderung der unterschiedlichen Zucker durch Enzyme der Bienen. Diese Enzyme möchte man bei Fooditive mit gentechnisch veränderten Mikroorganismen herstellen, um so den Geschmack von Honig und auch seine antiseptische Wirkung naturgetreu zu kopieren.

Fermentation könnte außerdem nicht nur dort für mehr Nachhaltigkeit sorgen, wo heute Tiere involviert sind, wie wir bereits am Beispiel des Palmölersatzes aus Hefen gesehen haben. Mit Präzisionsfermentation wird sich etwa auch daran versucht, Kaffee zu ersetzen. Abgesehen davon, dass damit Fläche eingespart werden könnte, ist der Anbau von Kaffee von den steigenden Temperaturen in den Anbaugebieten durch den Klimawandel bedroht.[74] Das kalifornische Start-up Compound Foods erforscht, welche chemischen Substanzen für das komplexe Aroma von Kaffee hauptverantwortlich sind, und will diese dann mithilfe von Mikroorganismen produzieren.[75] Dadurch könnten Kaffeealternativen entstehen, die wirklich nach dem Original schmecken.

Das sind nur einige Beispiele dafür, woran Firmen in aller Welt mit Präzisionsfermentation tüfteln, und ständig kommen neue Ideen hinzu. Eine Frage, die Ihnen vielleicht auf der Zunge liegt, ist: Und was ist mit Fleisch? Genau wie Pflanzen besteht Fleisch aus intakten Zellen. Mit Präzisionsfermentation kann man hingegen nur einzelne Zutaten herstellen, zum Beispiel ein Protein, einen Zucker oder ein Fett. Doch sie kann kein Steak hervorbringen und auch keine Gurke. Solche tierischen und pflanzlichen Gewebe müssen, wenn sie ohne Tier oder Pflanze produziert werden sollen, in einer Zellkultur gezüchtet werden. Auch das ist möglich, jedoch in Entwicklung und Produktion viel aufwendiger als Fermentation. Was Präzisionsfermentation aber kann, ist, pflanzliche Alternativen fleischiger zu machen.

Einer der Hauptgründe, warum Burger aus Erbsen und Soja im Geschmack noch nicht ganz an das Original heranreichen, ist Blut. Beim Verbrennen in der Pfanne oder auf dem Grill erzeugt Blut die für Fleisch typischen Geschmacksnoten. Die US-amerikanische Firma Impossible Foods hat einen Stamm Hefe gentechnisch so verändert, dass er Häm produziert, das Molekül, das Blut so blutig schmecken lässt. Nun gibt es Häm-Proteine aber erstaunlicherweise nicht nur in Tieren: Werden die Wurzeln von Sojapflanzen von Knöllchenbakterien infiziert, bildet sich in den Wurzeln ebenfalls ein Häm-Protein, das man Leghämoglobin nennt. Knöllchenbakterien heißen so, weil sie die Pflanzenwurzeln dazu bringen, Knöllchen zu bilden, in denen die Mikroorganismen bequem leben können. Für die Pflanze ist das von Vorteil, weil die Bakterien Stickstoff aus der Luft binden können. Im Austausch gegen Zucker geben sie diesen gebundenen Stickstoff an die Pflanze ab. In dieser Symbiose spielt auch das Leghämoglobin eine Rolle, die uns hier jedoch nicht weiter interessieren soll. Wichtig ist, dass das Leghämoglobin dieselben Eigenschaften aufweist wie sein tierisches Pendant und so als pflanzlicher Blutersatz eingesetzt werden kann. Doch für die Gewinnung aus Pflanzen müsste man sehr viele davon anbauen und ernten, was weder nachhaltig noch wirtschaftlich rentabel wäre. Deshalb hat sich Impossible Foods dazu entschieden, das verantwortliche Gen in einen Mikroorganismus zu übertragen und diesen in Bioreaktoren zu vermehren. Als Zutat in pflanzlichen Burgern sorgt das Häm aus Präzisionsfermentation für einen Geschmack nach echtem Fleisch. Bereits 2016 wurde das erste Produkt, der Impossible Burger, in ausgewählten Restaurants in den USA angeboten, und 2017 hat die Firma ihre erste große Produktionsstätte eröffnet. Im Juni 2023 kam ein Nachfolger auf den Markt, der laut Angaben der Firma noch fleischiger schmecken soll.

In der EU haben die Produkte bisher keine Zulassung für den Verkauf erhalten. Trotzdem hat das Start-up Paleo in Belgien die Idee aufgegriffen und weiterentwickelt. »Warum nur Leghämoglobin aus Soja herstellen?«, haben sich Hermes Sanctorum und sein Team gefragt, denn im Tierreich gibt es ganz unterschiedliche Häm-Proteine, und unter diesen sind vor allem die sogenannten Myoglobine interessant. Das sind Proteine im Blut von Tieren, die dort für den Transport von Sauerstoff verantwortlich sind, aber auch für den typischen Geschmack und Geruch von Fleisch. Paleo stellt mit seinen Mikroorganismen die Myoglobine von Rind, Schwein, Huhn, Lamm und Thunfisch her, um die entsprechenden pflanzlichen Ersatzprodukte mehr wie das Original schmecken zu lassen. Auch Fleisch in Haustierfutter soll in Zukunft, so der Plan von Paleo, mithilfe seiner Häm-Proteine reduziert werden können.

Andere Pionier:innen denken bereits weiter voraus und rechnen mit einem baldigen Erfolg von Fleisch aus Zellkultur. Da bei diesem nur Muskelfasern entstehen, jedoch noch kein realistisches Fleisch, braucht es zusätzlich Fett. Natürlich soll auch dieses nicht aus Tieren gewonnen werden, und deshalb kommt hier erneut die Präzisionsfermentation ins Spiel: Start-ups wie das schwedische Unternehmen Melt & Marble produzieren mit ihren Mikroorganismen tierische Fette, die später einmal Fleisch aus Zellkultur beigemischt werden können. Auch pflanzlichen Fleischimitaten könnten solche Fette zugefügt werden.

Doch warum es bei den wenigen Tierarten belassen, die wir normalerweise essen? Da keine Tiere dafür sterben müssen, könnte man die Proteine, Fette oder anderen Stoffe aus allen möglichen Tierarten mittels Präzisionsfermentation herstellen. Sogar solche von bereits ausgestorbenen Tieren, sofern die entsprechenden DNA-Sequenzen bekannt sind. Dafür muss heutzutage nicht einmal mehr die DNA selbst herhalten. Es reicht der Code, um die DNA im Labor synthetisieren zu können. Auch beim Fleisch aus Zellkultur werden solche Ideen diskutiert: Wenn das betreffende Tier ohnehin nicht in die Produktion involviert ist, warum nicht Ragout vom Jaguar oder Mammutschnitzel herstellen? Wem das zu weit geht: Auch im Pflanzenreich bedienen wir uns für unsere Ernährung bisher nur bei einem winzigen Ausschnitt der natürlichen Vielfalt. Vielleicht gibt es ganz köstliche oder gesunde Inhaltsstoffe in seltenen Pflanzen im Regenwald oder in den österreichischen Alpen, die bisher für die Ernährung nicht infrage kamen, weil sie in zu geringen Mengen oder in seltenen Arten enthalten sind. Mit Mikroorganismen als zellulären Produktionsfabriken können wir uns an dieser Vielfalt beliebig bedienen, ohne sie dabei selbst zu bedrohen. Theoretisch könnte eine solche Weiterentwicklung von Veganismus zum genauen Gegenteil von Verzicht führen und die Palette von Lebensmitteln, die wir konsumieren, enorm erweitern.

Box 9: Fleisch aus Zellkultur

Man zählt die Produktion mikrobieller Biomasse und die Präzisionsfermentation auch zur sogenannten zellulären Landwirtschaft. Zu dieser gehören unterschiedliche Technologien – unter anderem auch Fleisch aus Zellkultur, von dem Sie wahrscheinlich schon einmal gehört haben, vielleicht auch unter der Bezeichnung Laborfleisch. Für dessen Herstellung kommen allerdings keine Mikroorganismen zum Einsatz. Stattdessen werden Säugetier- oder Fischzellen zu Muskelstammzellen umprogrammiert und vermehrt. Anschließend wird versucht, ein echtes Gewebe zu erzeugen. Auch hier wird ein tierisches Lebensmittel angestrebt, für das kein Tier sterben oder genutzt werden muss. Und auch pflanzliche Zellkulturen werden entwickelt, um den Anbau auf Äckern zu ersetzen. Diese Technologien werden im vorliegenden Buch nicht im Detail erörtert, da es sich dabei nicht um Fermentation handelt und das Ganze nichts mit Mikroorganismen zu tun hat. Viele der Chancen und Herausforderungen, um die es später noch gehen wird, gelten jedoch auch für Zellkultur.

Mikroben melken: Mein Besuch in einer Käsebrauerei

Am letzten Wochenende im August versuche ich jedes Jahr, wenn es irgendwie möglich ist, in meine Heimatstadt Frankfurt am Main zu fahren und zur Niederurseler Kerb zu gehen, die von der ansässigen Freiwilligen Feuerwehr mitorganisiert wird. Ich selbst bin dort mit neun Jahren in die Jugendfeuerwehr eingetreten und später dann auch in der Einsatzabteilung gewesen, bis mich zuerst das Studium aus dem Stadtteil und dann die Promotion aus der Stadt verschlagen haben. Heute komme ich zurück, um die alten Freunde wiederzusehen, die für mich wie eine Familie sind. Und auch, um das ein oder andere Gläschen Apfelwein zu trinken, ein Fermentationsprodukt, das sich außerhalb von Hessen aus irgendeinem Grund nie wirklich durgesetzt hat. In diesem Jahr verbinde ich die Reise nach Frankfurt zusätzlich mit dem Besuch eines weiteren Ortes, an dem Fermentation eine zentrale Rolle spielt. Dort wird kein alkoholisches Getränk gebraut, sondern die Grundlage für den Käse der Zukunft. Denn ich wollte mir endlich einmal mit eigenen Augen ansehen, wie die Präzisionsfermentation des Milchproteins genau vonstatten geht. Schnell und freundlich vernetzten mich Victoria Reinsch und Christian Poppe von Formo mit ihrer Kollegin Gulmira Tatarova alias Gigi, die in den Frankfurter Büros Office & Culture Managerin ist, und wir machten einen Termin für besagtes Wochenende aus.

Als ich dann am letzten Freitag im August an der angegebenen Adresse nahe der Hanauer Landstraße ankomme, stehe ich erst einmal vor einem ganz gewöhnlichen Gebäude in einem Gewerbegebiet. Ähnlich wie bei meinem Besuch in der Brauerei Fuerst Wiazcek stehen die unspektakuläre Gegend und das profane Gebäude in starkem Kontrast zu den faszinierenden Vorgängen in seinem Inneren. Gespannt trete ich ein und gehe einige Treppen hinauf. Im ersten Stock angekommen, sehe ich, dass es rechts in die Labore geht. Kurz spiele ich mit dem Gedanken – aber ich kann da natürlich nicht einfach so hineinlaufen. Also wende ich mich nach links, wo es in die Büros geht. Wie es sich für ein Tech-Start-up gehört, finde ich ein einziges großes, offenes Büro vor. Mehrere, durch geschwungene Milchglaswände in unterschiedlichen Färbungen abgetrennte Besprechungsräume befinden sich an den Seiten, in der Mitte stehen Tische mit Monitoren. Außerdem entdecke ich einige moderne Telefonkabinen. In einer von ihnen ist eine Mitarbeiterin, mit Kopfhörern vor einem Laptop stehend, in eine Videokonferenz vertieft.

In einer Ecke gleich neben dem Eingang befindet sich ein Getränkeautomat, und es gibt eine offene Küchenzeile mit einem großen Hochtisch, auf dem eine Holzkiste mit Äpfeln steht. Ich bin etwas zu früh und setze mich auf einen der Barhocker, um diese Umgebung auf mich wirken zu lassen. Durch gelbes Milchglas kann ich in einem der Besprechungsräume eine Gruppe von Leuten beobachten, die gestikulierend miteinander diskutieren. Die Mitarbeiterin aus der Telefonkabine ist mit ihrer Videokonferenz offenbar fertig und winkt mir freundlich zu, während sie, ihren aufgeklappten Laptop in der anderen Hand und die Kopfhörer um den Hals tragend, durch den großen Raum zu ihrem Arbeitsplatz läuft. Geschäftig und kreativ, so kann man die Atmosphäre vielleicht am besten beschreiben, und ziemlich genau so stelle ich mir auch Start-ups im Silicon Valley vor. Als Biologe finde ich es genial, dass es in solchen hippen Firmen inzwischen nicht mehr nur um digitale, sondern auch um biologische Innovationen geht.

Gigi reißt mich aus meinen Gedanken und begrüßt mich freundlich. Da ich, ehrlich gesagt, nicht genau weiß, was eine Office & Culture Managerin macht, bitte ich Gigi, mir das kurz zu erklären. »Meine Hauptaufgaben bestehen darin, das Büro ›am Laufen‹ zu halten«, sagt sie. »Sprich, dafür zu sorgen, dass alle unsere Mitarbeiter:innen mit den Materialien ausgestattet sind, die sie brauchen, und es ihnen an nichts fehlt, um ihre Arbeit gut und für sie angenehm erledigen zu können.« Darüber hinaus ist Gigi die erste Ansprechpartnerin für alle externen Partner:innen, Stakeholder:innen und Besucher:innen – also zum Beispiel für mich. »Aber auch der soziale Zusammenhalt zwischen den Kolleg:innen hat bei uns eine hohe Priorität, deshalb kümmere ich mich um die Planung von Events, um das Sicherstellen eines angenehmen Arbeitsklimas und gebe Anregungen zu Afterwork-Aktivitäten.« Das klingt richtig nett, finde ich.

Wir gehen hinüber ins Labor, wo Igor Lev mich empfängt. Igor ist hier der Senior Fermentation Manager, was in etwa vergleichbar mit einem Braumeister ist, denn er hat eine ganz ähnliche Rolle wie Lukasz, Daniel und Philip. Mit dem Unterschied, dass das Bierbrauen eine jahrhundertealte Methode ist, während das Käsebrauen noch in den Kinderschuhen steckt. Deshalb sind Igor und sein Team noch dabei, den Prozess zu optimieren und in – verglichen mit Brauereien – kleinen Maßstäben zu erproben und zu optimieren. Und deshalb stehe ich hier auch in einem Labor und nicht in einer Halle mit Stahltanks, die bis unter die Decke gehen. Zuerst einmal muss ich mir einen Laborkittel anziehen und mit meiner Unterschrift bestätigen, dass ich eine Reihe von Regeln gelesen und verstanden habe, die in dieser Art von Labor gelten. Es handelt sich um ein Labor der biologischen Sicherheitsstufe 1, kurz S1. Diese Einordnung bekommen Labore nach § 7 des deutschen Gentechnikgesetzes, wenn in ihnen mit gentechnisch modifizierten Organismen gearbeitet wird, dabei jedoch nicht von einem Risiko für die menschliche Gesundheit und die Umwelt auszugehen ist. Sie müssen beantragt, auf eine bestimmte Art eingerichtet und die Arbeit in ihnen muss nach bestimmten Regeln durchgeführt werden. Ansonsten sieht es hier aber aus wie in einem ganz gewöhnlichen Labor, wie ich es auch aus meiner Zeit an der Uni kenne.

Abbildung 4: Brauereien heute und morgen. Auf dem linken Bild sieht man mich zwischen den ZKT (zylindrisch-konische Tanks) einer ganz gewöhnlichen, modernen Brauerei. Auf dem rechten Bild stehe ich neben einem Bioreaktor, in dem Mikroorganismen Milchprotein brauen, aus dem später tierfreier Käse produziert wird. In beiden Anlagen geschieht prinzipiell dasselbe: Mikroorganismen wandeln in Stahltanks pflanzliche Ausgangsstoffe in Lebensmittel um. Sobald sie den Labormaßstab hinter sich gelassen haben, werden die neuen Käsebrauereien heutigen Bierbrauereien zum Verwechseln ähnlich sehen. (Fotos: Martin Reich; linkes Bild: aufgenommen in der Brauerei Fuerst Wiacek, rechtes Bild: aufgenommen in den Laboren der Formo Bio GmbH))

In der Mitte des Raumes stehen hintereinander mehrere Reihen von Laborarbeitsplätzen, die man sich wie Küchenzeilen vorstellen kann. Unten haben sie Schränke mit Schubladen und Türen, auf den Arbeitsflächen stehen allerlei Gerätschaften, Erlenmeyerkolben, aufgereihte Pipetten und so weiter. Alles hauptsächlich in Weiß und Grau gehalten. Und direkt vor uns steht: ein Bioreaktor! Und hier nennt man ihn sogar auch so. Er sieht so ähnlich aus, wie die kleinen Tanks in der BrewDog-Brauerei, nur mit mehr Rohren und Schläuchen dran. Mitten im Raum befindet sich ein weiterer, noch etwas größerer Bioreaktor. »Aber das ist nicht, wo es bei uns anfängt«, beginnt Igor seine Tour und zeigt nach oben. »Dort oben haben wir noch ein Labor, in dem alles damit beginnt, dass Bakterienstämme erzeugt werden, die verschiedene Milchproteine produzieren.« Wir gehen in einen Raum nebenan. »Wenn die da oben«, er zeigt erneut nach oben, und ich sehe unwillkürlich an die Decke, »mit einem neuen Bakterienstamm zufrieden sind, also damit, wie gut er ein Protein produziert, und mit der grundlegenden Qualität des Proteins, dann schicken sie ihn uns hier runter.« Und »hier unten« gibt es dann eine Art Teststrecke für die Bakterienstämme, die nicht etwa Milch zu Käse fermentieren, sondern die Milch für den Käse der Zukunft selbst herstellen sollen.

Ganz kurz etwas dazu, wie Käse normalerweise hergestellt wird, um das besser vergleichen zu können: Die Milch wird dafür mit den schon erwähnten Labenzymen (die heutzutage meist mit Mikroorganismen produziert, statt aus Kälbermägen gewonnen werden) oder Säuren (bei Sauermilchkäse) »dickgelegt«. Dabei trennt sie sich in feste und flüssige Bestandteile auf, weil die Proteine gerinnen (in schlau: denaturieren). Den flüssigen Teil nennt man die Molke, und er besteht hauptsächlich aus Wasser, enthält aber auch einen kleinen Anteil Proteine, die im Wasser gelöst bleiben und Molkeproteine genannt werden. Der allergrößte Teil der Proteine (ca. 80 Prozent) findet sich jedoch in der festen Hälfte, und man nennt dieses Proteingemisch Casein. Es besteht wiederum aus vier verschiedenen Caseinen (nur der Vollständigkeit halber: αS1-, αS2-, β-, κ-Casein) und ist jener Teil der Milch, der für die Herstellung von Käse verwendet wird. Der Proteinanteil in Kuhmilch liegt bei ungefähr 3,5 Prozent, es wird also nur ein kleiner Anteil der gesamten Milch für Käse verwendet. Aus diesem Grund braucht man auch sehr viele Liter Milch für die Produktion von Käse, weshalb dieser relativ teuer ist und einen besonders schlechten ökologischen Fußabdruck hat. Die Käsebrauer bei Formo und ähnlichen Firmen nutzen selbst entwickelte Stämme von Mikroorganismen, um direkt eines der Casein-Proteine zu produzieren. Um das zu erreichen, wird die genetische Information für die Produktion von Casein in das Genom der Bakterien übertragen. Dank moderner Biotechnologie ist dabei gar keine Kuh mehr involviert. Der Code des Gens ist bekannt und die DNA kann im Labor synthetisiert, also aus den chemischen Grundbausteinen zusammengebaut werden. Aber nun zurück zu Igors Teststrecke.

»Zuerst sehen wir uns an, ob der neue Stamm auch unter einer ganzen Reihe von üblichen Produktionsbedingungen gut abliefert. Also bei unterschiedlichen pH-Werten, Konzentrationen von Nährstoffen, Temperaturen und so weiter.« Er zeigt mir eine Platte, etwa so groß wie ein DIN-A5-Blatt, mit 48 Vertiefungen. Darin können die Bakterien unter vielen verschiedenen Bedingungen zeitsparend getestet werden. »Stellt sich heraus, dass sie unter keiner der Bedingungen das tun, was sie sollen, schicken wir sie wieder nach oben.« Wie so oft im Leben ist also der erste Eindruck entscheidend. Ganz schön streng. »Funktionieren sie in diesem ersten Testlauf gut, werden sie in den acht Bedingungen, die sie am meisten mögen, in einem Bioreaktor mit einem Liter Volumen getestet.« Das klingt nach wenig – vor allem im Vergleich zu dem, was ich in den Brauereien gesehen habe –, doch Skalierung, also eine Vergrößerung des Volumens der Bioreaktoren, kann auf das Verhalten der Mikroorganismen große Auswirkungen haben. Häufig, ohne dass man genau sagen kann, warum. Denn selbst, wenn es sich »nur« um Einzeller handelt, bringen auch diese schon mehr als genug biologische Komplexität mit sich. Etwas, das in einem Milliliter super funktioniert, kann in einem Liter schon komplett schieflaufen. Deshalb muss auf dem Weg zur Produktion im großen Maßstab alles Schritt für Schritt getestet werden.

»Wenn im Ein-Liter-Bioreaktor alles gut läuft«, Igor dreht sich um und zeigt auf ein etwas größeres Gefäß, an das ebenfalls Schläuche und Sensoren angeschlossen sind, »geht es einen Schritt weiter, in einen mit drei Litern Volumen. Hier treten dann schon Scherkräfte auf.« Die Resistenz gegen Scherkräfte ist ein sehr wichtiger Faktor bei der Skalierung. Scherkräfte treten auf, weil die Nährlösung, in der die Bakterien schwimmen, verrührt werden muss, damit Nährstoffe und Sauerstoff überall hinkommen und überall im Bioreaktor möglichst ähnliche Bedingungen herrschen. Je größer der Bioreaktor, desto heftiger muss gerührt werden und desto stärker fallen die Scherkräfte aus. Sind sie zu stark, wirken sie sich negativ auf die Mikroorganismen aus oder zerreißen die Zellen sogar. »Klappt die Produktion in drei Litern gut, können wir einen Teil des Ergebnisses bereits ernten und an ein anderes Team geben, das die Eigenschaften des Proteins im Down Stream Processing analysiert.« Damit ist gemeint, dass getestet wird, wie sich das Protein bei der weiteren Verarbeitung verhält. Ob es sich für die Herstellung von Käse also überhaupt eignet. Erst, wenn das klar ist, geht es mit der Teststrecke für die Produktion weiter.

Dieses Vorgehen spart Zeit, weil man mit Bakterienstämmen, die kein brauchbares Protein produzieren, gar nicht erst weitere Versuche durchführen muss. Und Zeit ist im Rennen um die Lebensmittel der Zukunft die vielleicht wertvollste Ressource. Die nächste Station in der Teststrecke ist ein Bioreaktor mit einem Volumen von zehn Litern, in dem weitere wichtige Faktoren für die Skalierbarkeit ins Spiel kommen: Wie viskos, also wie dünn- oder dickflüssig ist das Gemisch? Verteilen sich Futter und Produkte der Mikroorganismen gut im Bioreaktor?

Danach geht es in den »Pilotraum« mit den größeren Bioreaktoren. Die Bakterienstämme, die es bis hierher geschafft haben, gehören wirklich zur Elite. Als mikrobielle Spezialeinheit für die Produktion von Milchproteinen, die normalerweise nur von Kühen produziert werden, müssen sie sich nun in einem Szenario beweisen, das jenem in einer zukünftigen Käsebrauerei schon sehr nahekommt. In den 30- und 100-Liter-Bioreaktoren herrschen noch einmal ganz andere Bedingungen. Die Wände sind aus Stahl, Wärme verteilt sich anders und durch die Höhe herrscht in den unteren Bereichen dank der Schwerkraft ein erhöhter Druck. All das müssen die kleinen Einzeller gut vertragen, während sie umhergewirbelt werden und neben ihrem gewohnten Stoffwechsel das erwünschte Casein produzieren. Dank eines zusätzlichen Gens, von dem sie glauben, dass es ihr eigenes ist.

In modernen Bierbrauereien wird der Würze noch einmal Sauerstoff beigemengt, damit sich die Hefe vermehrt, bevor sie mit der Produktion von Alkohol beginnt. »Auch bei uns sollen sich die Bakterien zunächst bis zu einer bestimmten Menge vermehren«, erklärt mir Igor, »und dann geben wir ihnen ein Signal, um mit der Produktion von Casein zu beginnen.« Dieses Signal kann unterschiedlicher Art sein, auch hier wird experimentiert und optimiert. Konkret kann es sich zum Beispiel um eine Veränderung der Temperatur handeln. Das alles wird mindestens dreimal wiederholt, sogar mit unterschiedlichem Personal. Erst, wenn der Prozess auch mit wechselnden Teams immer wieder gleich gut funktioniert, geht es weiter mit Tests in noch größeren Bioreaktoren von bis zu 500 Litern. Die befinden sich aber nicht hier, sondern werden angemietet.

Zu einem bestimmten Zeitpunkt wird die Flüssigkeit aus dem Bioreaktor geholt und – genau wie bei der Käseherstellung – auf das Protein reduziert, das als weißes Pulver gewonnen wird. So also wird Käse aus echtem Milchprotein, aber ganz ohne Tiere hergestellt. Nach der Führung durch das Labor löchere ich Igor und einen seiner Kollegen noch mit allerlei Fragen. Unter anderem will ich wissen, ob diese Art der Produktion wirklich effizienter ist als die Milchproduktion mit einer Kuh. Genaue Zahlen dürfe er mir nicht nennen, doch er versichert mir, dass die Umwandlung von Futter in Milchprotein mit Bakterien schon allein deshalb viel effizienter sei, weil es sich um Einzeller handle. »Es muss nicht erst ein Embryo von einer Mutterkuh ausgetragen werden, der dann heranwachsen muss, bis er selbst Milch gibt«, sagt er. »Die Bakterien teilen sich alle paar Stunden und beginnen dann fast umgehend mit der Produktion des Proteins. Und jede einzelne Zelle produziert Casein. Nicht wie in der Kuh, wo nur die Zellen in den Milchdrüsen darauf spezialisiert sind.« Das leuchtet ein und ist einer der Hauptgründe für die große Flächenersparnis in der Produktion von Einzellerprotein, zu der wir im nächsten Teil noch etwas genauer kommen werden. Der Umweg über einen komplexen, vielzelligen Organismus bedeutet, dass ein großer Teil der aufgenommenen Ressourcen für etwas anderes genutzt wird als für die Produktion von Milch.

Zum Abschluss macht Igor noch ein Foto von mir im weißen Kittel neben einem der Bioreaktoren. Wer weiß, wann ich das nächste Mal in einer Käsebrauerei bin? Igor hat mir vieles verraten, doch eine Sache hat er mir verheimlicht, und ich habe sie erst später herausgefunden: Vor sechs Jahren hatte er einen ziemlich erfolgreichen YouTube-Kanal, auf dem er erklärt, wie man zu Hause selbst Bier braut. Es sind sich also nicht nur die Prozesse in Bierbrauereien und Käsebrauereien sehr ähnlich, sondern auch die Menschen, die darin arbeiten.

Die drei Arten der Fermentation – eine Übersicht

Wir haben drei prinzipielle Arten kennengelernt, auf die Fermentation unsere Ernährung revolutionieren und nachhaltig machen kann. Mit der Wiederentdeckung und Weiterentwicklung der traditionellen Fermentation können pflanzliche Lebensmittel nahrhafter und schmackhafter gemacht werden, sodass sie tierische Lebensmittel größtenteils ersetzen könnten. Eine pflanzlichere Ernährung braucht viel weniger Fläche und Ressourcen, sodass der Boost von veganen Produkten durch Fermentation einen großen Hebel darstellt. Doch viele Mikroorganismen sind so nahrhaft, dass sie auch selbst zu einer vollwertigen Ernährung beitragen können. Die Produktion von essbaren Pilzen und Bakterien in Bioreaktoren ist ressourcenschonend und kann auf wenig Fläche das ganze Jahr über laufen. Als dritte Option kann Fermentation uns sogar ermöglichen, tierische Lebensmittel zu konsumieren, ohne dass dabei Tiere genutzt oder geschlachtet werden. Durch moderne Biotechnologie kann ein Melken von Mikroorganismen das Melken von Kühen ersetzen und die Zahl der gehaltenen Hühner drastisch reduzieren, ohne dass wir auf Hühnereiweiß verzichten müssten.

Um den Überblick behalten zu können, trägt diese Tabelle die wichtigsten Merkmale der drei Arten von Fermentation im Bereich von Lebensmitteln zusammen.

Art der Fermentation	**Ergebnis**	**Produkte (Beispiele)**	**Schon zu kaufen?**	**Gentechnik involviert?**
Wiederentdeckung der traditionellen Fermentation	Fermentierte Lebensmittel	Sauerkraut, Bier, manche vegane Wurstalternativen	Ja	Nein
Produktion mikrobieller Biomasse (auch: Biomassefermentation)	Essbare mikrobielle Biomasse	Vegane Fleischalternativen aus Pilzprotein, Hefeöl statt Palmöl	Teilweise ja	Eher nein
Präzisionsfermentation (auch: heterologe Expression)	Naturidentische Lebensmittelzutaten	Milchprotein (Casein oder Molkeprotein), Hühnereiweiß, tierische Fette	Nur außerhalb von Europa	Meistens ja

Teil 5:
Eine nachhaltige Zukunft brauen – Wie kann die Revolution aus dem Mikrokosmos die Welt verbessern?

Klimakrise und Artensterben: Warum wir mehr über Landnutzung sprechen müssen

In Debatten über eine nachhaltige Ernährung wurde über den Elefanten im Raum lange Zeit kaum gesprochen: den Flächenbedarf unterschiedlicher Arten von Produktion und Konsum. Der Fokus lag bisher eher auf Wasserverbrauch, der direkten Emission von Klimagasen und dem Einsatz von Dünger und Pflanzenschutzmitteln. Dabei werden diese Aspekte in ihrer Wirkung auf Artenvielfalt und Klima alle von einem weiteren Einflussfaktor übertrumpft: von der Landnutzungsänderung. Dieser etwas sperrige Begriff beschreibt ein eigentlich banales Phänomen. Wenn irgendwo ein Feld oder eine Weide entsteht, wird die Nutzung des Landes geändert. Ob dies negativ für Artenvielfalt, Ökosystemleistungen und Klimabilanz ist, hängt davon ab, was sich vorher auf der Fläche befunden hat. Da die landwirtschaftlich genutzte Fläche weltweit anwächst, war auf den Flächen vorher meist ein Wald, ein Moor, eine Bergwiese, eine Steppe oder ein anderes Stück Natur. Diese verdrängten Ökosysteme beherbergten jeweils eine eigene, an ihre Eigenheiten angepasste Auswahl an Arten, die bei einer Umnutzung zum größten Teil ebenfalls weichen mussten. Wie stark der Artenschwund durch eine solche Umwandlung von Wildnis in Nutzland ausfällt, hängt auch davon ab, wie es genutzt wird. Ein Parkplatz, eine Autobahn oder ein Fabrikgelände führen zu einem Totalverlust, während Felder und Weiden zumindest einem Teil der Arten noch eine Zuflucht bieten können.

»*Dass* wir Land nutzen, hat jedoch eine viel größere Auswirkung auf das Klima und die Artenvielfalt als *wie* wir Land nutzen«, sagt Peter Breunig. Peter lehrt als Professor für Agrarökonomie an der Hochschule Weihenstephan-Triesdorf und brachte das Thema Landnutzung während der letzten Jahre immer wieder auf die Agenda von Debatten über Landwirtschaft. Rund ein Drittel des CO_2-Anstiegs in der Atmosphäre seit Beginn der Industrialisierung gehen laut ihm auf das Konto der Landnutzungsänderung: Wenn Wälder und Savannen gerodet und umgebrochen werden oder Moore entwässert, entstehen enorme Emissionen. »Zum einen geht der im Holz und in der Biomasse gebundene Kohlenstoff früher oder später als CO_2 in die Luft, und zum anderen verliert der Boden an Humus. Das heißt: Der in ihm gebundene Kohlenstoff wird durch Mikroorganismen veratmet und gelangt in die Atmosphäre.« Der Verlust an Kohlenstoff über und unter der Erdoberfläche eines Ökosystems, wenn es in landwirtschaftlich genutzte Fläche umgewandelt wird, ist also größer und schädlicher für das Klima als die Emissionen, die später durch die landwirtschaftliche Nutzung der Fläche entstehen. Zu diesen zählen unter anderem Methanemissionen aus der Tierhaltung, Lachgasemissionen aus der Düngung und CO_2-Emissionen durch die Nutzung fossiler Energieträger in der Bewirtschaftung, also zum Beispiel für den Sprit im Traktor.

Nun ist es aber so, dass in anderen Teilen der Welt noch große, unberührte Ökosysteme in landwirtschaftliche Flächen verwandelt werden, hier bei uns ist dieser Prozess aber schon so gut wie abgeschlossen, und es ist nur noch wenig ursprüngliche Natur vorhanden. Ist damit nicht auch unsere Möglichkeit dahin, das Klima über weniger Landnutzung zu schonen? »Aktuell findet Landnutzungsänderung immer noch im großen Stil statt, insbesondere im globalen Süden«, stimmt Peter zu. »Aber auch bei uns sind enorme Emissionen durch Abholzung und das Trockenlegen von Mooren entstanden, nur ist dies schon viele Jahre oder sogar Jahrhunderte her. Werden diese landwirtschaftlich genutzten Flächen bei uns nicht mehr genutzt, können sie sich aber wieder in oder nahe an den natürlichen Zustand regenerieren.« Flächen, die wir dank Fermentation nicht mehr für den Anbau von Futtermitteln bräuchten, könnten also wieder mehr Kohlenstoff speichern. Indem sich über die Jahre Büsche und irgendwann Bäume etablieren, die dann die großen Mengen an Kohlenstoff, die vor Jahrhunderten verloren gingen, wieder auf der Fläche binden würden. Auch die Wiedervernässung von Feuchtgebieten und Mooren kann viel Kohlenstoff speichern.

»Diese potenzielle Speicherleistung entgeht also immer, wenn wir eine Fläche nutzen, auch wenn die Rodung schon Jahrhunderte her ist.« In der Ökonomie gibt es in diesem Zusammenhang das Konzept der sogenannten Opportunitätskosten: Wird eine knappe Ressource genutzt, entstehen Kosten, weil eine andere Nutzung nicht mehr möglich ist. Ein Beispiel wäre ein Landwirt, der seine eigene Arbeitskraft im Betrieb einsetzt. Für diese Nutzung der eigenen Arbeitskraft stellt ihm niemand eine Rechnung, jedoch könnte er sie jederzeit auch außerhalb der Landwirtschaft einsetzen und Geld verdienen. Diese entgangenen Arbeitslöhne sind dann Opportunitätskosten, die in der landwirtschaftlichen Kostenrechnung mitbetrachtet werden müssen. Werden sie nicht berücksichtigt, wird die knappe Ressource Arbeit ineffizient genutzt, und es besteht die Gefahr einer Übernutzung. Das bedeutet konkret, dass sich unser Landwirt für besonders arbeitsintensive Anbauverfahren entscheiden würde, weil die eigene Arbeit ja nichts kostet. Rechnet er seiner eigenen Arbeitskraft jedoch einen Wert in Form von Opportunitätskosten zu, würde er sie automatisch effizient nutzen. »Analog zur Arbeitskraft entgeht bei jeder Nutzung einer Fläche die Möglichkeit, diese für die Speicherung von Kohlenstoff durch die natürliche Vegetation zu nutzen«, überträgt Peter sein Beispiel auf unsere Frage. Werden Kohlenstoff-Opportunitätskosten nicht berücksichtigt, kommt es zu einer aus Sicht des Klimaschutzes ineffizienten Nutzung von Fläche. Anbausysteme und Agrarprodukte mit einem hohem Flächenbedarf erscheinen dann harmloser, als sie tatsächlich sind. Solche Fehleinschätzungen sind in vielen Diskussionen zu Landnutzung und Klimaschutz leider immer noch weit verbreitet.

Kurz gefasst, bedeutet das also, dass man den Einfluss einer genutzten Fläche auf das Klima auch immer damit vergleichen muss, was sonst noch auf der Fläche passieren könnte. Diese wichtige Betrachtung fließt laut Peter noch immer nicht ausreichend ein, wenn es um die Frage geht, wie man eine Fläche am sinnvollsten und nachhaltigsten nutzt. Erst seit 2018 gibt es mehr und mehr Studien, die Kohlenstoff-Opportunitätskosten mitbetrachten und somit ehrlich mit der Klimawirkung von Landnutzung umgehen. »Alle diese Studien zeigen deutlich«, so Peter, »dass wir Agrar- und Ernährungssysteme brauchen, die möglichst wenig Fläche benötigen.« Dies gilt sowohl für die Seite der Erzeugung als auch für jene des Konsums: Weniger Fläche in der Erzeugung bedeutet mehr Produktion von Lebensmitteln pro Flächeneinheit. Weniger Fläche im Konsum bedeutet einen geringeren Flächenbedarf, um eine gesunde Ernährung und Bedarfe an anderen Rohstoffen sicherzustellen – indem wir Dinge essen und erneuerbare Energien nutzen, die einfach nicht so viel Fläche benötigen.

Das bringt uns zu den zwei grundlegenden Hebeln, mit denen wir den Flächenbedarf unserer Ernährung senken können. Der Erste ist eine weitere Steigerung der Produktivität durch eine Intensivierung von Ackerbau und Tierhaltung. Mehr pro Fläche zu produzieren, reduziert den Flächenverbrauch pro Lebensmittel und kommt der planetaren Grenze Landnutzungsänderung direkt zugute. Es können bei diesem Vorgehen jedoch auch Zielkonflikte mit anderen planetaren Grenzen auftreten. Beim Anbau von Pflanzen kann man für eine maximale Ernte sorgen, indem man sie bestmöglich mit Dünger und Pflanzenschutzmitteln versorgt. Da man die Ausbringung von beidem aber nie hundertprozentig präzise auf den schwankenden Bedarf der Pflanzen abstimmen kann, gelangt ein Überschuss in die Umwelt, wo eine Überdüngung und Kontamination mit Pflanzenschutzmitteln zu ökologischen Problemen führt. Eine Intensivierung der Tierhaltung geht in der Regel ebenfalls mit negativen ökologischen Auswirkungen und mehr Emissionen einher, und zusätzlich spielen Fragen von Tierwohl beziehungsweise Tierleid eine Rolle. Fortschritte in der Pflanzenzüchtung, Digitalisierung und Automatisierung könnten ein wichtiger Teil der Lösung sein, denn sie wirken dem Dilemma zwischen Ertrag und Ökologie entgegen, indem sie für eine »nachhaltige Intensivierung« sorgen. Durch eine verbesserte Aufnahme und ein effizienteres Haushalten mit Nährstoffen können neue Pflanzensorten die Ernten steigern und gleichzeitig den Einsatz von Dünger reduzieren.[76] Ein stärkeres Immunsystem kann sie widerstandsfähiger gegenüber Schädlingen und dadurch Pflanzenschutzmittel überflüssig machen oder zumindest deren Einsatz verringern. Künstliche Intelligenz wird bereits heute in der Praxis verwendet, um Unkräuter automatisiert von Kulturpflanzen zu unterscheiden und nur dort Bekämpfungsmittel auszubringen, wo auch wirklich ein Unkraut steht. Das kann den Bedarf an Pflanzenschutzmitteln drastisch reduzieren, ohne die Erträge in Mitleidenschaft zu ziehen. Darüber hinaus besteht noch einiges an Potenzial, um die Effizienz der Futterumwandlung in der Tierhaltung zu erhöhen: Wenn aus weniger und anderen Futtermitteln mehr tierische Produkte entstehen, führt dies zu Flächeneinsparungen.

Doch kann der Hebel einer höheren Produktivität genug in Bewegung setzen, um ausreichend Fläche einzusparen und die Natur vor unserem Hunger zu retten? Ich habe mich mit dieser Frage noch einmal an den Agrarökonom Matin Qaim gewandt. »In Gegenden, in denen das größte Bevölkerungswachstum und deshalb auch der höchste Anstieg hungriger Menschen zu erwarten ist wie etwa in Afrika, könnte man noch sehr viel erreichen, indem man die landwirtschaftliche Produktivität durch bessere Technologie steigert. Im Vergleich zu industrialisierten Ländern sind dort die Erträge pro Fläche noch sehr gering, und ein schlechter Zugang zu Innovation, Betriebsmitteln und an die klimatischen Verhältnisse angepassten Sorten sind dafür Hauptursachen.« Also ja, dieser Hebel kann erhebliche Verbesserungen bewirken und ein wichtiger Teil der Lösung sein. Und es ist nicht wahr, dass wir es bei den Ursachen für Hunger in der Welt nur mit einem Verteilungsproblem zu tun hätten, wie manche behaupten. Matin Qaim: »Gleichzeitig muss man aber sagen, dass eine Steigerung der Produktion allein nicht ausreichen wird. Um angesichts des Klimawandels und der Belastung der Ökosysteme noch rechtzeitig umsteuern zu können, muss sich auch der Konsum ändern.« Das ist der zweite Hebel: Wir können den Druck auf die Flächen mindern, indem wir anders konsumieren. »Besonders die sehr fleischlastige Diät von Menschen in Europa und Nordamerika braucht einfach sehr viel Fläche. Also ja, eine Ernährung, die einen stärkeren Fokus auf pflanzliche Lebensmittel oder zukünftig auch auf Lebensmittel aus Bioreaktoren hat, stellt einen wichtigen Hebel für ein nachhaltigeres Ernährungssystem dar.«

Box 10: Und was ist mit Bio?

Die große Rolle, die der Landnutzungsänderung beim Klima- und Naturschutz zukommt, ist der Grund, warum ökologischer Landbau in seiner heutigen Form die Ernährung der Welt nicht nachhaltig sicherstellen könnte. Denn er hat zwar in der Fläche einen positiven Einfluss auf die Artenvielfalt, bezahlt dafür jedoch – aufgrund des Verzichts auf eine Reihe von Innovationen – mit geringeren Erträgen. Für dieselbe Menge an Lebensmitteln benötigt er also *noch* mehr Fläche. Angesichts der Auswirkungen von Landnutzung auf Klima und Artenvielfalt dürfte deshalb klar sein, dass eine Umstellung großer Teile der Landwirtschaft auf Bio keine Option ist. Auch der Biopionier Urs Niggli stellt dies in seinem Buch »Alle satt?« fest.[77] Darin erklärt er auch, welche Stärken der Ökolandbau hat und wie er durch eine Öffnung für Innovation, wie zum Beispiel moderne Pflanzenzüchtung, zu einer wirklich zukunftsfähigen Alternative werden könnte.

Talkin' 'bout a Revolution: Das Potenzial von Fermentation ganz konkret

Wie könnte sich die Revolution aus dem Mikrokosmos auf diese Problematik auswirken? Die Einsparung von Fläche, die wir durch eine Reduktion unseres Fleischkonsums erreichen könnten, ist enorm. Wenn wir bis 2050 die Hälfte der tierischen Produkte, die wir heute konsumieren, durch pflanzliche Alternativen ersetzen, können wir die Umwandlung natürlicher Habitate in landwirtschaftliche Flächen fast komplett stoppen.[78] Der Ausstoß von Klimagasen durch Landwirtschaft und Landnutzung würde um etwa 30 Prozent im Vergleich zu 2020 sinken. Würden wir alle zu einer pflanzlichen Ernährung wechseln, könnten wir mit bis zu 75 Prozent weniger Fläche für unsere Nahrungsmittelproduktion auskommen.[79] Jede Menge neuer Platz für Natur. Doch es geht nicht darum, vegan zu leben, die Zahlen zeigen nur den unglaublich großen Spielraum, den wir haben und was wir mit einer deutlichen Reduktion des Fleischkonsums erreichen könnten. Durch eine Verbesserung von pflanzlichen Lebensmitteln kann Fermentation zu dieser Entwicklung beitragen.

Die größere Flächeneffizienz pflanzlicher Lebensmittel kommt dadurch zustande, dass tierische Produkte einerseits viel Fläche benötigen, andererseits aber nur einen relativ kleinen Teil der Kalorien und Proteine zur Verfügung stellen, die weltweit konsumiert werden. Eine Produktion pflanzlicher Lebensmittel ist im Vergleich viel effizienter, deshalb wird Fläche eingespart, wenn sie einen Teil der tierischen Produkte ersetzt. Dasselbe gilt auch für einen Ersatz durch mikrobielle Lebensmittel: Bis 2050 kann die Ausdehnung von Weideland für Rinder komplett gestoppt werden, wenn weltweit nur 20 Prozent des Konsums von Rindfleisch durch mikrobielles Protein ersetzt werden würden. Sowohl die Entwaldung als auch die damit verbundenen Emissionen von CO_2 würden um knapp die Hälfte reduziert.[80] Der Wissenschaftler Tomas Linder schätzt, dass eine Umstellung der gesamten Produktion von Soja in den USA auf Einzellerprotein aus Bioreaktoren die nötige Fläche theoretisch auf ein Tausendstel reduzieren könnte (die Fläche für die nötige Energie ist hier allerdings nicht miteinberechnet). Thomas Brück wiederum hat für sein Hefeöl ausgerechnet, dass es die für den Anbau von Ölpalmen nötige Fläche gar um den Faktor 80 000 unterbieten könnte. Und dabei wären – durch den mit tierischen Produkten absolut vergleichbaren Nährwert von essbaren Mikroorganismen – keinerlei Einbußen hinsichtlich einer vollwertigen Ernährung zu erwarten.

Die viel größere Flächeneffizienz der Produktion in Bioreaktoren wird vor allem durch zwei Faktoren verursacht: Erstens betreiben die verwendeten Pilze und Bakterien keine Photosynthese und können auch im Dunkeln wachsen, weshalb man sie nicht auf eine große Fläche ausbreiten muss, damit sie möglichst viel Licht erhalten. Im Gegensatz zu Pflanzen, die man unter freiem Himmel im Prinzip nur zweidimensional in der Fläche anbauen kann, kann eine mikrobielle Produktion dreidimensional stattfinden. Deshalb spricht man bei der Skalierung von Landwirtschaft auch in Flächenmaßen wie Hektar, während man bei Bioreaktoren Volumenmaße wie Liter oder Kubikmeter verwendet. Der zweite große Vorteil ist die Einzelligkeit von Mikroorganismen. Es muss nicht erst eine vollständige Pflanze oder ein ausgewachsenes Tier heranwachsen, bevor die eigentliche Produktion, zum Beispiel von Milch, beginnen kann. Und bei mikrobieller Biomasse wird nicht nur ein kleiner Teil der gewachsenen Biomasse gegessen, wie die Samen bei Pflanzen oder das Fleisch bei Tieren, sondern der ganze Organismus, weil ja alle Zellen gleich sind. Die Umwandlung von Futter in essbare Biomasse ist deshalb viel effizienter, denn es treten weniger Verluste auf. Beide Vorteile kombiniert, ermöglichen es, Tag und Nacht und während aller Jahreszeiten dreidimensional Lebensmittel zu produzieren – viel effizienter und auf viel weniger Fläche.

Bei Präzisionsfermentation sind die potenziellen Vorteile weniger offensichtlich, da sie von weiteren Faktoren abhängen. Wie bei Tieren wird bei diesem Ansatz nicht der ganze Mikroorganismus verwendet, sondern nur ein Teil von dem, was er produziert (»Mikrobenmelken«). Es geht deshalb nicht nur darum, dass sich der Mikroorganismus möglichst schnell vermehrt, sondern auch darum, dass er das gewünschte Produkt auf effiziente Art und Weise herstellt. Trotzdem sind auch hier die potenziellen Einsparungen groß. Eine detaillierte Analyse des Produktionsprozesses von Ovalbumin (Hühnereiweiß) mit Präzisionsfermentation hat ergeben, dass er im Vergleich zu einer konventionellen Produktion mit Hühnern voraussichtlich weniger Ressourcen braucht und weniger negative Auswirkungen auf Klima, Umwelt und Wasserverbrauch hat. Obwohl die moderne Geflügelindustrie schon sehr effizient ist, könnte eine Produktion im Bioreaktor den Flächenverbrauch um ganze 90 Prozent und den Ausstoß von Klimagasen um 30 bis 50 Prozent reduzieren.[81] Wie groß die Unterschiede sein werden, hängt laut der erwähnten Studie vor allem von den verfügbaren Quellen für Energie und Zucker ab. Regenerative Energien und Reststoffströme als Zuckerquelle können die Unterschiede zur tierischen Produktion vergrößern. Im nächsten Kapitel geht es um Nutzung von Reststoffen als Futter für Mikroorganismen in Bioreaktoren. Doch selbst, wenn reiner Zucker genutzt wird und dafür entsprechende Nutzpflanzen wie etwa Mais angebaut werden, kann das die Flächennutzung im Vergleich zur Tierhaltung extrem reduzieren. Ein Beispiel aus der echten Welt, bei dem dieses Potenzial schon ganz real und anschaulich demonstriert wird, ist die Produktion des Zuckerersatzes Steviosid mithilfe von gentechnisch modifizierten Hefen. Steviosid ist ein süßer Extrakt, der aus der Pflanze *Stevia rebaudiana* gewonnen wird, mehr als 400-mal süßer als Zucker schmecken kann, aber gleichzeitig so gut wie keine Kalorien enthält. Um tausend Tonnen des Süßstoffes durch den Anbau der Pflanze Stevia zu gewinnen, sind Felder in einer Größe von etwa 170 Hektar notwendig. Lässt man den Job von Hefen erledigen, denen man die entsprechenden Gene eingebaut hat, benötigt man nach Schätzungen hingegen nicht einmal mehr acht Hektar.[82] Ein enormes Einsparpotenzial also.

Ein großer Vorteil von mikrobieller Produktion in Sachen Klima ist neben der größeren Flächeneffizienz die räumliche Trennung von der Umwelt. Während Landwirtschaft und auch viele Formen der Tierhaltung in direktem Kontakt mit der Umwelt stehen und ihre Emissionen ungehindert in sie entlassen, sind Bioreaktoren ein abgeschlossener Raum, bei dem alle Zu- und Abflüsse kontrolliert werden können. So können Nährstoffe viel zielgerichteter eingesetzt werden, nur genau so viel davon, wie für die optimale Produktion nötig ist. Was nicht verbraucht wird, kann, im Kreislauf geführt, wiederverwendet werden. Auf einem Feld oder einer Weide fließen überflüssige Nährstoffe, die von den Pflanzen nicht gebraucht werden, mit dem Regen ins Grundwasser und in anliegende Gewässer und reichern sich in Ökosystemen an, was dort die Artenvielfalt bedroht. Auch Gase entweichen vom Feld und der Weide direkt in die Atmosphäre. Bei Fermentationsprozessen können diese Stoffe aufgefangen werden, falls sie überhaupt entstehen. Ein großer Beitrag zum Klimawandel aus der Tierhaltung ist das durch Wiederkäuer ausgestoßene Methan, das zwar kürzer in der Atmosphäre verbleibt als CO_2, jedoch eine um ein Vielfaches stärkere Wirkung auf das Klima hat. Mehr Bioreaktoren statt Rinder bedeuten also auch weniger klimaschädliches Methan.

Alle drei Formen der Fermentation kommen außerdem ganz ohne Nutztiere aus, deren Zahl infolge einer Ausweitung dieser Produktionsformen reduziert werden könnte. Ob das für die verbleibenden Tiere eine artgerechtere Haltung bedeuten würde, dazu kommen wir in einem Kapitel des letzten Teils.

Negative Effekte von bestehenden, auf Tieren basierenden Produktionssystemen auf die Einhaltung der planetaren Grenzen Klimawandel, Integrität der Biosphäre, Landnutzung und Stoffkreisläufe (v.a. ein Eintrag von Stickstoff in die Umwelt) können durch Fermentation drastisch verringert werden. Auch ein Wirtschaften innerhalb der planetaren Grenzen Süßwasser und Versauerung der Ozeane (verursacht durch erhöhte Konzentrationen von CO_2 in der Atmosphäre) würde wahrscheinlich leichter werden. Wir haben die Potenziale der drei Formen von Fermentation beleuchtet, jede einzeln für sich. Es hält uns jedoch nichts davon ab, sie alle zu kombinieren. Mehr fermentierte pflanzliche Lebensmittel, mehr mikrobielle Fleischalternativen und dazu noch tierische Proteine und Fette aus Präzisionsfermentation. Das alles sollte es uns ermöglichen, unseren Konsum tierischer Produkte – ohne jedes Gefühl von Verzicht – zu reduzieren und dadurch einen sehr wichtigen Beitrag dazu zu leisten, dass die Menschheit sich wieder innerhalb der planetaren Belastungsgrenzen bewegt.

Nichts geht mehr verloren: Fermentation als Schlüssel zur Kreislaufwirtschaft

Die Hoffnung, dass ich aus dem Schwärmen über Mikroorganismen noch einmal herauskomme, haben Sie wahrscheinlich bereits aufgegeben. Zurecht, denn damit ist auch noch nicht Schluss: Ein weiterer großer Vorteil der Vielfalt von Mikroorganismen ist nämlich, dass man für nahezu jeden Job eine Art findet, die ihn ausführen kann.

Das hilft vor allem dabei, unterschiedlichste Rohstoffe als Futter nutzbar zu machen, zum Beispiel unterschiedliche Arten von Zucker oder auch komplexere Kohlenhydrate wie Cellulose. In den 1960er-Jahren entwickelte British Petroleum sogar einen Weg, Hefezellen mit Paraffin aus Erdöl zu füttern. Das ist weniger verrückt, als es im ersten Moment klingt, denn fossiles Erdöl besteht aus den Kohlenwasserstoffen der Pflanzen, aus denen es vor Millionen von Jahren entstanden ist. Durch eine solche Fermentation von Paraffin sei es möglich, so damals die Idee, eine Proteinversorgung von Nutztieren oder theoretisch sogar von Menschen unabhängig von Ackerbau zu ermöglichen. In Krisenzeiten, in denen die Landwirtschaft leidet oder Importe unmöglich werden, könnte man allein aus Erdölreserven Nahrung herstellen. Unter anderem die Sowjetunion wendete diese Art der Produktion während des Kalten Krieges an. Dieses – zugegeben – etwas abschreckende Extrembeispiel zeigt, was man alles an Mikroorganismen verfüttern kann.

Heutzutage liegt der Fokus darauf, eine Abhängigkeit von fossilen Rohstoffen möglichst zu verringern oder ganz zu vermeiden und Kreisläufe zu schließen. Denn dadurch können gleichzeitig Emissionen verringert und Rohstoffe eingespart werden. Für neue Ansätze der Fermentation bedeutet das, dass sie möglichst darauf setzen sollten, Reststoffe als Futter für ihre Mikroorganismen zu nutzen. Reiner Zucker enthält am meisten Energie und ist für die Mikroorganismen einfach zu verdauen, doch für seine Gewinnung müssen erst wieder Pflanzen angebaut werden. Zwar kann auch das im Vergleich zum Anbau von Futtermitteln für Nutztiere sehr viel Fläche einsparen, wie wir gesehen haben, aber es geht noch besser. Deshalb tüfteln und forschen viele Pionier:innen der Fermentation bereits in der Frühphase ihrer Innovationen daran, wie vorhandene Reststoffe aus der Landwirtschaft und Industrie genutzt werden könnten. Diese sind zwar in der Regel weniger energiedicht (enthalten also weniger Kalorien pro Kilogramm), benötigen dafür aber keine zusätzliche Anbaufläche.

Die Bandbreite von organischen Stoffen, die als Futter für Mikroorganismen dienen können, ist enorm. Es kann sich zum Beispiel um Stroh, Getreidespelzen, Schrot und andere Nebenprodukte aus der

Landwirtschaft handeln, oder auch um die Reste aus Zuckerfabriken, Brauereien oder der Wein- und Saftproduktion. Der Biertreber aus der Brauerei von Lukasz und Georg könnte zum Beispiel statt als Tierfutter auch als Futter für Mikroorganismen dienen. Thomas Brück und sein Team nutzen für die Produktion ihrer Mikrobenöle bereits Reststoffe als Futter für die Hefen. »Wir haben einen komplett zirkulären Prozess patentiert, der sowohl ohne viel Energie und toxische organische Lösemittel auskommt als auch alle Seitenströme wiederverwendet«, erklärt mir Thomas Brück. »Das bedeutet, dass die vom Öl getrennten Reste der Hefezellen wieder als Quelle für Nährstoffe in den Produktionsprozess zurückgeführt werden. Reststoffe, wie zum Beispiel Altbrot aus Bäckereien, das sonst im Tiertrog oder im Abfall landen würde, dienen als zusätzliches Futter. Dadurch müssen gar keine Pflanzen angebaut werden, was für die hohe Flächeneffizienz des Öls sorgt.«

Die Palette von Reststoffen, die als Futter für Mikroorganismen in Bioreaktoren dienen können, ist groß. Hier noch einige weitere Beispiele:

- Bei der Herstellung des Mykoproteins Quorn wurde bereits erfolgreich mit enzymatisch aufbereitetem Reisstroh als Futter experimentiert.[83] Dieser Reststoff könnte perspektivisch Zucker als Futter der Wahl ergänzen.
- In südlichen Breitengraden können zum Beispiel die zuckerreichen Reste der Dattelproduktion oder die Reste der Kaffeekirsche interessante Rohstoffe sein.
- Lebensmittelreste wie die Schalen von Gemüse und Obst können ebenfalls als Substrat für Einzellerprotein dienen, das dann als nahrhafte Zutat für die Ernährung genutzt werden könnte.[84] Womöglich ist eine solche Produktion sogar irgendwann einmal in Privathaushalten möglich.
- Das finnische Unternehmen eniferBio hat das sogenannte Pekilo-Verfahren wiederbelebt, bei dem aus Holz gewonnene Kohlenhydrate als Ausgangsmaterial für die Kultivierung des Pilzes *Paecilomyces variotii* verwendet werden, der sowohl als Lebens- als auch als Futtermittel eingesetzt werden kann.[85]

- Beim Start-up Hyfé aus Chicago hat man erkannt, dass eine weitere Quelle für Zucker bisher kaum beachtet wurde: das zuckerhaltige Abwasser von Brauereien, Kornmühlen und anderen Produktionsstätten. Deren Betreiber:innen müssen für die Aufbereitung unzähliger Tonnen dieses Abwassers jedes Jahr viel Geld bezahlen. Gleichzeitig hält es Michelle Ruiz, eine der Gründer:innen von Hyfé, für wahrscheinlich, dass die Nachfrage nach reinem Zucker in den nächsten Jahrzehnten stark ansteigen wird. Seine Gewinnung aus Abwässern ist deshalb eine vielversprechende Strategie, denn dadurch würden Kosten gespart, Kreisläufe geschlossen und Zucker gewonnen werden, der für die Produktion in Bioreaktoren genutzt werden kann.

Diese Beispiele zeigen, wie Mikroorganismen auch unsere Wirtschaft revolutionieren können, indem sie verschiedenste Abfälle als Ressourcen nutzen und wieder in Lebensmittel und andere Dinge verwandeln. Eine echte Kreislaufwirtschaft.

Eine Portion Realismus bezüglich der zukünftigen Nutzung von Reststoffen kommt von Tomas Linder. Allein darauf zu hoffen, dass als Futter für die Mikroorganismen Reststoffe genutzt würden, ließe laut Tomas ökonomische Effekte auf der Anbauseite außer Acht. »Es ist für die Effizienz dieser Fermentationsprozesse einfach von zu großer Wichtigkeit, wie rein und energiedicht das Futter der Mikroorganismen ist. Zudem sind Reststoffe in ihrer Verfügbarkeit und Qualität häufig unzuverlässig, und ich halte es für sehr fraglich, ob bei der angestrebten Skalierung von Fermentation überhaupt ausreichend davon vorhanden sind.« Aus dem Bereich der Bioökonomie, mit dem ich mich seit sieben Jahren beschäftige, sind mir diese Sorgen bekannt. Betrachtet man nur einzelne Bereiche wie zum Beispiel Bioenergie, Bauen mit biologischen Rohstoffen oder eben die Produktion von Lebensmitteln, wird überall von reichlich vorhandenen Reststoffen gesprochen, die man nutzbar machen könnte. Doch es fehlt eine analytische Vogelperspektive auf all diese Bereiche, die einen Blick darauf wirft, ob wirklich ausreichend Reststoffe für *alle* Ansätze da sind. »In der Folge werden viele Firmen dazu tendieren, auf verlässliche und qualitativ hochwertige Zuckerquellen in Form von Mais und Co zurückzugreifen«, glaubt Tomas.

Es gibt einige Hürden für einen effizienten Einsatz vielfältiger Reststoffe in Bioreaktoren, und ihre Verfügbarkeit ist insgesamt begrenzt. Eine komplette Versorgung nur mit Reststoffen ist deshalb unwahrscheinlich, sie wird jedoch einen wichtigen Beitrag leisten können. Viele der neuen Fermentationsansätze werden von Beginn an als möglichst geschlossene Systeme geplant[86], und viele haben eine Umwandlung von Resten aus Landwirtschaft und Lebensmittelindustrie in nahrhafte Lebensmittel bereits im Blick. Politische Rahmenbedingungen sollten auf eine bevorzugte Nutzung von Reststoffen hinwirken, und es sollte noch besser erforscht werden, wie deren Nutzbarmachung gelingen kann. So könnten Mikroorganismen die unsichtbaren Zahnräder einer nachhaltigen Kreislaufwirtschaft werden.

Exkurs: »Wir können halt kein Gras essen« … oder doch?

Im Spätsommer 2023 fuhr ich von Berlin aus in nordwestlicher Richtung in die Prignitz, den Landkreis mit der geringsten Bevölkerungsdichte in ganz Deutschland. Dort, im UNESCO-Biosphärenreservat Flusslandschaft Elbe-Brandenburg, fand ein Dialogforum zum Thema Landnutzung statt, das ich mitorganisiert hatte und bei dem ich auch etwas über Bioreaktoren erzählen sollte. Teil des Veranstaltungsformats war eine Exkursion durch das Biosphärenreservat, in dem man auch die großangelegte Deichrückverlegung bewundern konnte, mit der das Feuchtgebiet der Elbtalauen wieder näher an seinen ursprünglichen Zustand herangebracht wird. Mit einem Bollerwagen voller Getränke zogen die etwa 30 Teilnehmer:innen durch die Landschaft. Es war eine bunt gemischte Gruppe von Frauen und Männern aus Landwirtschaft, Jagd, Fischerei, Forschung und Naturschutz. Immer wieder hielten wir an, um uns kurze Vorträge zu Formen der Landnutzung anzuhören. Ein Jäger erzählte, dass die Jagd für ihn eine bedeutsame Maßnahme für den Erhalt der Kulturlandschaft und es wichtig sei, dass Menschen mehr Wildfleisch essen, damit sich Jagd lohnt. Ein lokaler Fischer berichtete, wie sein Berufsstand mit den Folgen der Klimaerwärmung zu kämpfen hat und dass er sich neue Trends im Konsum erhofft, um an die veränderten Bedingungen angepasste Fischarten vermarkten zu können. Ein Vertreter des biozyklisch-veganen Landbaus plädierte für eine Landwirtschaft ohne Nutztiere und zeigte auf, wie das möglich sei. Und auch die Bedeutung der extensiven Weidehaltung für den Erhalt offener Kulturlandschaften mit einer großen Artenvielfalt wurde hervorgehoben. Ergänzt durch den Beitrag eines Forschers zu Aquaponik (einem System, in dem Gemüseanbau und Fischzucht in einem Kreislauf kombiniert werden) und einem kurzen Exkurs von mir zu den möglichen Vorteilen von Fermentation in Bioreaktoren, kam da eine sehr spannende Mischung zusammen.

Als eine der letzten Vortragenden beschrieb eine Vertreterin des Biosphärenreservates die Herausforderungen, vor denen der örtliche Naturschutz steht. Dabei wurde ein Argument für Tierhaltung ins Feld geführt, das man sehr oft zu hören bekommt. Es ging in etwa so: »Ich frage Menschen, die sich vegan ernähren, dann immer gerne: Wer soll denn das ganze Gras essen?« Sie machte eine ausholende Geste um sich herum. »Doch sicher nicht wir Menschen?« Das mag spontan einleuchtend klingen. Rinder werten das Protein im Gras, das wir nicht verdauen und aufnehmen können, zu für uns nahrhaftem Protein in Form von Milch und Fleisch auf. Nur so, meinte sie, wäre das Gras für uns auch wirklich etwas wert. Doch da könnte sie sich irren. Natürlich können wir das Gras nicht direkt verdauen, denn wir haben ja keine eigene Cellulase (das Enzym, mit dem man Gras verdauen kann). Aber die haben die Rinder auch nicht, wie wir gelernt haben. Sie nutzen dafür Mikroben, die sie in ihrem Pansen halten, und verdauen dann die Mikroben und nicht das Gras selbst. Was ein Rind in seinem Pansen kann, das können Menschen in Bioreaktoren inzwischen auch. Und zwar mit einer viel größeren Ausbeute. Durch die größere Effizienz in der Umwandlung kann mit derselben Menge Gras bis zu zehnmal mehr essbare mikrobielle Biomasse erzeugt werden.[87] Mit den Resten, die dabei entstehen, kann dann sogar noch Biogas hergestellt werden. Wir könnten also auch ganz ohne Rinder Gras in Lebensmittel verwandeln, und das wahrscheinlich viel effizienter und klimaschonender. Allerdings bringen große Wiederkäuer wie Rinder auch einige Vorteile mit sich: Bioreaktoren streifen nicht von sich aus umher und gestalten eine offene Landschaft, indem sie trampeln, Pflanzen fressen und ihren Dung für Insekten hinterlassen. Ich will nicht ausschließen, dass das technisch möglich wäre, aber es ist wahrscheinlich unpraktisch, unnötig – und auch irgendwie unheimlich. Aus Sicht der Nachhaltigkeit und auch des Tierwohls spricht wenig dagegen, Rinder im Naturschutz einzusetzen, womit wir uns gegen Ende des Buches auch noch etwas eingehender beschäftigen werden. Doch der Mythos, Gras könne nur durch Wiederkäuer in Lebensmittel verwandelt werden, ist längst entzaubert. Dank der Revolution aus dem Mikrokosmos könnten wir auch mithilfe der Fermentation aus Gras Lebensmittel produzieren.

Essen aus Luft – Gasfermentation als ultimative Entkopplung von der Landwirtschaft

Ein möglicher Haken an den bisher vorgestellten Ansätzen der Fermentation ist, dass sie zwar keine Tiere mehr benötigen, aber sehr wohl Pflanzen und damit auch Ackerbau. Allein die Flächenersparnis durch den wegfallenden Anbau von Futterpflanzen für die Nutztiere ist enorm, und die Nutzung von Reststoffströmen wird die Abhängigkeit der Fermentation von Landwirtschaft weiter reduzieren. Zumindest die direkte. Indirekt ist sie auch dann noch auf diese angewiesen, denn die Reststoffe stammen ja letztendlich alle vom Acker oder aus der Forstwirtschaft. »Damit die Versprechen der neuen Generation von Fermentationsansätzen wirklich in vollem Umfang wahr werden können, werden Ausgangsstoffe benötigt, die einen möglichst geringen ökologischen Fußabdruck haben«, schreibt mir hierzu Tomas Linder. »Das macht Zucker als Rohstoff problematisch, weil er landwirtschaftliche Flächen mit all den daraus resultierenden Umweltkosten benötigt. Und derzeit verwenden die meisten Unternehmen im Bereich der fermentativ hergestellten Lebensmittel ausschließlich Zucker als Rohstoff.« Anlagen für Präzisionsfermentation im großen Stil, zum Beispiel für die Kosmetikindustrie, werden aus gutem Grund in der Nähe von großen geplant.[88] Neben Zuckerrohr sind – je nach Breitengrad – auch Mais und Zuckerrübe mögliche Kandidat:innen für möglichst viel Zucker pro Fläche. Große Rein- und Monokulturen dieser Pflanzenarten sind schon heute ein Phänomen, das Umweltschützer:innen nicht gerne sehen. Außerdem könnte es mittelfristig zum Problem werden, sich auf Zucker als Rohstoff für Fermentation zu verlassen, denn die Folgen des Klimawandels sorgen seit Kurzem für Ausfälle bei der Ernte von Zuckerpflanzen und damit für steigende Zuckerpreisen.[89]

Ob Zucker oder pflanzliche Reststoffe, sie haben alle eines gemeinsam: Sie basieren letztendlich auf Photosynthese, also der Umwandlung von CO_2 aus der Luft in Zucker und Biomasse mithilfe von Sonnenlicht. Ein großer Teil der Ineffizienz unserer Ernährung kommt zwar durch die Umwandlung von Pflanzen in tierische Lebensmittel zustande, doch auch der initiale Schritt der Umwandlung von CO_2 aus der Luft durch Photosynthese ist von Natur aus ziemlich ineffizient. Warum das so ist und wie man es ändern könnte, ist Gegenstand aktueller Pflanzenforschung (Box 11). Mit Bioreaktoren, für die wir Zucker oder pflanzliche Reststoffe als Rohstoffe brauchen, würden wir uns auch bis auf Weiteres von der Photosynthese abhängig machen und damit auch von ihrer biochemischen Ineffizienz. Daher ist die Umstellung auf Kohlenstoffquellen, die ganz unabhängig von Photosynthese sind, wahrscheinlich der ultimative Schlüssel zu einer nachhaltigen Ernährung. Eine Ernährung ganz ohne Pflanzen, vollständig von Photosynthese losgekoppelt? Das klingt verrückt oder zumindest sehr futuristisch. Doch es ist tatsächlich möglich. Und dreimal dürfen Sie raten, womit. Genau! Mit Fermentation.

Die Art von Fermentation, die diesen Befreiungsschlag ermöglichen kann, nennt man Gasfermentation. Sie ist keine vierte Art der Fermentation neben den dreien, die wir bereits kennengelernt haben, sondern eine andere Möglichkeit, die Mikroorganismen mit Energie und Kohlenstoff zu versorgen. Statt Zucker und anderer pflanzlicher Kohlenhydrate, in denen dank Photosynthese die nötige Energie und Kohlenstoff gespeichert sind, dienen Gase als Futter. Damit hat man nicht nur das Tier, sondern auch gleich die Pflanze komplett aus der Gleichung genommen. Eine völlige Entkopplung unserer Ernährung vom Tier- und Pflanzenreich wird möglich. Wie funktioniert das genau?

Bei der gewöhnlichen Fermentation wird Zucker oder ein anderes pflanzliches Kohlenhydrat als Energiequelle genutzt. Es handelt sich dabei um chemisch gespeicherte Sonnenenergie, denn mithilfe dieser werden im Zuge der Photosynthese die Kohlenstoffatome aus dem CO_2 der Atmosphäre über Brücken aus Wasserstoff miteinander verbunden. Das CO_2 in der Atmosphäre ist energiearm, während die bei der Photosynthese entstehenden Kohlenhydrate energiereich sind. Bei einem Abbau wird beides, Kohlenstoff und Energie, frei und kann genutzt werden. Bei der Gasfermentation stellt man den Mikroorganismen für dasselbe Ergebnis die Energie stattdessen in Form von Wasserstoffgas oder Methan zur Verfügung. Nutzt man Wasserstoff, kann zugeführtes CO_2 als Kohlenstoffquelle dienen, während im Methan der Kohlenstoff gleich mit dabei ist (die chemische Formel von Methan ist CH_4; es besteht also aus einem Atom Kohlenstoff und vier Atomen Wasserstoff). Aus diesem Kohlenstoff und Wasserstoff bauen sich die Mikroorganismen dann ihre eigenen Kohlenhydrate zusammen. Doch wo kommt der Wasserstoff bei Gasfermentation her? Nutzt man Methan, kann dieses aus Erdgas oder auch Biogas stammen. Stattdessen kann man jedoch auch – analog zur Photosynthese – Wasser mithilfe von Sonnenenergie spalten, also sogenannte Elektrolyse betreiben. Hierfür kann Photovoltaik genutzt und der entstehende Wasserstoff als Wasserstoffgas, Methan oder Formiat (eine weitere Verbindung aus Kohlenstoff und Wasserstoff) in Bioreaktoren für Gasfermentation verwendet werden.

Forscher:innen am Max-Planck-Institut für Molekulare Pflanzenphysiologie in Potsdam haben gemeinsam mit Kolleg:innen aus Israel und Italien die Effizienz einer solchen Produktion mit einer auf Zucker basierenden Produktion von Mykoprotein und mit herkömmlicher Landwirtschaft verglichen. Nutzt man Solarenergie, braucht man Fläche, genau wie beim Anbau von Pflanzen. Die Frage war also, ob die Umwandlung von Sonnenenergie in Kalorien und Protein in essbarer Biomasse bei mit Photovoltaik betriebener Gasfermentation effizienter ist als bei auf Photosynthese basierender Pflanzenproduktion. Dabei wurde bei der Fermentation auch der Energieverbrauch für den Betrieb der Bioreaktoren, die anschließende Aufreinigung der mikrobiellen Biomasse und einiges andere miteinberechnet. Außerdem wurde eine realistische Energieausbeute der Photovoltaik angenommen statt einer theoretischen. Zum Beispiel, weil sich immer wieder mal Schmutz oder Schnee auf den Solarpaneelen befindet. Heraus kam, dass Gasfermentation auf derselben Fläche doppelt so viele Kalorien produziert und sogar zehnmal so viel Protein wie die jeweils effizientesten Pflanzen. Und die Gasfermentation übertraf in dieser Analyse auch die Fermentation von Zucker zu Mykoprotein um ein Vielfaches: Etwa fünfmal so viel Protein pro Fläche lässt sich erreichen, wenn man Solarenergie und Gase nutzt statt Zucker aus Pflanzen.

Eine Firma, die mit Gasfermentation bereits erfolgreich mikrobielle Biomasse für Lebensmittel herstellt, ist Solar Foods in Finnland, die wir in einem vorangegangenen Kapitel schon kennengelernt haben. Hier wird also die zweite Art der Fermentation betrieben, bei der mikrobielle Biomasse erzeugt wird, und gleichzeitig Gasfermentation. »Food out of thin air«, was so viel bedeutet wie »Essen aus dem Nichts«, lautet der Slogan, mit dem Solar Foods auf seiner Website wirbt. Ganz stimmt das natürlich nicht, aber diese Art der Produktion kommt mit Gasen als Kohlenstoffquelle aus. Die Geschichte des noch jungen Unternehmens ist ein Paradebeispiel für den Transfer von wissenschaftlichen Erkenntnissen in eine Anwendung, mit der man die Welt verbessern kann.

Aus der großen Vielfalt von Mikrobenarten haben sich die Wissenschaftler:innen der beteiligten finnischen Forschungseinrichtungen *Xanthobacter* als erfolgsversprechende Kandidatin für ihre Idee ausgesucht. Dieses Bakterium nutzt Wasserstoff als Energiequelle und atmet CO_2 ein. Außer diesen beiden Gasen braucht es noch eine Stickstoffquelle und einige Spurenelemente. Für die Gewinnung des nötigen Wasserstoffs für Gasfermentation wird – ganz ähnlich wie bei der Photosynthese in Pflanzen – Wasser gespalten. Dafür wird Elektrizität genutzt, die im Falle von Solar Foods aus Photovoltaik gewonnen wird – daher auch das *Solar* im heutigen Firmennamen.

2017 gelang der Durchbruch und das Team konnte zum ersten Mal zeigen, dass sein Ansatz tatsächlich funktioniert – damals noch in einem Bioreaktor von der Größe einer Kaffeetasse. Es folgte die Firmengründung und einiges an Investitionen. Heute ist Solar Foods weltweit eine der bekanntesten Fermentationsfirmen der neuen Generation.

Auch für die Gewinnung von Ammonium als Stickstoffquelle will Solar Foods zukünftig regenerative Energien nutzen. Bisher wird Stickstoff aus der Luft in großen Mengen über den Haber-Bosch-Prozess in Ammonium verwandelt und vor allem als Pflanzendünger verwendet. Das macht einen erheblichen Teil der Klimagasemissionen aus der Landwirtschaft aus, denn angetrieben wird dieser energieintensive Prozess bisher mit fossilem Erdgas. Fermentationsfirmen müssen bislang ebenfalls auf solchen fossilen Stickstoff zurückgreifen, selbst, wenn sie pflanzliches Protein als Stickstoffquelle nutzen. Denn auch der allermeiste Stickstoff in Nutzpflanzen stammt über deren Düngung letztendlich aus dem Haber-Bosch-Prozess. Doch alternative Anlagen, die für das Verfahren erneuerbare Energien nutzen, sind unter anderem in Skandinavien bereits im Aufbau. Solches »grünes Ammonium« will Solar Foods in Zukunft für seine Produktion nutzen, um seine Abläufe noch klimafreundlicher zu machen. Schon jetzt ist der Wirkungsgrad der Herstellung von mikrobiellem Protein mit Gasfermentation einer Produktion mit Pflanzen oder Tieren weit überlegen: Er liegt bei der Umwandlung von elektrischer Energie in Kalorien laut Solar Foods bei etwa 20 Prozent. Die Effizienz der gesamten Produktion liegt um etwa das 20-fache über jener der Photosynthese und um das 200-fache über jener von Fleisch.

Aus den Bioreaktoren von Solar Foods kommt ein gelbliches Puder, quasi die getrockneten Bakterien. Es hat einen sehr hohen Proteingehalt von knapp 70 Prozent, enthält etwa 8 Prozent Fett und 10 bis 15 Prozent Ballaststoffe. Auch Eisen und das wichtige Vitamin B sind natürlicherweise in den Bakterien enthalten. Mit seinem leichten Umami-Geschmack und ansonsten sehr neutralen Eigenschaften kann das Puder als Grundstoff für eine Vielzahl von Lebensmitteln dienen, in denen heute noch tierisches Protein verarbeitet wird. Vielleicht essen wir in einigen Jahren also einen Brotaufstrich, eine vegane Fleischalternative oder einen Teller Nudeln mit Protein aus Luft und Sonne. Die erste Großanlage möchte Solar Foods in der ersten Hälfte des Jahres 2024 in Betrieb nehmen. Sie soll 120 Tonnen pro Jahr produzieren.

Ich habe auch Ludger Weß kontaktiert, den Autor des Buches »Winzig, zäh und zahlreich« mit den vielen Porträts von Mikroorganismen. Er hat es nämlich nicht beim Schreiben über die Vielfalt und Fähigkeiten von Mikroorganismen belassen, sondern sein Wissen auch ganz praktisch in die Tat umgesetzt und ein eigenes Start-up gegründet. Ludger ist ebenfalls von Gasfermentation als Methode der Wahl überzeugt. »Sie benötigt kein organisches Material als Input«, erzählt er mir begeistert am Telefon. »Man muss also nichts für sie anpflanzen und kann Reste aus der Landwirtschaft und Lebensmittelproduktion für andere Dinge verwenden. Gasfermentation ist damit unabhängig von der Verfügbarkeit organischer Rohstoffe, aber auch von Wetter, Klima, Jahreszeiten, Geografie und so weiter. Man braucht CO_2 und Elektrizität, um Wasserstoff erzeugen zu können, etwas Wasser, das aber größtenteils recycelt werden kann, und ein paar Nährsalze, sonst nichts. Keine Anbauflächen, keine Pflanzenschutzmittel. Und es bleiben auch keine Rückstände in der Natur zurück.«

Auch Ludger und sein Partner haben sich entschieden, mittels Gasfermentation eine hochwertige Proteinquelle herzustellen. Wahrscheinlich vorerst nicht für die direkte menschliche Ernährung, sondern als Ersatz für Fischmehl, das in Aquakultur verwendet wird. »Es ist wirklich absurd, dass wir zwar durch Aquakultur den Lachs nicht mehr aus dem Meer fangen, aber dafür Unmengen an Futterfischen, die dann gemahlen und an die Lachse verfüttert werden. Stattdessen mikrobielles Protein zu nutzen, wäre viel nachhaltiger.«

Die Idee, mithilfe von Gasfermentation ein proteinreiches Tierfutter zu produzieren, ist nicht ganz neu. Denn der Produktion des Mykoproteins Quorn ging die eigentliche Pionierarbeit des britischen Unternehmens ICI auf dem Gebiet großer Bioreaktoren in Form von Gasfermentation voraus. In den 1970er-Jahren herrschte, wie schon gesagt, eine bedrückende Furcht vor zukünftigen Hungersnötigen, verursacht durch das Bevölkerungswachstum. Man entschloss sich deshalb, den bisher größten Bioreaktor der Welt zu bauen, um in ihm das Bakterium *Methylococcus capsulatus* mit Erdgas aus der Nordsee zu füttern und zu vermehren. Das daraus gewonnene proteinreiche Tierfutter wurde Pruteen getauft, und der Bioreaktor, der später für die Produktion von Quorn umfunktioniert wurde, war ein hoher, eckiger Turm. Doch die noch junge Technologie brachte in dieser Größenordnung einige Probleme mit sich, die nicht zufriedenstellend gelöst werden konnten, und Pruteen konnte sich auf dem Markt nicht durchsetzen. In Russland wurde Mitte der 1980er- bis Mitte der 1990er-Jahre in einer ganz ähnlichen Anlage produziert, und 1999 eröffnete die norwegische Statoil ebenfalls eine Produktionsstätte für proteinreiches Fischfutter aus Bakterien, die mit Erdgas gefüttert wurden. 2006 musste sie wieder schließen, weil sich die Produktion wegen der steigenden Erdgas- und sinkenden Fischmehlpreise nicht mehr rentierte.

Als die landwirtschaftliche Produktion und die Ausbeute aus der Überfischung der Meere weiter stiegen und die Lebensmittelversorgung trotz des Bevölkerungsanstiegs vorerst wieder als gesichert angesehen werden konnte, wurde die Idee der Gasfermentation vorerst ad acta gelegt. Doch seit etwa zehn Jahren wird der Technologie wieder Beachtung geschenkt. 2016 eröffnete die US-amerikanische Biotechnologiefirma Calysta eine Anlage nach dem Pruteen-Prinzip im britischen Teesside, um bis zu hundert Tonnen Fischfutter pro Jahr zu produzieren. Gemeinsam mit dem Lebensmittel- und Tierfutterkonzern Cargill, der größten US-amerikanischen Firma in Privatbesitz und einem der größten Unternehmen weltweit, plant Calysta den Bau einer ähnlichen Anlage in den USA, die dann sogar bis zu 200 000 Tonnen Einzellerprotein produzieren können soll.

Was all diese Ansätze bisher gemeinsam haben, ist die Nutzung von fossilem Erdgas als Futter für die Bakterien. Das will Ludger Weß mit seinem Start-up 350 ppm Biotech anders angehen. Methan oder andere nutzbare Gase sollen aus Quellen kommen, die diese Gase ansonsten in die Atmosphäre abgeben würden. Also zum Beispiel aus Fabriken. So können mit der Produktion von proteinreichen Mikroorganismen nicht nur Fläche und Ressourcen eingespart werden, wenn sie tierische Lebensmittel oder Tierfutter ersetzen, sondern es kann direkt der Ausstoß von Klimagasen verhindert werden.

Das *350 ppm* im Firmennamen ist übrigens eine Anspielung auf die CO_2-Konzentration in der Atmosphäre vor der Industrialisierung. Heute beträgt sie über 415 ppm (die Einheit ppm steht für Teilchen pro eine Million Teilchen in der Luft).

Neben 350 ppm Biotech gibt es noch weitere Start-ups, die mittels einer solchen Form der Gasfermentation Tierfutter oder Lebensmittel herstellen wollen. Ein Beispiel ist die Arkeon GmbH im österreichischen Tulln an der Donau. Arkeon nutzt – man kann es am Namen bereits erkennen – für seinen Prozess Archaeen. Wir erinnern uns: Diese bilden neben den Bakterien und den Eukaryoten die dritte Domäne des Lebens auf der Erde. Da sich Archaeen in einer Erdatmosphäre entwickelt haben, die voller CO_2, Methan und anderer Gase war, sind auch heute noch viele von ihnen in der Lage, diese als Nahrung zu nutzen. Die Archaeen von Arkeon produzieren daraus 20 verschiedene Aminosäuren, aus denen wiederum zahlreiche Proteine hergestellt werden können.

Mit dem Ausstoß von Klimagasen kann eine auf Gasfermentation basierende Lebensmittelproduktion auf unterschiedliche Arten gekoppelt werden. Die Bioreaktoren können zum Beispiel direkt mit Fabriken verbunden werden, in denen viele Abgase produziert werden. 2005 gründeten Sean Simpson und Richard Forster als absolute Vorreiter auf dem Gebiet ihre Firma LanzaTech in Neuseeland und haben damit den längst überfälligen Trend in Gang gesetzt, Klimagase zu Rohstoffen zu machen. LanzaTech produziert mit seinen Bakterien, die ursprünglich in Kaninchenkot gefunden wurden, unter anderem Vorstufen für die Herstellung von Biokraftstoffen und Plastik. Aus Abgasen werden statt Klimagasen Produkte des täglichen Lebens. Ein weiterer wichtiger Baustein für eine Kreislaufwirtschaft, der durch Fermentation ermöglicht wird.

Eine zweite Option ist es, CO_2 direkt aus der Atmosphäre zu nutzen. Die Schwierigkeit liegt hierbei darin, dass CO_2 zwar auf das Klima der Erde einen sehr relevanten Einfluss hat, in der Atmosphäre jedoch in nur sehr geringen Konzentrationen vorkommt. Viele konventionelle Ansätze, es aus der Luft zu filtern, sind zu ineffektiv und brauchen dafür zu viel Energie, wodurch kein positiver Nettoeffekt auf das Klima erreicht werden kann. Biologische Prozesse sind da anders, denn Enzyme wurden evolutionär darauf getrimmt, ihren Job bei Raumtemperatur und Normaldruck zu erledigen. Biotechnologisch optimiert, können CO_2-bindende Enzyme das Klimagas direkt aus der Luft holen, ohne dabei viel Energie zu benötigen. Das Start-up Ucaneo in Berlin hat im Labor eine solche Methode entwickelt. Carla Glassl und Florian Tiller, die Ucaneo gegründet haben, wollen sie mit ihrem Team im großen Maßstab einsetzbar machen. Das soll zum Schließen des Kohlenstoffkreislaufes beitragen, der momentan eine Einbahnstraße ist, die in der Atmosphäre endet.

»Wir wollen mit unserer Technologie helfen, eine Lunge für den Planeten zu bauen«, sagt Carla, als ich die beiden in ihren Büros mitten in Berlin besuche. »Eine, die den Kohlenstoff wieder aus der Luft herausatmet, sodass sich der Kreislauf schließt.« Mit der Technologie von Ucaneo können Firmen, die trotz aller Verbesserungen auch in Zukunft noch Klimagase ausstoßen, ihre Emissionen ausgleichen und so netto auf null kommen. Zusätzlich können Ucaneo und die hoffentlich vielen Nachahmer:innen, die folgen werden, ihr gebundenes CO_2 an Firmen verkaufen, die per Gasfermentation daraus etwas produzieren, zum Beispiel Lebensmittel.

Wie bereits erwähnt, können nur manche Mikroorganismen Gase als Futter nutzen, was die Möglichkeiten der Gasfermentation einschränkt, weil sie einen großen Teil der Vielfalt im Mikrokosmos ausschließt. Diese Einschränkung kann man aber relativ einfach umgehen, indem man in mehreren Schritten vorgeht. Das Gas kann von Mikroorganismen, die zur Gasfermentation in der Lage sind, etwa in Futter für andere Mikroorganismen verwandelt werden, zum Beispiel in Methanol oder Essigsäure. »Das ermöglicht es«, schreibt mir Tomas Linder, »ein viel weiteres Spektrum an Organismen zu nutzen, als es für Gasfermentation eigentlich möglich ist.« Er nennt diese Art der Nutzung »carbon capture, conversion and cultivation« (Kohlenstoffbindung, -umwandlung und Kultivierung) oder kurz »CCCC«. Diese dritte Option der Kopplung von Gasfermentation an den Ausstoß von Klimagasen kann die Entkopplung von der Photosynthese vom Spezialfall zum Mainstream machen. Mikroorganismen und

Enzyme, die zu Gasfermentation fähig sind, können Zwischenprodukte bilden, die so gut wie allen anderen Fermentationsprozessen als Futter dienen können. Sie umgehen die Photosynthese, auf der unsere Ernährung seit jeher basiert, und werden zum direkten Bindeglied zwischen der Atmosphäre und uns.

Gasfermentation steigert das ohnehin schon vielversprechende Potenzial von Fermentation noch einmal. Wir können mit ihrer Hilfe Nahrung herstellen, ganz ohne Pflanzen dafür anbauen zu müssen, dadurch noch mehr Fläche einsparen und unseren Einfluss auf Umwelt und Klima auf ein Minimum reduzieren. Fast alle dafür nötigen Nährstoffe könnten wir aus der Luft filtern und die dafür nötige Energie aus Wasser gewinnen. Dank nahezu geschlossener Produktionskreisläufe wäre nur ein Bruchteil des Wassers, das wir momentan in der Landwirtschaft verbrauchen, dafür nötig, und weder Klimagase noch Stickstoff würden in die Umwelt gelangen.

Box 11: Die Ineffizienz der Photosynthese

Kurz erklärt, liegt die Ineffizienz der Photosynthese daran, dass das für die Reaktion hauptverantwortliche Enzym Ribulose-1,5-bisphosphat-carboxylase/-oxygenase, kurz RuBisCO, nicht perfekt arbeitet. Durch eine Eigenheit in seiner Funktionsweise bindet dieses Enzym nicht nur Kohlenstoffdioxid, was es eigentlich soll, sondern auch Sauerstoff. Unter den hohen Sauerstoff- und niedrigen CO_2-Konzentrationen, die in unserer Atmosphäre und in den Pflanzenzellen herrschen, schnappt sich die RuBisCO deshalb recht häufig auch einmal ein Sauerstoffmolekül, was zur Bildung einer giftigen Substanz führt. Die Entgiftung verbraucht Energie, die für die Produktion von Zucker verloren ist. Forscher:innen sind sich noch nicht sicher beziehungsweise haben unterschiedliche Ansichten dazu, ob dieses Phänomen trotz Energieverlustes auch nützliche Funktionen erfüllt oder tatsächlich nur eine Ineffizienz darstellt, die die Evolution aus irgendeinem Grund auch in Millionen von Jahren nicht beheben konnte. Forschungsgruppen wie jene von Andreas Weber an der Heinrich-Heine-Universität in Düsseldorf versuchen herauszufinden, wie man diesen Mechanismus verändern könnte. Das soll bei der Züchtung von Nutzpflanzen mit einer effizienteren Photosynthese helfen.

Wetterextreme, Supervulkane, Meteoriteneinschläge: Katastrophenschutz durch Fermentation

Im Gegensatz zu Pflanzen auf dem Acker können Mikroorganismen in Bioreaktoren unbehelligt von Wetter und Klima ihre Arbeit verrichten. Die Produktivität von Pflanzen auf einem Feld schwankt im Rhythmus von Tag und Nacht und in jenem der Jahreszeiten, denn Photosynthese braucht Licht, und man kann auf einem Feld zwar unter Umständen Schwankungen in der Wasserverfügbarkeit ausgleichen, nicht aber zu niedrige oder zu hohe Temperaturen. Deshalb beschränkt sich landwirtschaftliche Produktion auf Feldern auf Zeitfenster im Jahr, in denen gute Bedingungen herrschen. Und selbst in diesen Perioden kann es zu Wetterextremen wie starkem Regenfall, Hagel oder Dürre kommen, unter denen die Pflanzen und dadurch der Ertrag leiden. In Bioreaktoren, die geschützt in Hallen stehen, kann Tag und Nacht das ganze Jahr über produziert werden, vorausgesetzt, die Versorgung mit Futter und Energie reißt nicht ab. Handelt es sich um Gasfermentation, ist die Produktion sogar nicht einmal mehr indirekt auf die Landwirtschaft angewiesen. Würden wir einen Teil unserer Ernährung auf Gasfermentation umstellen, wäre eine sichere Energieversorgung gleichbedeutend mit einer sicheren Versorgung mit Nahrungsmitteln.

Unwahrscheinlicher als Wetterextreme, jedoch noch viel schlimmer in ihrer Auswirkung wären globale Katastrophen, wie zum Beispiel ein gleichzeitiger Ausbruch großer Vulkane, der Einschlag eines Meteoriten oder ein nuklearer Winter. Alle diese Ereignisse haben glücklicherweise eine geringe Eintrittswahrscheinlichkeit aber falls sie eintreten würden, hätten sie – neben ihren direkten Folgen – eine verheerende Auswirkung auf die Produktion von Lebensmitteln, wie wir sie heutzutage betreiben. Die drei Ereignisse haben gemein, dass sie eine Verdunklung der Atmosphäre bewirken würden, durch die die Photosynthese und damit die pflanzliche Produktion einbräche. Von einem Tag auf den anderen würden große Teile der Nahrungsversorgung wegfallen, weil diese auf Licht angewiesen sind. Momentane Strategien zur Vorbereitung auf solche Katastrophenfälle bestehen vor allem darin, Vorräte anzulegen. Das ist eine relativ teure und unsichere Angelegenheit, denn diese müssen ständig erneuert werden und könnten die fünf bis zehn Jahre, die ein solches Ereignis andauern würde, nur begleitet von großen Einschnitten überbrücken.[90] Stattdessen wäre es sinnvoller, wir würden einen Teil unserer

Nahrungsproduktion auf Bioreaktoren umstellen, die kein Licht benötigen. Allerdings dürfte die Energieversorgung der Bioreaktoren dann logischerweise nicht ausschließlich auf Solarenergie basieren und müsste in einer solchen Situation auch anders gedeckt werden können. Auf Bioreaktoren zu setzen, würde es ermöglichen, im Katastrophenfall eine eigene, autarke Produktion aufrechtzuerhalten. Im Idealfall wäre die Produktion sogar kurzfristig skalierbar: zum Beispiel, indem multifunktionale Bioreaktoren, die normalerweise etwas anderes produzieren, auf die Produktion von Lebensmitteln umgeschaltet werden.

Eine zumindest teilweise von Photosynthese unabhängige Nahrungsmittelproduktion wäre demnach nicht nur nachhaltiger, sondern auch widerstandsfähiger gegen Probleme in globalen Lieferketten, lokale Wetterextreme und menschengemachte oder natürliche Katastrophen.

Teil 6:
Warum beginnt die Zukunft erst morgen? Herausforderungen und Hürden für die neue Fermentation

Was hält die Revolution noch auf?

Wenn die Menschheit schon seit Jahrtausenden fermentiert und sich Produkte aus modernen Bioreaktoren schon seit Jahrzehnten in Waschmitteln, Kosmetik, Medikamenten und sogar Lebensmitteln befinden, was hält die Revolution aus dem Mikrokosmos dann überhaupt noch auf?

Bisher hat man sich beim Einsatz von Biotechnologie auf die Herstellung von Premiumprodukten konzentriert, also von biologischen Verbindungen, die schon in geringen Mengen sehr wertvoll sind. Rekombinante Proteine in der Medizin, humaner Milchzucker für Säuglinge, Aromen und Farbstoffe, Chymosin und andere spezielle Enzyme – all das sind Dinge, die man nur in relativ geringen Mengen braucht und für die viel, teilweise sehr viel pro Kilogramm gezahlt wird. Dadurch kann selbst ein technologisch neuer und relativ aufwendiger Prozess wie die Herstellung mittels gentechnisch veränderter Mikroorganismen in Bioreaktoren wirtschaftlich sein. Anwendungen von Präzisionsfermentation für einige wenige Lebensmittelzutaten waren aus Sicht der Nachhaltigkeit bisher lediglich kosmetische Verbesserungen des Ernährungssystems. Die Vision der Firmen und Wissenschaftler:innen, um die es in diesem Buch geht, ist es hingegen, sogenannte *food commodities* mittels Fermentation bereitzustellen, also die Makronährstoffe Protein, Fett und Kohlenhydrate, die den Hauptteil unserer Ernährung ausmachen. Ein biotechnologisch hergestelltes Vanillearoma oder Enzym macht mengenmäßig nur einen Bruchteil des Lebensmittels aus, dem es zugesetzt wird. Mikrobiell hergestelltes Casein, das in einem Käse das Protein aus Kuhmilch ersetzt, ist hingegen ein Hauptbestandteil des Lebensmittels. Genauso verhält es sich mit Hefeöl, das Palmöl ersetzen soll, und mit Eiweiß für Süßspeisen, das durch einen mikrobiellen Pilz statt aus Hühnereiern gewonnen wird.

Dieser Umstand bringt mehrere Konsequenzen und Herausforderungen mit sich. Zum Ersten sind die Margen (der Unterschied zwischen Kosten und Verkaufspreis) in der Bereitstellung von Grundstoffen für die Lebensmittelindustrie heutzutage äußerst gering. Wenige Großkonzerne beherrschen den Weltmarkt, und auch im Lebensmitteleinzelhandel kann man eine starke Konzentration auf wenige große Ketten beobachten. Preiskämpfe untereinander, das Drücken von Preisen bei Zulieferbetrieben und Produzent:innen und eine Gewöhnung der Konsument:innen an niedrige Endpreise haben dazu geführt, dass am Anfang der Kette, also bei den Produzent:innen der Grundstoffe, nur noch Gewinn macht, wer sehr günstig produziert. Menschen geben für einige Milliliter Anti-Falten-Creme gerne mal zehn Euro aus, bei Lebensmitteln hingegen üben bereits kleine Preisunterschiede einen starken Einfluss auf die Produktwahl aus. Und auf einen solchen Markt wollen die neuen Fermentationsansätze nun mit ihren Produkten drängen und die vorhandenen, auf ökonomische Effizienz getrimmten Prozesse ersetzen.

Das ist ein ganz anderes Pflaster als die Pharmaindustrie oder auch das Geschäft mit Aromen und weiteren Zusatzstoffen für Lebensmittel, bei dem in Bioreaktoren ganz neue Verbindungen entwickelt oder sehr teure ersetzt werden. Eine Hürde ist es deshalb, die

Produktionskapazitäten in einen großen Maßstab zu bringen, um die nötigen Mengen zu möglichst günstigen Preisen produzieren zu können. Man nennt diesen Vorgang auch Skalierung. Um den zweiten Sprung zu schaffen – nämlich aus der Produktion auf den Markt –, muss eine weitere Hürde überwunden werden, die der Regulierung, also der Erlaubnis zum Verkauf. Je nach verwendetem Mikroorganismus und Produktionsprozess ist diese Hürde unterschiedlich hoch. Einen dritten Sprung müssen die Produkte dann noch vom Markt auf unsere Teller schaffen und dabei die Hürde der Akzeptanz durch Verbraucher:innen nehmen, also unserer aller Bereitschaft, die neuen Produkte auch zu kaufen und zu essen.

Wir beginnen unsere Betrachtung dieses Hürdenlaufs mit der Hürde, die unseren Tellern am nächsten ist, der Akzeptanz. Dann sehen wir uns an, wie die Produkte es auf den Markt schaffen können, sodass sie überhaupt erhältlich sind. Und als Letztes wenden wir uns den Herausforderungen für eine Produktion im großen Maßstab zu.

Vom Markt auf den Teller: Heißen Verbraucher:innen die Revolution willkommen?

Wir könnten uns die Betrachtung der übrigen Hürden für Produkte aus Fermentation sparen, wenn sie am Ende niemand kaufen und essen wollen würde. Nicht nur für die Erfinder:innen und Produzent:innen, sondern auch für diejenigen, die in die Entwicklung viel Geld investieren, ist es wichtig zu wissen, wie die Stimmung in der Bevölkerung gegenüber den neuen Produkten ist.

Wenn wir vor einem Regal im Supermarkt stehen, gibt es eigentlich nur zwei Optionen: Wir kaufen ein bestimmtes Produkt oder wir kaufen es nicht. Doch stellt man sich die Frage nach den Gründen, die dieser scheinbar banalen Entscheidung zugrunde liegen, öffnet sich ein weitverzweigter Kaninchenbau, dessen Erforschung sich zahlreiche Wissenschaftler:innen zur Aufgabe gemacht haben. Die Faktoren, die unsere Kaufentscheidungen beeinflussen, sind unglaublich mannigfaltig und noch lange nicht abschließend geklärt. Die Akzeptanz von Lebensmitteln ist einer dieser vielen Faktoren, die wiederum selbst durch viele Faktoren beeinflusst wird. Ein kurzer Einblick in die Komplexität, die unserer Entscheidung für oder gegen ein Lebensmittel laut Wissenschaft zugrunde liegt: Zunächst wären da die ganz harten biologischen Faktoren, allen voran wie hungrig oder satt wir gerade sind. Das kennt jeder, und obwohl man sich dessen eigentlich bewusst ist, kann man den Einfluss auf das eigene Kauf- und Essverhalten nur begrenzt einschränken oder will es gar nicht. Ein weiterer biologischer Faktor ist der Genuss, den wir durch den Verzehr eines Lebensmittels erwarten. Wir stellen uns schon beim Blick auf die Speisekarte oder beim Betrachten einer Verpackung vor, wie es schmecken wird. Ob es uns dann wirklich schmeckt, ist abhängig von den sensorischen Eigenschaften des Lebensmittels wie Geschmack, Geruch, Textur und Aussehen. Was uns schmeckt und was nicht, so glauben Forscher:innen, ist teilweise schon von Geburt an vorgegeben, wird aber auch größtenteils von unseren Haltungen, Überzeugungen und Erwartungen beeinflusst, die wir im Laufe unseres Lebens entwickeln.

Bei der Frage der Akzeptanz ganz neuartiger Lebensmittel ist es wichtig, im Kopf zu behalten, dass es um Produkte geht, die es noch gar nicht gibt. Sensorische Faktoren, die eine Entscheidung zu Kauf und Verzehr real beeinflussen, können also noch gar nicht getestet werden. In den Niederlanden wird sich das bald ändern, denn dort soll es unter gewissen Bedingungen erlaubt werden, Verkostungen von neuartigen Lebensmitteln auch vor deren Zulassung für den allgemeinen Verkauf durchzuführen. Vielleicht nimmt man sich anderswo daran in Zukunft ein Beispiel, bisher sind solche Verkostungen in Deutschland und den meisten anderen Ländern nämlich nur sehr begrenzt möglich (ich werde später noch von einer solchen Verkostung berichten, an der ich selbst teilnehmen konnte). Solange das so ist, geht es also um eine hypothetische Akzeptanz und nicht um eine konkrete, die man auch anhand von sensorischen Produkteigenschaften wie Geschmack, Textur und Ähnlichem festmachen könnte. Allerdings kann man Befragte nicht davon abhalten, sich ganz automatisch auch vorzustellen, wie ihnen ein neues Lebensmittel schmecken wird.

Genuss oder Ekel werden durch Vorstellungskraft antizipiert und spielen deshalb auch bei hypothetischen Lebensmitteln eine Rolle.

Zusätzlich zu biologischen gibt es auch ökonomische und soziale Faktoren, die unsere Entscheidungen beeinflussen. Allem voran der Preis und die Verfügbarkeit eines Lebensmittels. Produktion und Konsum sind dabei stark miteinander verknüpft. »Es wird das produziert, was nachgefragt wird«, kann man Produzent:innen häufig sagen hören. Doch das ist nur die eine Seite der Medaille. Auch das Angebot beeinflusst selbstverständlich, was gekauft wird. Verfügbarkeit, Preis und wahrgenommene oder tatsächliche Vor- und Nachteile bestimmen mit, was überhaupt zur Auswahl steht, wofür wir uns entscheiden und was am Ende auf unseren Tellern landet. Beide Seiten müssen deshalb zusammengedacht werden, wenn es um den zukünftigen Erfolg oder Misserfolg neuer Lebensmittel aus Fermentation geht. Soziale Faktoren umfassen zum Beispiel unser Wissen über gesunde Ernährung, unterschiedliche Herstellungsprozesse und welche Informationen wir über das Produkt erhalten. Welche Rolle spielen eine größere Nachhaltigkeit und mehr Tierwohl? Auch die Frage, für wie natürlich ein Lebensmittel und die Art seiner Produktion gehalten werden, kann Akzeptanz beeinflussen. Vertrauen gegenüber der Industrie, die hinter der Produktion steht, und in regulatorische Mechanismen, die für deren Sicherheit sorgen sollen, spielen ebenfalls eine Rolle.

Übergeordnet, so haben Studien gezeigt, beeinflussen auch die Zugehörigkeit zu einer sozialen Schicht, vermeintliche soziale Erwartungen an uns sowie kulturelle Aspekte das, was wir kaufen und essen. Dabei spielt es auch eine wichtige Rolle, ob wir alleine zu Hause oder zusammen mit anderen in einem Restaurant essen. Ein Phänomen in diesem Zusammenhang, das man auch im Hinblick auf Umfragen immer beachten muss, ist die sogenannte soziale Erwünschtheit. Sie beschreibt die Tendenz von Befragten, Antworten zu geben, die sie für sozial erwünscht halten, und eventuell wahre Aussagen zurückzuhalten, wenn sie sie für sozial eher unerwünscht halten. Soziale Erwünschtheit kann eine weitere Erklärung für die häufig zu beobachtende Diskrepanz zwischen den Ergebnissen von Umfragen und tatsächlichem Kaufverhalten sein.

Komplizierend hinzu kommt ein Effekt, der in den Sozialwissenschaften als »kognitive Dissonanz« bezeichnet wird. Ich bin selbst nicht völlig zufrieden mit meinen eigenen Kaufentscheidungen, obwohl ich diese doch selbst in der Hand habe, und werde meinen eigenen Ansprüchen an mich nicht immer gerecht. Zum Beispiel bin ich mir sicher, dass das Ausmaß meines Fleischkonsums durch viele der oben genannten Faktoren beeinflusst wird, nicht nur durch meine prinzipielle Einstellung zu Nachhaltigkeit und Tierwohl. Häufig kann ich gar nicht mit dem Finger darauf zeigen, was mich zu einer bestimmten Entscheidung vor dem Supermarktregal veranlasst hat. Wissenschaftliche Studien bestätigen dies und sehen im Phänomen der kognitiven Dissonanz zum Beispiel einen der Gründe dafür, warum Menschen in Umfragen Biolebensmittel sehr positiv bewerten, sie aber dann häufig trotzdem nicht kaufen. Versuche haben sogar gezeigt, dass Personen dieselben Produkte vor und nach ihrem Kauf unterschiedlich bewerten: Ein vor dem Einkauf noch eher schlecht bewertetes, konventionell produziertes Produkt wird, nachdem es gekauft wurde, plötzlich besser bewertet. Das hat laut Forscher:innen damit zu tun, dass Menschen ihre Kaufentscheidungen meist erst im Nachhinein rationalisieren, um einen Widerspruch zwischen Vorsatz und Handeln aufzulösen.[91] Auch in Bezug auf Fleischkonsum gibt es Studien, die eine solche Diskrepanz zwischen moralischen Ansprüchen an sich selbst und tatsächlichem Handeln sowie unterschiedliche Strategien der Rechtfertigung aufzeigen.[92]

Aus all diesen Faktoren ergibt sich im Laufe des Lebens ein individuelles Essverhalten, das obendrein noch von psychologischen Faktoren wie Stress und unserer momentanen Stimmung beeinflusst wird. Und um dem Ganzen noch eine letzte Ebene an Komplexität hinzuzufügen, findet in den allermeisten Fällen eine Abwägung zwischen verschiedenen Produkten statt, die zur Auswahl stehen. Was Lebensmittel aus dem Bioreaktor angeht, so haben diese vielleicht den Nachteil, dass man noch wenig über sie weiß, jedoch den Vorteil, dass herkömmliche Produkte keinesfalls unproblematisch sind, was zum Beispiel Tierwohl, Nachhaltigkeit und soziale Aspekte angeht. Je nachdem, wie informiert man über diese Dinge ist, könnte auch der direkte Vergleich zwischen alten und neuen Produkten unsere Akzeptanz und zukünftige Kaufentscheidung mitbestimmen.

All diese Dinge im Hinterkopf: Wie sieht es mit der Einstellung von Menschen gegenüber zukünftigen Produkten aus Fermentation aus? Ich für meinen Teil bin prinzipiell bereit, neuen Lebensmitteln eine Chance zu geben. Besonders dann, wenn ich damit meinen kleinen Beitrag für eine bessere Welt leisten und gleichzeitig erwarten kann, dass die neuen Produkte lecker und bezahlbar sind. Da man aber ja nicht von sich selbst auf andere schließen soll, habe ich mit zwei Forschern gesprochen, die sich mit der Einstellung der breiten Bevölkerung beschäftigen. Eine aktuelle Studie, für die eine entsprechende Umfrage durchgeführt wurde, stammt von Hanno Koßmann, Peter Breunig, Marcus Mergenthaler und Holger Schulze. Sie wurde im Herbst 2023 veröffentlicht. Dafür wurden 1487 Personen zu ihrer Einstellung gegenüber einem alternativen, tierfreien Käse aus Präzisionsfermentation befragt. Ich habe mir die Studie gleich nach Veröffentlichung angesehen und Hanno Koßmann gebeten, mir etwas dazu zu erzählen. Eine kurze Nachricht in den sozialen Medien, ein Zoom-Link per E-Mail, und schon sitzen wir uns einen Tag später an unseren Schirmen zu Hause gegenüber.

Hanno ist Doktorand an der Hochschule Weihenstephan-Triesdorf und widmet sich dort, betreut von Peter Breunig, der Erforschung der Akzeptanz von alternativen Proteinen durch Verbraucher:innen. Zur Gruppe der alternativen Proteine (oder auch Proteinquellen) zählt man neben Insekten, Algen und bisher nicht genutzten Pflanzen auch proteinreiche Produkte aus Fermentation. Als Agrarökonomen beschäftigen sich die beiden außerdem mit den daraus resultierenden Folgen für die Landwirtschaft. »Als Erstes haben wir aus einer größeren Gruppe von Kandidat:innen eine kleinere gebildet, die in ihren demografischen Eigenschaften repräsentativ für ganz Deutschland war«, fasst er mir die Methodik noch einmal zusammen. »Dann haben wir die Teilnehmer:innen zunächst in fünf zufällige Gruppen eingeteilt, damit wir die Effekte unterschiedlicher Informationen auf das Antwortverhalten testen konnten.«

Hannos Beschreibung vom Versuchsaufbau der Studie erinnert mich an meine Experimente mit Pflanzen während meiner Zeit an der Uni. Die habe ich, nach einer kurzen Anzuchtphase, auch immer zuallererst in mehrere, möglichst gleiche Gruppen eingeteilt, um sie dann unterschiedlichen Bedingungen auszusetzen. Doch anstatt mit unterschiedlichen Nährstoffen, wie ich damals meine Pflanzen, fütterte Hanno die Teilnehmer:innen der Studie mit unterschiedlichen Informationen. Vor der Einteilung bekamen alle dieselben allgemeinen Informationen darüber, wie Käse mit Mikroorganismen statt mit Kühen produziert wird. Also ganz ähnlich wie Sie beim Lesen dieses Buches, nur viel kompakter. »Doch dann haben wir jeder der fünf Gruppen noch zusätzliche Informationen darüber gegeben, welche Auswirkungen diese neue Art der Produktion auf unterschiedliche Aspekte des Ernährungssystems haben könnte.« Dabei bekam jede Gruppe einen anderen Text. Einer war allgemein und ausgewogen gehalten und für die Kontrollgruppe bestimmt. Hier wurden die Proband:innen über die ungewisse Zukunft der Produkte aufgeklärt. Ein Text hatte einen Fokus darauf, dass im Produktionsprozess gentechnisch veränderte Organismen zum Einsatz kommen, einer stellte Auswirkungen auf die Umwelt in den Mittelpunkt, einer die Folgen für Beschäftigte in der Landwirtschaft und der fünfte das Tierwohl. »Unser Ziel war es«, sagt Hanno, »den Einfluss dieser unterschiedlichen Hintergrundinformationen auf die Einstellung der Proband:innen zu bestimmen.«

Und was kam heraus? Zunächst einmal würde von allen Befragten knapp die Hälfte den Käse aus Präzisionsfermentation probieren. Ein Grund dafür könnte sein, dass die Proband:innen sowohl über negative als auch positive Potenziale von Gentechnik informiert wurden. Wie sehr die Art der Befragung das Antwortverhalten beim Thema Gentechnik beeinflusst, ist in Box 12 kurz ausgeführt. »Außerdem konnten wir sehen, dass die von uns gewählte Art der Information, das Antwortverhalten wenig beeinflusst hat«, erzählt Hanno weiter. »Interessanterweise hatte auch die Information über gentechnisch veränderte Organismen keinen messbaren Effekt auf die Bereitschaft für Kauf und Konsum. Das hatten wir anders erwartet.« In der Gruppe, die Informationen mit einem Fokus auf die Tatsache, dass gentechnisch veränderte Organismen im Produktionsprozess eine Rolle spielen, erhalten hatte, wollten den Käse aus Präzisionsfermentation also genauso viele Menschen probieren wie in den anderen Gruppen. Was jedoch einen Einfluss hatte, waren die unterschiedlichen Motivationen und Hintergründe der Teilnehmer:innen. Personen, denen nach eigenen Angaben Tierwohl eher mehr am Herzen lag, zeigten eine etwas erhöhte Bereitschaft, während eine Nähe zur Landwirtschaft eher zu Skepsis gegenüber dem neuen Produkt führte. Ich frage Hanno, was für ihn die wichtigsten Lektionen aus der bisherigen Forschung zur Akzeptanz von Lebensmitteln aus neuer Fermentation sind. »Die Menschen sind den Produkten gegenüber grundsätzlich durchaus aufgeschlossen«, antwortet er. »Sie lassen sich von Vorteilen überzeugen und sind bereit, Skepsis zu überwinden. Und sie sind als Konsument:innen oftmals mündiger und rationaler als man vielleicht manchmal annimmt. Eine offene Kommunikation seitens Politik und Lebensmittelindustrie wird die Markteinführung deshalb sicher erleichtern.«

Eine weitere Akzeptanzstudie zu Präzisionsfermentation wurde in einer Kooperation zwischen wissenschaftlichen Mitarbeiter:innen von Formo und Forscher:innen der Singapore Management University im September 2023 veröffentlicht.[93] Teilnehmer:innen aus Deutschland, Singapur und den USA wurden hierfür über die Herstellung einer Eiweißalternative mit Präzisionsfermentation und die potenziellen Vorteile für Umwelt und Tiere informiert. »Wir dachten, als wir die Befragung durchführten, wir würden die Einstellung gegenüber einer Technologie testen, die das Lebensmittelsystem umgestalten könnte«, schreibt mir Oscar Zollman Thomas, Erstautor der Studie und wissenschaftlicher Mitarbeiter bei Formo. »Aber die Teilnehmer:innen haben das gar nicht so verstanden. Wir fragten sie nach einzelnen Lebensmitteln, aber sie stellten sich die Gerichte vor, die sie damit kochen könnten, den Geschmack, den Geruch und wie die Produkte in ihr Leben passen würden.«

Insgesamt lag in dieser Studie die Bereitschaft, solche Produkte zu probieren, etwas höher als in der Befragung von Hanno und seinen Kollegen, nämlich zwischen 51 und 61 Prozent. Bei Befragten, die sich nach eigenen Angaben vegan oder vegetarisch ernähren, war die Zustimmung besonders hoch, und während als Motivation in

Deutschland Tierwohl am häufigsten angegeben wurde, führten in den USA und Singapur gesundheitliche Gründe die Liste an. Alles in allem war die Akzeptanz in den drei Ländern sehr ähnlich. Korrelationen mit einer hohen Zustimmung konnte die Studie unter anderem im Hinblick auf Einkommen und Essgewohnheiten ausmachen. Menschen, die manchmal auf pflanzliche Alternativen zurückgreifen oder Eier aus Freilandhaltung kaufen, würden auch den neuen Produkten eher eine Chance geben. Ebenso Menschen mit höherem Einkommen. Auch Oscar frage ich, was für ihn die wichtigste Lektion aus der Studie sei. »Wir dürfen nie die emotionale und kulturelle Komponente beim Essen vergessen, die über Erfolg oder Misserfolg der Einführung von Präzisionsfermentation in der Welt entscheiden wird«, ist seine Antwort. »Die Möglichkeit, Tiere von der Proteinproduktion zu entkoppeln, war für die Mehrheit der Befragten offensichtlich alles andere als ein veganer Tagtraum. Ich bin sicher, dass viele umsteigen wollen, aber die Produkte, die ihre Kultur des Essens respektieren und denselben Genuss versprechen, gibt es meist noch nicht. Wenn sie erst mal da sind, wird die Wahl den meisten leichtfallen.« Es spricht natürlich auch Optimismus aus Oscar, denn er arbeitet schließlich in einer Firma, die solche Produkte auf den Markt bringen will. Aber die Ergebnisse beider wissenschaftlichen Studien geben ihm Recht: Viele Menschen sind bereit, Lebensmittel aus neuer Fermentation eine Chance zu geben. Wie steht es mit Ihnen?

Box 12: Böse Gentechnik oder schlechte Umfragen?

»Die Mehrheit der Menschen will keine Gentechnik« lautet das Credo der Biobranche, von Betreiber:innen von »Ohne Gentechnik«-Labeln, so mancher Umwelt- und Verbraucherorganisationen sowie einiger Politiker:innen. Doch sieht man etwas genauer hin, worauf sich diese Schlussfolgerung stützt, findet man schnell sozialwissenschaftliche Mängel in den betreffenden Umfragen. Diese haben in der Regel nämlich keinen so methodisch aufwendigen und stichhaltigen Aufbau wie die Studien von Hanno und Oscar. Angela Bearth, Professorin für Verbraucherverhalten an der ETH Zürich, kommt auf Basis ihrer Forschung zu dem Schluss, dass in vielen Umfragen zum Thema Gentechnik und Lebensmitteln sozialwissenschaftlich ungeeignete Fragen gestellt würden, wie zum Beispiel: »Wollen Sie lieber eine normale oder eine gentechnisch veränderte Erdbeere?« Abwägungen von möglichen Kosten oder Risiken und persönlichem oder gesellschaftlichem Nutzen werden laut Bearth meist außen vor gelassen. In einer Studie hat sie mit Kolleg:innen eine Gruppe von Befragten zunächst über eine Pflanzenkrankheit informiert, welche bei Kartoffeln regelmäßig große Schäden anrichtet. Anschließend wurde nach der Akzeptanz von vier unterschiedlichen Gegenmaßnahmen gefragt, zwei davon chemische Pestizide (davon eines, das im Biolandbau zur Anwendung kommt) und zwei, die den Einsatz von Gentechnik beinhalten. Die Zustimmung zum Einsatz von Gentechnik war größer als jene zum Einsatz von Chemie.[94] Es kommt also sehr darauf an, wie man fragt. Die bloße Nennung des Begriffs »Gentechnik« im Zusammenhang mit Lebensmitteln führt zu eher negativen Reaktionen. Werden zuvor differenzierte und ausgewogene Hintergrundinformationen zur Verfügung gestellt, werden auch die Antworten differenzierter, und der Einsatz von Gentechnik wird gar nicht mehr so negativ wahrgenommen, was man an den Studien von Angela Bearth, Hanno Koßmann und anderen sehr gut sehen kann. Seit Jahrzehnten hat die Politik die Gestaltung der Regulierung von Gentechnik zu einem großen Teil auf die Ergebnisse von Umfragen mit zweifelhafter sozialwissenschaftlicher Methodik gestützt.

Exkurs: Wie schmeckt Käse ohne Kuh? Ein Selbstversuch

Genug von all der Theorie: Wie schmeckt der Käse ohne Kuh? Noch ist er nicht auf dem Markt, aber ich durfte im Januar 2023 bei Formo in Berlin vorbeischauen und eine Auswahl der ersten Prototypen probieren. Begleitet haben mich Hanno Koßmann und Peter Breunig von der Hochschule Weihenstephan-Triesdorf, zusammen mit etwa 20 Agrarstudent:innen. Kalt war es, als ich etwas zu früh in der Stralauer Allee im Osten Berlins ankam. Ich lief einige Schritte an der Spree entlang, über der milchig weißer Nebel hing, und ging in Gedanken noch einmal durch, mit wem ich mich in den nächsten Tagen treffen wollte. Jeden Januar findet in Berlin die Internationale Grüne Woche statt, die weltweit größte Messe für Ernährung und Landwirtschaft und für mich seit einigen Jahren absolutes Pflichtprogramm, um mich über neue Trends zu informieren, interessante Menschen zu treffen und neue Lebensmittel auszuprobieren. Dass Hanno, Peter und ich in diesem Jahr zusätzlich rund um die Messe auch einen Besuch bei Formo ergattern konnten, ließ einen kleinen Traum wahr werden: Nachdem wir uns schon so lange theoretisch mit dem Thema beschäftigt hatten, konnten wir nun endlich ein Lebensmittel aus neuartiger Fermentation verkosten.

Das Hauptquartier von Formo ist eine Synthese aus altem Backsteingebäude und modernem Glasbau, aus dem heraus man auf die Spree blicken kann. In seinem Inneren begrüßen uns die Mitarbeiter:innen herzlich, und als eines der ersten Dinge fällt uns die silberne Statue einer Kuh ins Auge, auf der in handschriftlichen Großbuchstaben »Not the cow of the future« geschrieben steht. Durch unseren Besuch hier treffen zwei Welten aufeinander, und genau das war auch unsere Idee: Die Agrarstudent:innen, die Peter begleiten und die bei ihm an der Hochschule in Triesdorf studieren, kommen größtenteils aus landwirtschaftlich geprägten Familien in Süddeutschland, sind auf Milchviehbetrieben aufgewachsen, und manche wollen vielleicht einmal das Geschäft ihrer Eltern übernehmen. Und nun sind sie hier bei einem Start-up in Berlin, das Kuhmilch mittels Präzisionsfermentation ersetzen will. Wir waren sehr gespannt, wie dieses Aufeinandertreffen verlaufen würde.

Oscar, der wissenschaftliche Mitarbeiter bei Formo, dessen Studie wir schon kennengelernt haben, hält einen kurzen Vortrag, in dem er die Vision vom Käse ohne Kuh mit dem für Start-ups typischen Enthusiasmus mit uns teilt. Danach bekommen wir eine Führung durch die Büros und Labore. Dafür ziehen wir uns weiße Kittel an, und Hauben über die Haare (es gibt ein lustiges Foto von Hanno und mir mit den Hauben, das man in einem Beitrag von mir über unseren Besuch bei Formo auf dem Blog Progressive Agrarwende finden kann). Auch über die Schuhe ziehen wir Überzieher, um möglichst nichts von draußen in die Labore zu tragen.

Mit dem in Frankfurt entwickelten Protein produziert Formo in seinem Berliner Food-Science-Labor innovative, tierfreie Käse- und Ei-Alternativen. Dabei werden die Rezepte und Herstellungsmethoden so lange verfeinert, bis das Ergebnis von Kuhmilchkäse nicht mehr zu unterscheiden ist. Da Käse nicht nur Protein, sondern auch Fett enthält, muss Letzteres noch zugesetzt werden. Pflanzliche Fette sind momentan die Zutat der Wahl, in Zukunft könnten aber auch Fette zum Einsatz kommen, die ebenfalls mit Präzisionsfermentation hergestellt werden. Bei der Erzeugung von Käse auf Basis funktionaler, tierfreier Proteine aus dem Bioreaktor, orientiert man sich ansonsten sehr an traditionellen Methoden. Das Gemisch muss in Form gebracht und gehärtet werden und bei der Reifung kommt die traditionelle Fermentation mit Milchsäurebakterien zum Einsatz, die für das typische Aroma unterschiedlicher Käsesorten sorgt. Zwar mag die Ausgangssubstanz bisher weniger komplex sein als bei Käse aus Kuhmilch, weil meist nur ein Protein aus Formos inzwischen großer Palette zum Einsatz kommt, doch genau wie beim tierischen Käse entsteht die eigentliche Komplexität von Aromen erst bei der anschließenden Reifung.

Nach unserem Rundgang ist es endlich so weit: Eine Mitarbeiterin bringt mehrere Holzbretter, auf denen unterschiedliche Käsesorten angerichtet sind. Bei deren Herstellung kam nicht das neuartig produzierte Casein selbst zum Einsatz, sondern ein anderes mikrobielles Protein. Es ist bereits als Lebensmittel zugelassen und für die Herstellung von Käsealternativen ideal geeignet. Wir können uns kaum zurückhalten und probieren alle Sorten durch: Feta, Gouda und Frischkäse, dazu gibt es Knäckebrot. Und wir sind wirklich begeistert. Es ist natürlich eine subjektive Erfahrung, und deshalb tut man sich mit objektiven Beurteilungen schwer, doch hätte man uns vorher nicht gesagt, dass es kein Käse aus Kuhmilch ist, hätten wir den Unterschied nicht bemerkt. Wir schnuppern und kauen sehr bewusst. Sowohl die Komplexität der Aromen als auch die Konsistenz sind noch nicht ganz so, wie man sie von einem guten Käse erwarten würde. Pflanzliche Alternativen schlägt der Käse aus der Käsebrauerei aber schon jetzt um Längen. Besonders der Gouda hat es mir angetan. Die Agrarstudent:innen gehen etwas kritischer an die Sache heran, doch auch die meisten von ihnen müssen anerkennen, dass man hier in wenigen Jahren etwas Erstaunliches erreicht hat.

Formo hat neben der Entwicklung und Anwendung von Casein mittels Präzisionsfermentation auch eine Alternative für Ei und Frischkäse aus einem bereits zugelassenen Protein entwickelt. »Produkte aus Formos erster Generation von ›mikro-fermentiertem‹ Käse sind bereits in ausgewählten Cafés, Restaurants und im Einzelhandel erhältlich«, erzählt mir Christian Poppe, der bei Formo für öffentliche Angelegenheiten und Nachhaltigkeit zuständig ist. Genutzt wird dabei der essbare, mikrobielle Kōji-Pilz *Aspergillus oryzae*. Dadurch kann Formo schon ganz praktisch testen, wie Menschen in Deutschland ein neues Lebensmittel aus neuartiger Fermentation annehmen.

Vom Bioreaktor auf den Markt: Die Zulassung neuartiger Lebensmittel aus Fermentation

Lebensmittel aus neuer Fermentation schaffen es also vom Markt auf unsere Teller, wenn sie uns als Konsument:innen überzeugen. Doch damit wir diese Wahl überhaupt treffen können, muss vorher eine andere Hürde überwunden werden: die zwischen Produktion und Markt. Vor der Vermarktung von Lebensmitteln aus dem Bioreaktor steht nämlich ein umfassendes Zulassungsverfahren, das zumindest die meisten Produkte aus der zweiten und dritten Art der neuen Fermentation durchlaufen müssen. Prinzipiell müssen natürlich alle Lebensmittel sicher sein, doch sogenannte »neuartige Lebensmittel« (engl.: *Novel Foods*) werden besonders streng behandelt, weil man ihnen per se ein erhöhtes Risiko unterstellt. In der EU gilt alles als neuartiges Lebensmittel, das vor einem Stichtag im Jahr 1997 in der EU nicht in signifikantem Ausmaß hergestellt und konsumiert wurde und bei dem deshalb ein potenzielles Risiko vermutet wird (siehe Box 13). Eine Prüfung soll sicherstellen, dass von neuartigen Lebensmitteln keine Gefahr für unsere Gesundheit ausgeht. Unter die *Novel-Food*-Verordnung (EU 2015/2283) fällt man mit seinem Produkt zum Beispiel, wenn dieses einen bisher nicht als Lebensmittel genutzten Organismus enthält, aber auch, wenn ein neuartiges Verfahren bei der Herstellung zum Einsatz kommt. Auch das Myzel von Pilzen, die wir schon seit Jahrhunderten essen, gilt deshalb, wenn es in Bioreaktoren vermehrt wird, als *Novel Food*.[95]

Denkt man, dass sein neues Lebensmittel unter die *Novel-Food*-Verordnung fällt, muss man einen Antrag bei der Europäischen Kommission stellen und dann meist allerlei Daten in Form von sogenannten Dossiers bei der Europäischen Behörde für Lebensmittelsicherheit, kurz EFSA, einreichen. Diese Dossiers beinhalten unter anderem die genaue Zusammensetzung des neuen Lebensmittels, potenzielle Allergene und eine detaillierte Beschreibung des Herstellungsprozesses. Die EFSA prüft das alles, fragt unter Umständen noch nach ergänzenden Informationen und nimmt eine Risikobewertung vor. Nach dieser wissenschaftlichen Prüfung entscheidet schließlich noch der Ständige Ausschuss für Pflanzen, Tiere, Lebensmittel und Futtermittel, in dem die Mitgliedstaaten vertreten sind, über die finale Zulassung.[96] Kritiker:innen sehen hier ein Problem, denn aus einem eigentlich auf objektiven Prüfungen basierenden Verfahren wird durch diesen letzten Schritt ein politisches. In manchen Mitgliedstaaten werden alternative Lebensmittel schon heute zum Politikum. Im Herbst 2023 hat die Regierung Italiens verkündet, die Herstellung und den Verkauf von Fleisch aus Zellkultur zu verbieten. Die Hürde der Regulierung wird durch diese Politisierung des Zulassungsverfahrens zusätzlich erhöht.

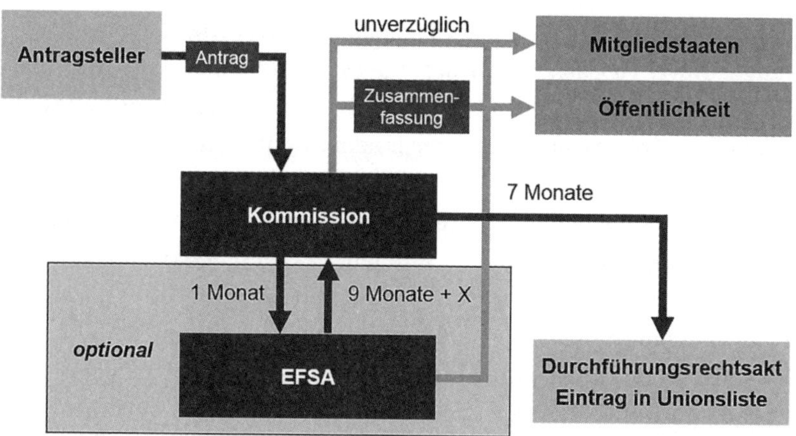

Abbildung 5: Ein langer Weg bis auf unsere Teller. Dieses Schema zeigt den regulatorischen Weg, den ein Novel Food in der EU auf dem Weg zur Zulassung zurücklegen muss. (Quelle: Bundesamt für Verbraucherschutz und Lebensmittelsicherheit)

Ist die Zulassung als *Novel Food* erfolgreich, wird das neuartige Lebensmittel auf einer speziellen Liste geführt, die öffentlich einsehbar ist (die sogenannte »Unionsliste«). Doch nicht immer ist ersichtlich, ob ein neues, auf Fermentation basierendes Lebensmittel nun ein *Novel*

Food ist oder nicht. Zu unklar sind die der Regulierung zugrunde liegenden Definitionen und zu unterschiedlich die Einschätzungen der zuständigen Behörden in den verschiedenen Ländern der EU. Von vielen als kompliziert und intransparent verschrien, wurde der Prozess 2015 reformiert, er ist seit 2018 weniger kompliziert gestaltet, und die Behörde unterstützt Firmen beim Einreichprozess durch umfassende Leitfäden. Trotzdem stellt die *Novel-Food*-Verordnung auch weiterhin eine Hürde für neue Lebensmittel dar, und die Frage der Balance zwischen berechtigter Vorsorge einerseits und unverhältnismäßiger Verhinderung andererseits wird viel diskutiert. Fakt ist, dass die behördlichen Zulassungsverfahren in manchen anderen Ländern der Welt schneller vonstatten gehen und dies ein Argument für Firmen ist, in diese zu expandieren oder sogar dorthin abzuwandern. Wenn wir hier bei uns in Europa an der Revolution teilhaben wollen, müssen wir also ein Auge auf die Höhe dieser Hürde haben.

Kommen bei der Herstellung eines neuen Lebensmittels gentechnisch veränderte Organismen (GVOs) zum Einsatz, kann es sogar sein, dass dieses unter die Verordnung für gentechnisch veränderte Lebensmittel und Futtermittel (Verordnung (EG) Nr. 1829/2003) fällt und später beim Verkauf auch entsprechend gekennzeichnet werden muss. Das wäre zum Beispiel der Fall, wenn man für seine Fermentation einen gentechnisch veränderten Mikroorganismus nutzt und diesen auch im Endprodukt belassen möchte, weil ein Herausfiltern einen negativen Effekt auf die Eigenschaften des Produktes hätte, zum Beispiel auf den Geschmack, oder auch, weil es technisch nicht möglich ist. Dann muss das Lebensmittel in der EU die Zulassung als gentechnisch verändertes Lebensmittel durchlaufen, und auf der Verpackung müsste, falls die Zulassung Erfolg hat, der Einsatz von GVOs angezeigt werden. Die allermeisten Entwickler:innen neuer Lebensmittel aus Fermentation wollen es vermeiden, unter diese Regelung zu fallen und streben eine Zulassung im Rahmen der *Novel-Food*-Verordnung an, die trotz ihrer Unzulänglichkeiten das geringere Übel ist. Sind im Anschluss an die Fermentation Verarbeitungsschritte vorgesehen, mit denen die GVOs komplett entfernt werden, dann handelt es sich bei diesen nur um einen sogenannten Verarbeitungshilfsstoff und das Produkt selbst ist kein GVO. Ein Problem, dass hier bisher besteht, ist eine Nulltoleranzgrenze, was den Gehalt an gentechnisch veränderter DNA im Endprodukt angeht. Damit der Status als *Novel Food* wirklich gilt und nicht durch jenen eines GVO ersetzt wird, dürfen keine Spuren der veränderten DNA mehr nachweisbar sein. Mit neuester Messtechnik können inzwischen allerdings schon wenige Moleküle davon nachgewiesen werden. Zu garantieren, dass sich nicht einmal kleinste Spuren im Endprodukt befinden, ist technisch unmöglich und unwirtschaftlich. Deshalb wird gefordert, dass es zumindest eine minimale Toleranzgrenze von nur wenigen Nanogramm gibt, damit auch Produkte aus Präzisionsfermentation sicher unter die *Novel-Food*-Verordnung fallen.

Box 13: Alles neu macht der Mai 1997: Die *Novel-Food*-Verordnung

Laut der europäischen Novel-Food-Verordnung (Verordnung (EG) 2015/2283) müssen Lebensmittel, die vor dem 15. Mai 1997 nicht in signifikantem Maß in der EU konsumiert wurden, eine Prüfung durchlaufen. Alle Lebensmittel, die nach dem Erscheinen des Songs »*Warum?*« der Band Tic Tac Toe entwickelt wurden, werden also strenger behandelt – und viele fragen sich genau das: Warum? Die Motivation der Regelung ist es, dem Vorsorgeprinzip Genüge zu tun und Neues strenger zu prüfen als Altbekanntes. Durchgeführt werden die Prüfungen durch die Europäische Behörde für Lebensmittelsicherheit, kurz EFSA, eine Agentur der EU. Bei ihr müssen Start-ups, die für ihre Fermentation bisher nicht genutzte Mikroorganismen oder Verfahren verwenden, zahlreiche Informationen in Form von Dossiers einreichen, um eine Zulassung zu beantragen. Seit einer Reform 2018 ist der Prozess effizienter und schneller geworden, dauert aber in der Regel immer noch einige Jahre von Antragsstellung bis Zulassung. Dies stellt eine signifikante Hürde für Investitionen dar, da Zeit eine der wichtigsten Ressourcen ist und man Gewissheit haben möchte, ob das Lebensmittel, in dessen Entwicklung man investiert, in der EU überhaupt auf den Markt kommen darf.

Wie ist der Stand bei der Regulierung von Lebensmitteln aus neuer Fermentation? Weil Zeit Geld ist und eine Regulierung als *Novel Food* oder gentechnisch verändertes Lebensmittel so viel mehr Bürokratie und Prüfungen nach sich zieht als die Zulassung gewöhnlicher Lebensmittel, ist es für Entwickler:innen und Investor:innen gleichermaßen wichtig, möglichst schnell Gewissheit über die Klassifizierung zu haben. Traditionell fermentierte Lebensmittel sind keine neuen Lebensmittel, da sie logischerweise schon lange vor 1997 konsumiert wurden. Doch bei Abwandlungen der traditionellen

Methoden ist die Sachlage weniger klar. Besonders die Gruppe der Pilze entzieht sich durch ihre vielfältigen Anwendungsmöglichkeiten und Erscheinungsformen häufig einer stringenten behördlichen Einordnung. Durch die zuständigen Behörden in unterschiedlichen Mitgliedstaaten kam es deshalb immer wieder zu widersprüchlichen Entscheidungen. Das liegt daran, dass nicht nur ein Organismus, dessen regelmäßiger Verzehr vor 1997 nicht stattfand oder nicht belegbar ist, zu einer Einordnung als *Novel Food* führen kann, sondern auch ein neuartiger Prozess der Produktion.

Und bei mikrobieller Biomasse? Das Mykoprotein von Quorn, das den vorher von Menschen nicht verzehrten Pilz *Fusarium venenatum* enthält, musste beispielsweise vor der Zulassung im Vereinigten Königreich zwölf Jahre lang unterschiedlichste Tests durchlaufen, um seine Unbedenklichkeit zu belegen.[97] Auch ohne dass es damals die *Novel-Food*-Verordnung gab. Die Brauhefe *Saccharomyces cerevisiae* gilt hingegen nicht als neuartiges Lebensmittel, da wir sie schon seit Langem konsumieren. »Das ist einer der Gründe, warum wir uns dazu entschieden haben, auf die gute alte Hefe zu setzen«, erklärt mir Christoph Pitter von Protein Distillery.

Solar Foods' Bakterienprotein erhielt im September 2022 seine erste Zulassung als neuartiges Lebensmittel von der Singapore Food Agency (SFA). Damit sind Einfuhr, Herstellung und Verkauf von Lebensmitteln, die das mikrobielle Protein enthalten, in Singapur zugelassen. Pasi Vainikka, der CEO von Solar Foods, bezeichnete den Moment der Zulassung als vergleichbar zur Entdeckung der Kartoffel als Nahrungsmittel. Egal, ob man den Vergleich für gerechtfertigt oder übertrieben hält, es zeigt auf jeden Fall, wie wichtig dieser Schritt für die ganze Branche war. Die regulatorische Schallmauer wurde durchbrochen. Zumindest in Singapur. Solar Foods hat inzwischen zwar auch eine Zulassung als *Novel Food* in der EU beantragt, doch obwohl es sich um eine europäische Innovation handelt, zog allein die unbürokratischere und nachvollziehbarere Zulassung in Singapur das finnische Start-up ans andere Ende der Welt. Das macht deutlich, welchen Einfluss die Hürde der Zulassung auf die zukünftige Entwicklung haben kann. Doch Solar Foods hält der EU vorerst die Treue. Die kommerzielle Produktion und der Verkauf des Proteins sollen 2024 in der neu errichteten Factory 01 beginnen.

Auch andere Fermentationsfirmen zieht es nach Singapur. »Es handelt sich um einen wahren Hotspot für neue Lebensmittel«, schreibt mir Hermes Sanctorum von Paleo in Belgien. »Und die weniger langwierigen Zulassungsverfahren haben eindeutige Vorteile. Aber dafür hat Europa andere Stärken: Die Bereitschaft, Alternativen zu tierischen Produkten zu konsumieren, ist hier relativ hoch, und wir haben fast die Hälfte aller Firmen für Präzisionsfermentation hier bei uns.« Vorerst ist die EU also nicht abgehängt, und hoffentlich werden Anpassungen des regulatorischen Systems dafür sorgen, dass uns die Pionier:innen der Fermentation erhalten bleiben. Denn natürlich sollen Risiken für Gesundheit und Umwelt minimiert werden, doch wie wir gesehen haben, können die neuen Lebensmittel aus Fermentation einen wichtigen Beitrag zu mehr Ernährungssicherheit und Nachhaltigkeit leisten. Zulassungsverfahren, die vor allem eine Hürde oder sogar eine Verhinderung darstellen, werden deshalb einem ganzheitlichen Vorsorgeprinzip nicht gerecht. Echte Vorsorge ist die Suche nach der perfekten Balance zwischen angemessener Vorsicht und der Ermöglichung von Innovation.

Nun haben wir zwei wichtige Hürden für die Revolution aus dem Mikrokosmos kennengelernt. Zwischen dem Markt und unseren Tellern steht eine davon: die Akzeptanz durch uns Konsument:innen. Und Zulassungsverfahren, die neuartige Lebensmittel aus Fermentation durchlaufen müssen, stellen die zweite Hürde dar – jene zwischen Bioreaktor und Markt. Noch vor diesen beiden Hürden befindet sich aber eine dritte: jene zwischen einem Konzept im Labormaßstab und einer Produktion im industriellen Maßstab.

Vom Kleinen ins Große: Herausforderungen für die Produktion im großen Maßstab

Um den Produktionsprozess wirtschaftlich und die Preise für uns Konsument:innen akzeptabel zu gestalten, müssen sich die Verfahren auch im großen Maßstab bewähren. Das, was als Konzept im Labormaßstab gut funktioniert, muss auch in Bioreaktoren funktionieren, die um ein Vielfaches größer sind. Man nennt den Weg dorthin Skalierung, weil man das Ausmaß der Produktion skaliert, also von einem kleinen in einen großen Maßstab bringt. Igor Lev von Formo hat mir gezeigt, wie man dabei bei den ersten Schritten vorgeht. Zunächst von Millilitern zu Litern und dann von Litern zu mehreren hundert Litern. In den Brauereien habe ich Tanks von mehreren zehntausend Litern Volumen gesehen, und Anlagen für Einzellerprotein fassen auch mal hunderttausend Liter und mehr. Die meisten Pionierfirmen der Fermentation planen, sich diesen Größenordnungen zumindest anzunähern, und zeichnen optimistische Zeitlinien, in denen sie größere Mengen für weniger Geld produzieren werden. Aber sind sie vielleicht etwas zu optimistisch? Schließlich ist es nicht überraschend, dass enthusiastische Gründer:innen und ihre Firmen von ihrem Ansatz sehr überzeugt sind und auch andere davon überzeugen möchten.

Ich wollte eine möglichst objektive Einschätzung aus der Wissenschaft zum Thema Skalierung hören und habe deshalb mit Grzegorz Kubik gesprochen, der sich seit vielen Jahren am renommierten Fraunhofer Institut für Grenzflächen- und Bioverfahrenstechnik IGB mit Fermentationsprozessen beschäftigt. Ich wollte von ihm wissen, ob eine Produktion im großen Maßstab wirklich realistisch ist oder ob es aus technischer oder biologischer Sicht Gründe gibt, warum das so nicht eintreten oder die Vorteile viel geringer ausfallen werden. »Es kommt darauf an«, antwortet er. Der absolute Lieblingssatz aller Wissenschaftler:innen. »Vor allem ist erst einmal die Art des Proteins wichtig, das hergestellt werden soll. Wenn wir über essbares, mikrobielles Protein sprechen, dann ist eine Produktion im großen Maßstab sehr gut realisierbar.« Also wie etwa bei den Pilzproteinen von Quorn oder Mycorena oder beim Bakterienprotein von Solar Foods.

»Wenn wir über tierische Proteine sprechen«, führt Gregorz Kubik weiter aus, »die mit gentechnisch veränderten Mikroorganismen hergestellt werden sollen, dann ist das auch absolut möglich, aber von mehr Faktoren abhängig als bei mikrobieller Biomasse. Zum Beispiel ist die Produktion eines funktionierenden Proteins in einem Organismus von mehr abhängig als nur vom genetischen Bauplan, der in der DNA abgespeichert ist. Sie werden danach teilweise noch von verschiedenen zellulären Mechanismen modifiziert.« Wenn man das zum Beispiel auf den Bau eines Autos überträgt, so würde zuerst anhand eines Bauplans die ganze Karosserie samt Achsen, Rädern und Motor zusammengebaut. Das Auto würde schon wie ein Auto aussehen und auch fahren können, wäre aber noch nicht für den Straßenverkehr geeignet und sehr unkomfortabel. Deshalb bekäme es in weiteren Arbeitsschritten unter anderem noch Bremsen, Scheiben, Sitze und Elektronik verpasst, eine Lackierung und natürlich schicke Sitzbezüge. So ähnlich läuft das auch bei Proteinen, nachdem ihre Grundstruktur aus der DNA abgelesen wurde, sie aber funktional noch nicht ausgereift sind. Deshalb braucht es neben dem genetischen Bauplan häufig noch ganz bestimmte zelluläre Abläufe, um ein funktionstüchtiges Protein zu erschaffen. »Das ist aus meiner Sicht alles lösbar, ich will damit nur zeigen: Es ist etwas komplizierter, als es manchmal klingt.«

Hinzu kommen laut Grzegorz Kubik Fragen der Aufreinigung des Produktes, um eine akzeptable Qualität zu erreichen. Unabhängig davon, ob man mikrobielle Biomasse oder bestimmte Produkte herausbekommen will, die von den Mikroorganismen hergestellt werden. Auch das kostet Energie, was bei der Skalierung beachtet werden muss. »Hier spielen dann Fragen wie Eigengeschmack der Wirtszelle und erwünschte Farbe eine Rolle.« Für möglichst realistische Abschätzungen von Energieverbrauch und Produktionskosten müssen also die nötigen Schritte nach der eigentlichen Fermentation miteinbezogen werden. »Das kann dann beeinflussen, ob ein Prozess wirklich wirtschaftlich ist. Und das wiederum ist natürlich wichtig dafür, ob wir eine Produktion in großem Maßstab erleben werden.« Dass eine solche Produktion umweltfreundlicher wäre, davon ist auch Grzegorz Kubik fest überzeugt: »Besonders die Flächeneffizienz könnten wir damit enorm steigern. Und technisch sind wir allemal in der Lage, solche Produktionen zu realisieren.«

Es ist also laut Wissenschaft potenziell nachhaltiger und technisch prinzipiell möglich, wenn auch teilweise herausfordernd. Was hält eine Fermentation im großen Maßstab dann noch auf? Auf diese Frage bekommt man unterschiedliche Antworten. Drei der häufigsten kann man folgendermaßen zusammenfassen:

»Wenig zu gewinnen, viel zu investieren«

Die Gewinnmargen im hart umkämpften Lebensmittelsektor sind eher gering und einige wenige Konzerne beherrschen den Markt. Das ist in anderen Bereichen, in denen neueste Technologien zum Einsatz kommen, anders – zum Beispiel in der Informationstechnologie (IT). Dort haben sich durch die rasant wachsende Nachfrage bei gleichzeitig schnell sinkenden Produktionskosten die Investitionen innerhalb weniger Jahre ausgezahlt, und sie tun es meist auch heute noch. Pessimist:innen meinen zu beobachten, dass Prinzipien und Hoffnungen aus der IT-Branche auf die Fermentation übertragen werden. Und sie stellen infrage, dass sich bei einem Geschäft mit Lebensmitteln, bei dem es so wenig zu gewinnen gibt, die großen Investitionen in den Bau neuer Bioreaktoren auszahlen werden. Wenn ich überlege, was ich für Smartphone, Computer, Internetanschluss und Streamingdienste bezahle und wie sehr ich gleichzeitig bei Lebensmitteln auf Preisunterschiede achte, könnte an diesem Punkt durchaus etwas dran sein. Werde ich bereit sein, für Käse aus Präzisionsfermentation oder Frikadellen aus Mykoprotein viel mehr zu zahlen als für deren tierische Originale? Wahrscheinlich nicht. Wird es gelingen, die neuen Produkte zu einem ausreichend niedrigen Endpreis anzubieten? Das muss sich zeigen.

»Moore's Law ist auf Biotechnologie nicht anwendbar«

Die Start-up-Szene der neuen Fermentation erinnert sehr an die IT-Start-ups des Silicon Valley. Und tatsächlich tummeln sich in dieser kalifornischen Zukunftsschmiede auch viele der erfolgreichsten Vertreter:innen der mikrobiellen Revolution. Im IT-Bereich hat sich *Moore's Law* (Mooresches Gesetz) von der exponentiellen Verbesserung der Technologie bewahrheitet: Die Komplexität integrierter Schaltkreise (Transistoren) und damit die Rechenleistung von Computerchips haben sich innerhalb eines Zeitraums von ein bis zwei Jahren immer wieder verdoppelt, bei gleichzeitig sinkenden Produktionskosten. Optimist:innen erwarten eine solche Entwicklung auch im Bereich von Bioreaktoren. Doch ist das realistisch? Exponentielles Wachstum ist, wie wir gelernt haben, durchaus etwas, wozu Mikroorganismen natürlicherweise fähig sind. Das bedeutet aber noch nicht, dass man dieses Phänomen, das biologisch unter optimalen Bedingungen möglich ist, auf die Produktion mit Bioreaktoren übertragen kann. Lebende Systeme sind unheimlich komplex und noch immer größtenteils unverstanden. Es gibt zahlreiche Faktoren, die einem exponentiellen Wachstum im Wege stehen könnten, und bisher keine Anzeichen dafür, dass *Moore's Law* auf die Skalierung einer Produktion in Bioreaktoren übertragbar ist.

»Die Biologie setzt der Skalierung Grenzen«

Verursacht wird dieser Unterschied zur Skalierung in der IT-Branche durch Grenzen, welche die Biologie dem Prozess auferlegt. Lebende Systeme sind keine Transistoren. Wir haben gelernt, dass in einem Bioreaktor zum Beispiel beim Verrühren sogenannte Scherkräfte auftreten, die den Mikroorganismen ab einer bestimmten Größe des Bioreaktors schaden können. Pessimist:innen erwarten nicht, dass sich dieses und weitere Probleme in absehbarer Zeit lösen lassen, und meinen deshalb, dass der Größe von Bioreaktoren eine Art natürliche Grenze gesetzt ist.

Und was sagen Innovator:innen, die bereits am Punkt der Skalierung stehen? Für die Herstellung von Mykoprotein werden in Großbritannien schon seit den 1980er-Jahren Fermenter mit 150000 Litern Fassungsvermögen genutzt. Warum müssen Start-ups wieder im Kleinen beginnen? Ramkumar Nair von Mycorena erklärt mir, dass jeder Organismus sich anders verhält und deshalb auch von Neuem mit unterschiedlichen Arten und Größen von Fermentern getestet und optimiert werden muss. Die Erprobung unterschiedlicher Arten von Futter füge, so sagt er, eine weitere Dimension an Komplexität hinzu. Das müsse Schritt für Schritt erprobt und skaliert werden, bis der Prozess auch in großen Volumina funktioniere. Für Präzisionsfermentation gilt prinzipiell dasselbe, nur dass sich aufgrund der von Grzegorz Kubik beschriebenen, etwas komplexeren Herausforderungen das Volumen hier bisher noch eher im Bereich einiger hundert bis tausend Liter bewegt.

Und wie sieht es bei Gasfermentation aus? Darüber habe ich noch einmal mit Ludger Weß gesprochen, der mit seinem Start-up 350 ppm Biotech diese Art der Fermentation nutzt. Er hat mir einen ganz konkreten Einblick gegeben, welche Schritte während der Entwicklung nötig sind. »Wir haben in den zwei Jahren seit unserer Gründung soweit alle unsere Hausaufgaben gemacht«, sagt er. »Wir haben unseren Mikroorganismus und einen genetischen Werkzeugkasten etabliert, mit dem er verändert werden kann, und haben dafür auch ein Patent eingereicht. Wir haben unterschiedliche Stämme generiert, die präzise ganz bestimmte Produkte wie Vitamine, therapeutische Proteine und Aminosäuren produzieren können.« Damit diese, nachdem sie sich in den Mikroorganismen angereichert haben, ins Medium abgegeben werden, haben Ludger und sein Team einen genetischen Schalter in das Erbgut des Organismus einprogrammiert. So kann ihm zu einem optimalen Zeitpunkt ein Signal gegeben werden, um das Vitamin oder Protein in die ihn umgebende Flüssigkeit abzugeben. »Das alles haben wir in einem Volumen von 15 Litern getestet und auch das Protein, das dabei entsteht, auf seinen Nährwert analysieren lassen. Wir haben sogar eine technisch-ökonomische Machbarkeitsanalyse und einen Kostenplan für eine tausend Liter große Pilotanlage erstellt. Wir sind also absolut bereit, um die nächsten Schritte zu gehen.« Technische Herausforderungen für die Skalierung seien laut Ludger alle irgendwie lösbar, und er ist überzeugt, dass die Pessimist:innen bald eines Besseren belehrt werden.

Warum geht es dennoch nicht schneller voran? Warum bleiben viele Start-ups und ihre Konzepte beim Sprung zu größeren Maßstäben plötzlich hängen? Zusammenfassend habe ich durch meine Recherchen und die vielen Gespräche folgende konkrete Hürden für die Skalierung von neuen Fermentationsansätzen identifiziert:

Ursache 1: Es gibt nicht genügend Bioreaktoren
Eine ernüchternde und schlichte Wahrheit ist, dass es kaum entsprechende Anlagen gibt, in denen man neue Fermentationsansätze in größeren Volumina testen könnte. Die wenigen, die es gibt, sind oft über Jahre hinweg ausgebucht. Auch die Herstellung neuer Bioreaktoren kann mit der Nachfrage nicht mithalten. Bis Bestellungen ausgeliefert werden, kann schnell ein Jahr oder noch mehr Zeit vergehen. Allgemein ist der Bau neuer Anlagen durch die immer noch beeinträchtigten Lieferketten zeitaufwendig und braucht Spezialist:innen, die sehr gefragt sind. Spezielle Bioreaktoren für Gasfermentation sind noch schwieriger zu bekommen.

Ursache 2: Verfügbarkeit von günstiger Energie und Rohstoffen
Für die Produktivität und Effizienz einer skalierten Fermentation sind die Verfügbarkeit von Energie und Rohstoffen entscheidend. An Standorten, an denen beides teuer ist, wird eine Skalierung potenziell unwirtschaftlich und deshalb unattraktiv. Der Ausbau regenerativer Energien und die Versorgung mit günstigem Strom sind für den Betrieb von Bioreaktoren ebenso wichtig wie die Verfügbarkeit günstiger und nachhaltig produzierter Nährstoffe aus der Landwirtschaft durch Reststoffströme oder in Form von aus der Atmosphäre gewonnen Gasen.

Ursache 3: Das regulatorische Umfeld in der EU ist zu unsicher
Die Unsicherheit, ob, wann und unter welchen Bedingungen ein angestrebtes Produkt in der EU überhaupt auf den Markt darf, macht es schwierig, Geldgeber:innen für die Entwicklung zu finden. In Ländern, in denen die regulatorische Situation innovationsfreundlicher ist, kann man deshalb weitaus größere Investitionen und weniger Probleme bei der Skalierung beobachten.

Ursache 4: Vorbehalte gegenüber Gentechnik
Auch mit der Akzeptanz durch Verbraucher:innen hat die Herausforderung der Skalierung eine Wechselwirkung. Es muss skaliert werden, damit überhaupt ein Produkt da ist, das Verbraucher:innen akzeptieren können. Andererseits sorgt eine ablehnende Grundhaltung in Bevölkerung und Politik dafür, dass Investor:innen zurückhaltend sind und dadurch einer Skalierung Steine in den Weg gelegt werden. Nicht bei allen Fermentationsansätzen kommt Gentechnik zum Einsatz, wie wir gesehen haben. Doch die in der EU vorherrschende, eher negative Grundhaltung gegenüber biotechnologischen Ansätzen im Bereich von Lebensmitteln macht es auch neuer Fermentation schwer.

Ursache 5: Investitionen sind zu gering
Viele Investor:innen und Fonds in Europa sind an einem schnellen Return on Investment interessiert, also daran, dass sich ihre Investitionen schnell auszahlen. Sie bevorzugen deshalb eher Projekte aus dem IT-Bereich. Wagniskapital ist in der EU im Vergleich zu den USA und anderen Ländern eher rar. Die oben genannten Ursachen tragen in Summe dazu bei, dass viele Investor:innen eher zurückhaltend sind und der Bau von Anlagen in Europa nur schwierig zu finanzieren ist.

All diesen Hürden zum Trotz gehen viele Unternehmen die Skalierung dennoch an. Inzwischen baut Mycorena in Schweden zum Beispiel an einer eigenen Anlage mit drei Bioreaktoren von je 50 000 Litern. Als ersten Schritt nach der Frühphase, in der sich die allermeisten Firmen noch befinden, werden jedoch sogenannte Pilotanlagen benötigt, in denen der entwickelte Prozess in den nächstgrößeren Volumina getestet werden kann. Quasi eine Zwischenstufe zwischen Labor und industrieller Produktion. Das kann man selbst in die Hand nehmen, wie das erst 2021 gegründete Hamburger Start-up MicroHarvest, das im November 2023 seine erste Pilotanlage in Portugal in Betrieb genommen hat.[98] Es gibt jedoch auch die Möglichkeit, die nötigen Investitionen in eine eigene Infrastruktur zu vertagen und erst einmal probeweise Bioreaktoren anzumieten.

Eine solche Anlage, in der man sich einmieten kann, wurde vor Kurzem bei Hildesheim gebaut. Der Anlagenbauer GEA stellt dort unter anderem Bioreaktoren für Fermentation zur Verfügung, und das Start-up ImaginDairy aus Israel ist unter den ersten Kund:innen, um seine mikrobielle Produktion von Milchprotein im größeren Maßstab zu testen.[99] Ich habe mit Tatjana Krampitz gesprochen, um sie nach den Größen zu fragen, die sie in der neuen Anlage anbieten. Sie leitet die Abteilung Technology Management New Food bei GEA und erklärt mir auf meine Anfrage hin: »Im Application and Technology Center of Excellence haben wir Bioreaktoren von 50 bis 2000 Litern zum Testen zur Verfügung, und GEA selbst baut Bioreaktoren von bis zu 200000 Litern. Somit können wir Fermentationsprozesse aus dem Labor auf die Pilotanlagengrößen übertragen, welche bereits einem industriellen Design entsprechen, und so ein sogenanntes Proof-of-Concept darlegen, also einen Nachweis, dass der angestrebte Prozess wirklich funktioniert. Eine weitere Skalierung durch die Ergebnisse der Pilotanlagentests auf ein industrielles Volumen ist dadurch gewährleistet.«

David Brandes ist Mitgründer und CEO der Planetary Group und arbeitet im schweizerischen Genf ebenfalls daran, der Revolution aus dem Mikrokosmos zum großen Sprung zur verhelfen. Planetary baut wie GEA die dafür entscheidenden Infrastrukturen aus Bioreaktoren auf und unterstützt mit seinem Know-how auch andere dabei. »Unser Ziel ist es, 13 Megatonnen CO_2-Äquivalente zu vermeiden und ein Prozent zum Erreichen des Pariser Klimaabkommens beizutragen«, erklärt mir David den ambitionierten Plan am Telefon. »Wir bauen, besitzen und betreiben für unsere Partner:innen weltweit ein Netzwerk von Fermentationsanlagen im industriellen Maßstab und arbeiten daran, diese immer größer werden zu lassen.« Und größer müssen sie werden, davon ist David überzeugt: »Wir brauchen Fermenter mit mehreren hunderttausend Litern Fassungsvermögen, um möglichst viel Produkt preiswert produzieren zu können. Es geht aber noch um viel mehr als das. Wir müssen drei Baustellen gleichzeitig angehen, damit die Skalierung trotz der Hürden, die du richtig identifiziert hast, wirtschaftlich funktioniert.«

Dazu gehört laut David als Erstes, die einzelnen Schritte im Prozess zu optimieren. Das bezieht sich nicht nur auf den Mikroorganismus selbst, sondern auf die gesamte Infrastruktur der Produktion rundherum – von der Aufbereitung des Futters über die Fermenter bis hin zur Verarbeitung der Produkte. Dabei kommt inzwischen auch künstliche Intelligenz zum Einsatz, die alle Vorgänge überwacht und selbstständig optimiert. Zweitens müssten die neuen Prozesse möglichst gut in bestehende integriert werden. Planetary sucht deshalb nach Produktionsstandorten, die bereits passendes Futter oder Energie für die Bioreaktoren produzieren oder wichtige Infrastruktur bereitstellen können. Bioreaktoren an solchen Orten zu platzieren, kann viele Ressourcen und Zeit sparen, weil man nicht bei null anfangen muss. Es kann sich zum Beispiel um große Brauereien oder auch um chemische Industrie handeln, deren Dampf als Energiequelle genutzt werden kann. »Und als Drittes müssen wir Wege finden, wie eine Finanzierung der Skalierung gelingen kann«, schließt David seine Aufzählung ab. »Dafür müssen wir die Risiken für Investor:innen reduzieren, was unter anderem durch die beiden ersten Punkte gelingen kann. All diese Dinge geht Planetary momentan gleichzeitig an, um die Skalierung von Fermentation voranzubringen.«

Die Hürde der Skalierung, die zwischen einer Produktion im Labor- und einer im Industriemaßstab steht, ist also je nach Fermentationsmethode unterschiedlich hoch und wird sowohl von Akzeptanz als auch Regulierung mitbeeinflusst. Wer wird am Ende recht behalten? Die Pessimist:innen, die grundlegende Hürden für eine wirtschaftliche Produktion unserer Lebensmittel in Bioreaktoren sehen? Oder die Optimist:innen, die eine rasche Verbesserung durch technologische Durchbrüche an der Schnittstelle von Biologie und Technologie erwarten? Die nächsten Jahre werden es zeigen.

Von Apfelbäumen und Raketen: Die Technik an die Biologie anpassen, statt umgekehrt

Vielleicht liegt die Lösung für eine Fermentation im großen Maßstab gar nicht in möglichst großen Bioreaktoren. Könnte man, statt die Biologie der Technik anzupassen, nicht besser umgekehrt an die Sache herangehen? Diese Idee hat Massimo Portincaso mit mir geteilt, als wir uns vor einiger Zeit einmal bei einem Netzwerktreffen der Biotech-Szene in Berlin trafen, das im Hinterhof eines Startups stattfand. Ich wollte unbedingt mehr darüber erfahren und habe mich mit Massimo zu einem digitalen Gespräch verabredet.

Als wir uns schließlich an den Bildschirmen gegenübersitzen, begrüßt mich Massimo freundlich und ist damit einverstanden, dass ich unser Gespräch aufzeichne. Er ist neben vielen anderen Dingen Gründer von Arsenale BioYards und hat eine ganz eigene Sicht darauf, wie man Fermentation zum Erfolg führen kann. Er spricht im Stehen vor seinem Laptop, trägt ein sportliches Polohemd, und auf dem weißen Regal hinter ihm steht das Modell eines Segelbootes. Massimo sieht es als seine Mission, dem Bereich des Biomanufacturing, wie man die Produktion mithilfe von Zellen und Enzymen auch nennt und für das es keine gute Übersetzung gibt, dabei zu helfen, in eine wirtschaftliche Zukunft zu navigieren. Denn bisher, so sagt er, sei dies eher nicht der Fall. Wenn man, um in der Bootsmetapher zu bleiben, den bisherigen Kurs wie gehabt fortsetze, sei ein Erreichen des Ziels sogar sehr ungewiss. »Das liegt vor allem an zwei historischen Problemen«, sagt Massimo und hebt zwei Finger. »Erstens, ist der einzige Bereich, in dem Biomanufacturing bisher auf wirtschaftliche Weise zum Einsatz kommt, die Pharmaindustrie. Es ist aber nun ein großer Unterschied, ob man etwas produziert, das am Markt 5000 Dollar pro Gramm kostet, oder etwas, das fünf Dollar pro Kilogramm kostet.« Damit bringt Massimo noch einmal sehr konkret auf den Punkt, was wir bereits als die geringen Margen am Lebensmittelmarkt kennengelernt haben. »Nach dem Vorbild der Pharmaindustrie zu produzieren, bringt gleichzeitig hohe Kosten mit sich. Es müssen viele Vorschriften und Regularien eingehalten werden und dafür braucht man spezielle Anlagen, Labore und Fachpersonal. So wird man keine günstigen Lebensmittel produzieren können.«

Durch die Prägung, die die ganze Branche durch die Pharmaindustrie erhalten hat, herrsche außerdem die Einstellung vor, so Massimo, es ginge vorrangig um ein wissenschaftliches Unterfangen. »In der

Pharmaindustrie dreht sich alles darum, neue Substanzen zu entdecken, um daraus das nächste Produkt zu entwickeln. Doch für einen Erfolg von neuer Fermentation im großen Maßstab und zu Lebensmittelpreisen müssen wir vor allem industriell denken, nicht wissenschaftlich. Daran fehlt es meiner Ansicht nach momentan noch sehr.«

Wegen dieser Denkschule werde sehr viel Energie und sehr viel Geld in die Forschung und Perfektionierung der Prozesse im Labormaßstab investiert, meint Massimo, und die Skalierung zu wenig beziehungsweise zu spät mitgedacht. Wobei eines der zentralen biologischen Prinzipien außer Acht gelassen werde: Ein Organismus existiert und funktioniert nie als einzelne Einheit, sondern immer in Interaktion mit seiner Umwelt. Also auch mit jener, die er in einem großen Bioreaktor vorfindet. Über diese Interaktionen lerne man allerdings wenig bis nichts, wenn man sich im Stile der Pharmaforschung nur auf die einzelne Zelle und ihre Gene konzentriert. »Das Ergebnis dieses Vorgehens sehen wir bei vielen aktuellen Versuchen der Skalierung«, sagt Massimo. »Statt die für die Biologie des jeweiligen Prozesses optimalen Bedingungen zu finden, betreiben wir vor allem Schadensbegrenzung. Wir tarieren die Bedingungen im Bioreaktor so aus, dass sie dem Mikroorganismus und seiner Aktivität so wenig wie möglich schaden. Wir hangeln uns von einem Volumen zum nächstgrößeren und hoffen dabei, dass der Prozess einigermaßen so abläuft, wie er es im Labor getan hat. Doch sehr häufig zeigt uns die Biologie plötzlich den Mittelfinger.« Mikroorganismen haben natürlich gar keinen Mittelfinger, aber was Massimo meint, und was wir bei Igor im Labor ganz praktisch erfahren haben, ist, dass es ein Bakterium in einem kleinen Gefäß im Labor unglaublich gemütlich finden kann, in einem Bioreaktor von mehreren hundert Litern jedoch die Lust am Produzieren womöglich komplett verliert. »Der große Nachteil an diesem Vorgehen ist, dass wir uns selbst daran hindern, die bestmögliche Lösung zu finden. Wenn wir aber nicht nur einzelne Ansätze, sondern den gesamten Sektor des Biomanufacturing auf die nächste Stufe heben wollen, müssen wir weg vom Konzept der Schadensbegrenzung und den gesamten Spielraum an Möglichkeiten ausnutzen.«

Das zweite, historisch bedingte Problem, das die Branche mit sich herumschleppe, sei laut Massimo die Vorstellung, man könne nur durch riesige Skalen konkurrenzfähig werden. Das gehe zurück auf die Zeit, in der die Idee von Biokraftstoffen aufkam. Damals, Anfang der Nullerjahre, wollte man fossile Kraftstoffe durch solche ersetzen, die biologisch hergestellt wurden. Nicht nur mit der Vergärung von landwirtschaftlichen Roh- und Reststoffen zu Biogas und Biodiesel, sondern auch mit Algen und anderen Mikroorganismen als zellulären Fabriken. Die erfolgreichen Ansätze waren jene, die möglichst zügig im großen Maßstab produzieren konnten. Und selbst von diesen haben es viele sehr schwer gehabt, als die Preise für fossile Rohstoffe wieder sanken. »Das Mantra aus dieser Zeit hat die Branche sehr verinnerlicht: Es müssen möglichst schnell, möglichst große Produktionsvolumina erreicht werden, um am Markt bestehen zu können. Nach dem Vorbild der großen Raffinerien, die man ja ersetzen wollte.« Bei Präzisionsfermentation und anderen biotechnologischen Ansätzen sei man, so Massimo, also zwischen zwei Extremen gefangen: dem Labormaßstab, in dem Wissenschaft und Entdeckung alles ist, auf der einen Seite und der Vorstellung, man müsse die Produktion unbedingt in einen Maßstab von Hundertausenden Litern pro Tank bringen, auf der anderen. Dabei würde der Fakt, dass Biologie sich nicht beliebig und voraussagbar skalieren lässt, häufig ignoriert.

Wie sollte man also stattdessen vorgehen, um Fermentation zum Erfolg zu führen? Massimo: »Wir brauchen einen radikal anderen Blick auf die Rolle der Biologie im Biomanufacturing. Skalierung wird bisher als einzige Lösungsoption angesehen, dabei ist sie in ihrer momentanen Form eher ein Teil des Problems. Schauen wir doch einmal in die Natur: Wir haben zwar bei einigen Nutztieren und auch Pflanzen dafür gesorgt, dass sie etwas größer sind als normalerweise. Doch das bewegt sich für jede Art in einem sehr engen Spektrum. Ein Apfelbaum ist so groß wie ein Apfelbaum, und niemand käme auf die Idee, ihn hundertmal größer skalieren zu wollen. Genauso ist ein Bioreaktor eine biologische Einheit, die je nach verwendetem Mikroorganismus und biologischem Prozess eine optimale Größe hat, in der alles am besten funktioniert.«

Statt Bioreaktoren als unbelebte, stählerne Tanks zu betrachten, sollte man sie vielmehr wie biologische Einheiten behandeln, so wie eine Pflanze oder ein Tier. Tut man dies, wird die Antwort auf die Frage, wie man in größerem Stil produzieren kann, eigentlich ganz einfach. Massimo: »Bei Arsenale BioYards ermöglichen wir es den Entwickler:innen neuer Ansätze, ihren Prozess direkt in einem größeren Maßstab zu testen und jene Größe zu finden, in der er am besten funktioniert. Und dann vergrößern wir die Bioreaktoren nicht immer weiter, sondern pflanzen neue.« Statt also immer den nächsten Schritt in ein noch größeres Volumen zum Ziel zu haben, werden mehr Bioreaktoren optimaler Größe produziert. Im Englischen nennt man diesen Ansatz *scale out*, im Gegensatz zum *scale up*. Ein Bereich, aus dem man ein solches modulares Vorgehen auch kennt, sind die erneuerbaren Energien. Solarpaneele wurden nicht immer größer, stattdessen hat man sie ab einer Größe, in der sie gut funktionieren, in die Massenproduktion gebracht und dadurch die Produktionskosten immer weiter gesenkt.

Doch kann so etwas auch mit Bioreaktoren klappen? »Es muss«, antwortet Massimo knapp. »Und ich bin optimistisch, dass es das wird. Wir müssen nur aufhören, vom Labor aus zu denken, sondern stattdessen von Anfang an die industrielle Dimension miteinbeziehen. Und auch bei der Konstruktion von Bioreaktoren müssen wir alte Denkmuster über Bord werfen und noch einmal ganz neu denken.« Auch hierfür hat Massimo einen Vergleich parat: Vor SpaceX kam niemand auf die verrückte Idee, wiederverwertbare Raketen zu konstruieren. Es war so normal, sie nur einmal zu benutzen, dass vor Elon Musk niemand auf die Idee kam, dieses Paradigma zu hinterfragen. Eine solche Herangehensweise wünsche sich Massimo auch für seine Branche: »Dann wird es hoffentlich gelingen, die Kosten drastisch zu senken und auch die Entwicklungszeit extrem zu verkürzen. Wenn es sieben Jahre dauert, im Labor einen Mikroorganismus dazu zu bringen, ein Molekül zu produzieren und weitere fünf, den Prozess in einen großen Maßstab zu übertragen, dann ist das zu lange. In dieser Zeit haben wir es in den 1960er-Jahren geschafft, zum Mond zu fliegen.« Momentan, räumt Massimo ein, gäbe es die für seinen

Ansatz nötigen Kapazitäten in Form von Bioreaktoren noch nicht. Die Engpässe bei der Produktion sind also auch ihm zufolge eine sehr reale Hürde. Ebenso stimmt er der Kritik mancher Pessimist:innen zu, dass viele in der Branche die Biologie als zu nebensächlich betrachten und der Illusion erliegen, man könne Prinzipien aus anderen Branchen einfach auf die Fermentation übertragen.

Womöglich führt die momentane Strategie des Skalierens also nicht zu einer erfolgreichen Produktion von naturidentischen, tierfreien Lebensmitteln aus Fermentation und muss komplett überdacht werden. Sonst könnten die Pessimist:innen am Ende vielleicht doch noch recht behalten, und es wird nicht gelingen, die Produktion von Lebensmitteln in Bioreaktoren wirtschaftlich zu machen. Die Lösung könnten viele Bioreaktoren ganz unterschiedlicher Größe sein – jeweils perfekt für die Art der Fermentation geeignet, die in ihnen abläuft. Wie Apfelbäume auf einer Plantage könnten sie nebeneinander aufgereiht in Hallen stehen, während draußen große Flächen frei würden, auf denen vorher das Futter für Kühe, Schweine und Hühner wuchs.

Die Macht des Status quo

Häufig hört man, der Versuch, mit neuen Lebensmitteln gegen tierische Produkte am Markt zu bestehen, gleiche dem Kampf Davids gegen Goliath. Es sei schwierig bis unmöglich, sich als Konkurrenz zu den bestehenden Produktionsprozessen zu behaupten und mit deren niedrigen Preisen für Milch, Fleisch und Co mitzuhalten. Doch ist das wirklich so? Und falls ja, warum?

Jemand, der sich in diesem Bereich sehr gut auskennt, ist Ivo Rzegotta. Ivo arbeitet beim Good Food Institute (GFI) und ist für dessen politische Interessenvertretung in Deutschland zuständig. Das GFI ist eine internationale Nichtregierungsorganisation (engl.: *non-governmental organisation*, NGO), die sich für ein nachhaltiges, sicheres und gerechtes Ernährungssystem einsetzt und dabei die Förderung von Fleisch aus Zellkultur sowie pflanzlichen und fermentationsbasierten Lebensmitteln besonders im Blick hat. Weltweit arbeiten die mehr als 190 Beschäftigten eng mit Wissenschaft, Wirtschaft und Politik zusammen, um einen »Übergang zu alternativen Proteinquellen« zu beschleunigen, wie Ivo es nennt. »Die Arbeit des GFI wird dabei vollständig über Spenden finanziert und ist unabhängig von Firmeninteressen«, stellt er klar. Ich wollte von Ivo wissen, wie aus seiner Sicht die neuen Lebensmittel ganz konkret durch die bestehenden wirtschaftlichen Bedingungen am Erfolg gehindert werden. »Die industrielle Tierhaltung hat über viele Jahrzehnte eine effiziente und komplexe Lieferkette aufgebaut, die es ermöglicht, tierische Produkte heute zu sehr niedrigen Preisen anzubieten«, sagt Ivo. »Dabei haben auch öffentliche Gelder eine große Rolle gespielt. Diese immer weiter reichende Optimierung des konventionellen Systems ist in großen Teilen zu Lasten von Klima- und Umweltschutz und des Tierwohls gegangen, sodass das System der industriellen Tierhaltung heute einen großen Anteil daran hat, dass die Menschheit die planetaren Grenzen überschreitet.«

Dass der Status quo sich so sehr etabliert hat, sei also nicht allein seiner ökonomischen Überlegenheit zu verdanken. Er wurde auch kräftig mit öffentlichen Geldern und fördernden Rahmenbedingungen unterstützt, und sogenannte externe Kosten, darunter vor allem negative Einflüsse auf Klima und Umwelt, spiegelten sich nie wirklich in den Preisen an Fleisch- und Käsetheken wider. Alternative Proteine im Allgemeinen und Fermentation im Besonderen stünden hingegen noch ganz am Anfang, so Ivo. Hier begännen die Unternehmen erst damit, eine funktionierende Lieferkette aufzubauen. »Daher können die Produkte preislich heute noch nicht auf Augenhöhe mit den tierischen Pendants sein.«

Gerade in der Phase der Skalierung, also beim Sprung auf den Markt, brauche es laut Ivo deshalb Unterstützung durch die Politik, so wie wir das bei anderen Technologien für Klimaschutz, wie zum Beispiel den erneuerbaren Energien und der Elektromobilität, auch gesehen haben. »Doch gegenwärtig passiert eher genau das Gegenteil: In Europa unterstützt die Politik mit massiven Betriebssubventionen das System der industriellen Tierhaltung und versäumt es zur gleichen Zeit, in hinreichendem Maße Zukunftsinvestitionen in nachhaltige Alternativen wie die Fermentation zu tätigen.«

Das kann Ivo auch mit konkreten Zahlen untermauern. Jüngst hat eine Studie ergeben, dass die öffentliche Förderung tierischer Produkte in Europa viel höher ist als die von neuen, zellbasierten Technologien wie Fermentation. Die Studie wurde 2023 von Forscher:innen der renommierten Stanford University veröffentlicht. Ihr zufolge sind die öffentlichen Mittel für tierische Erzeugnisse[100] in der EU um den Faktor 1200 und in den USA um den Faktor 800 höher als die Mittel für Alternativen aus Pflanzen, Fermentation und Zellkultur. Diese enormen Unterschiede kommen unter anderem durch Förderung auf der Produktionsebene zustande, wie etwa die Direktzahlungen aus der Gemeinsamen Agrarpolitik der EU (GAP) und Förderungen zur Entwicklung des ländlichen Raums. Aber auch durch große Unterschiede bei der öffentlichen Forschungsförderung.

Ich wollte noch etwas besser verstehen, wie sich die Macht des Status quo in Form größerer staatlicher Unterstützung manifestiert und habe mich deshalb mit Harald Grethe, Agrarökonom an der Humboldt-Universität zu Berlin, zu einem Videocall verabredet.

Es ist ein Sonntag im Herbst und wunderbar sonnig. Doch anstatt draußen bei einem Spaziergang das Wetter zu genießen, sitzen Harald Grethe und ich einander am Bildschirm gegenüber, um über Landwirtschaft zu sprechen. Als Erstes bemerken wir, dass wir auf demselben Bürostuhlmodell aus einem bekannten schwedischen Möbelhaus sitzen, und tauschen uns dann über unsere momentanen Aktivitäten und auch über mein Buchprojekt aus, bevor wir zu den Fragen kommen, die mir unter den Nägeln brennen. Wird die Fleischindustrie wirklich so stark subventioniert, wie man häufig hört? »Direkte Subventionen«, erklärt Harald, »gibt es nur noch sehr wenige. Dazu zählen unter anderem Investitionssubventionen für den Bau neuer Ställe.« Das war früher, bis vor einigen Jahrzehnten, jedoch noch anders. Damals wurden tierische Produkte tatsächlich gezielter gefördert, beispielsweise über eine Preisstützung durch hohe Zölle, Exportsubventionen und durch Mindestpreise, verbunden mit einer Abnahmegarantie sowie Lagerkostenzuschüssen für Rindfleisch und Milchprodukte. Zu Beginn der europäischen Agrarpolitik war eines der Ziele, eine erschwingliche Versorgung für alle sicherzustellen. Nicht nur wohlhabende, sondern alle Menschen sollten sich Fleisch und andere tierische Produkte leisten können.

Im Buch »Deutsche Fleischarbeit« von Veronika Settele kann man eindrücklich nachlesen, wie steigende Preise oder eine schlechtere Verfügbarkeit von Fleisch auch früher schon zu regelrechten Aufständen in der Bevölkerung führten. Es war also sogar eine Frage der gesellschaftlichen Stabilität, dass Regierungen für eine wirtschaftliche, heimische Produktion sorgten. Später entwickelte sich aus der entstandenen Überproduktion wiederum ein Exportmarkt, weil die immer produktivere Industrie irgendwann dazu führte, dass mehr da war, als im eigenen Land verbraucht wurde. »Die Preise der tierischen Produkte und auch der Futtermittel orientieren sich deshalb inzwischen am Weltmarkt«, sagt Harald. »Eine direkte Subventionierung gibt es so gut wie nicht mehr.« Allerdings beruhe die große Wettbewerbsfähigkeit der heutigen Produktion durchaus auf der staatlichen Unterstützung von früher – zumindest teilweise. Und damit hätten neue Produktionsweisen durchaus einen Nachteil gegenüber den etablierten. Hinzu kommen indirekte Bevorzugungen von Grundnahrungsmitteln, zu denen neue Lebensmittel meist nicht gehören. Zum Beispiel durch einen niedrigeren Umsatzsteuersatz, was die konventionellen Produkte im Verhältnis noch günstiger werden lässt. Ebenfalls zu indirekten Subventionen im weitesten Sinne, erklärt mir Harald, würden beispielsweise die bestehende Infrastruktur und etablierte Forschungsfelder gezählt. Beides sei naturgemäß auf die bestehenden Produktionsweisen ausgerichtet, während für neue Ansätze wie die Produktion in Bioreaktoren eine passende Infrastruktur erst noch gebaut und neue Studiengänge und Forschungsfelder erst noch eingerichtet werden müssten.

Es gibt heute also nicht mehr viele direkte staatliche Subventionen und Förderungen für Tierhaltung und Fleischproduktion. Historische Subventionen haben jedoch einen großen Anteil an der heutigen Wettbewerbsfähigkeit, und gewachsene Strukturen, die auf die konventionelle Produktion ausgerichtet sind, begünstigen diese auch weiterhin.

Wie sehen Vertreter:innen aus der Landwirtschaft die Rolle von direkten und indirekten Subventionen? Lea Fließ ist Geschäftsführerin von Forum Moderne Landwirtschaft, einem Verein, in dem sich Verbände, Unternehmen und Organisationen der Agrarbranche zusammengetan haben, um gemeinsame Interessen zu vertreten und über moderne Landwirtschaft zu kommunizieren. Sie hält eine Förderung landwirtschaftlicher Produktion auch weiterhin für wichtig. »Die Unterstützung mit öffentlichen Geldern und Leistungen, wie zum Beispiel der gesenkte Mehrwertsteuersatz, waren und sind wichtige politische Steuerungsmittel, um Versorgungssicherheit zu garantieren und um den Wettbewerb mit den EU-Nachbarstaaten zu regulieren.«

Aber sollten alte und neue Lebensmittel nicht möglichst gleich behandelt werden? Die Grundidee der staatlichen Subventionierung war es ja schließlich nie, es neuen Produkten schwer zu machen, sondern, dass alle Menschen ausreichend Zugang zu nahrhaften Lebensmitteln bekommen. Lea Fließ schließt nicht aus, dass manche der Bevorzugungen, wie etwa der niedrigere Steuersatz, mittelfristig auch für alternative Produkte gelten könnten. Doch bewerten könne sie das momentan nicht.

Alfons Balmann, Agrarökonom und Direktor des Leibniz-Instituts für Agrarentwicklung und Transformationsökonomien (IAMO), hält eine Reformierung für notwendig. »Es ist eine skurrile Situation, dass man beim Konsum von Haferdrinks eine höhere Umsatzsteuer zahlen muss als bei jenem von Kuhmilch und Milchprodukten. Dieser Unterschied gilt selbst beim Milchkaffee«, schreibt mir Alfons. »Wir behindern damit Innovation auf dem Lebensmittelmarkt, ohne dass daraus ein Nutzen für die Gesellschaft entsteht. Im Gegenteil, es wird sogar eine Transformation hin zu mehr Nachhaltigkeit behindert.«

Ist die Bevorzugung tierischer Produkte also ein Relikt aus der Vergangenheit, das wir durch ein System ersetzen sollten, bei dem die Preise von Lebensmitteln deren Nachhaltigkeit widerspiegeln? Also, wie viel Land sie verbrauchen, wie viele Klimagase sie ausstoßen und welche Einflüsse sie auf Ökosysteme haben? Zu dem Schluss, dass eine solche Einpreisung externer Kosten und eine steuerliche Begünstigung nachhaltiger Produkte denkbare Instrumente sind, kommt unter anderem der Wissenschaftliche Beirat für Agrarpolitik, Ernährung und gesundheitlichen Verbraucherschutz (WBAE) in einem sehr umfangreichen Gutachten aus dem Jahr 2020.[101] Allerdings müsse man dabei bedenken, so die Autor:innen, dass höhere Mehrwertsteuersätze auf Lebensmittel einkommensschwache Haushalte besonders belasten und dass das EU-Recht einer Veränderung von Steuersätzen enge Grenzen setzt. »In der Wissenschaft gibt es trotz dieser Komplexität einen großen Konsens darüber, dass Rahmenbedingungen geschaffen werden sollten, in denen nachhaltige und gesunde Produkte bessere Chancen haben«, fasst es Alfons Balmann zusammen.

Um die Kräfteverhältnisse auszugleichen, schließen sich Firmen der aufstrebenden Branche zu Allianzen zusammen. So gibt es zum Beispiel den Verband für Alternative Proteinquellen e. V. (BALPro). Speziell für die Förderung der Interessen von Unternehmen im Bereich der Fermentation hat sich Food Fermentation Europe (FFE) als Verband formiert. Christian Poppe, Sprecher von FFE, fasst die Ziele des jungen Verbandes so zusammen: »Wir setzen uns für einen verlässlichen, nicht diskriminierenden und marktorientierten Rechtsrahmen für Lebensmittel und Zutaten aus Fermentation ein, um einen fairen Wettbewerb zwischen den Marktteilnehmer:innen zu ermöglichen. Um das zu erreichen, stehen wir den politischen Entscheidungsträger:innen mit unserer Expertise zur Verfügung und wollen auch der Öffentlichkeit zeigen, wie viel Potenzial für uns alle in der Fermentation steckt.« Die neue Branche kreiert sich eine eigene Lobby, um den Verfechter:innen des Status quo auf EU-Ebene geeint und mit guten Argumenten zu begegnen.

Es mit neuen Produkten aus Fermentation auf den Markt und bis auf unsere Teller zu schaffen, erinnert also tatsächlich an den Kampf zwischen David und Goliath. Die Macht des Status quo ist groß, und es werden von der Wissenschaft begleitete politische Maßnahmen und neue Allianzen nötig sein, um das zu ändern. Doch es weht bereits ein *Wind of Change* durch Lebensmittelindustrie und Politik, und wir könnten in den nächsten Jahren erleben, dass sich so einiges ändert. Dass diese Entwicklungen ernst zu nehmen sind, erkennt man auch am zunehmenden Gegenwind. In Italien hat die amtierende Regierung etwa kürzlich ein Verbot der Herstellung und des Verkaufs von Fleisch aus Zellkultur erlassen – unter anderem mit der Begründung, man wolle die heimische Tierhaltung schützen.

In die Zukunft investieren, aber wie?

Für eine Produktion im großen Maßstab braucht es nicht nur Unternehmen, die auf den Bau von Großanlagen spezialisiert sind. Es braucht auch eine andere Art von Kapitalgeber:in, die das alles finanziert. Die Start-ups, von denen wir einige kennengelernt haben, haben schon ordentlich Geld von Investor:innen gesammelt, um die Frühphasen der Produktion zu finanzieren. Also die Entwicklung von geeigneten Mikroorganismen, eine funktionierende Produktion in einer Größenordnung von einigen hundert Litern, erste Patente und vielleicht sogar eine Einreichung für ein Zulassungsverfahren. Solche Investitionen nennt man *Venture Capital* (VC) oder Wagniskapital, denn es gilt als ein Wagnis, in die Frühphase einer ganz neuen Technologie zu investieren. Wagniskapitalgeber:innen sind in der Regel nach der Frühphase raus und sehen sich nach neuen, risikoreichen, aber prestigeträchtigen Projekten um, in die sie investieren können. Wo also soll das Geld, für die eher trockene Aufgabe, die tollen Ideen im großen Maßstab marktfähig zu machen, herkommen? Für eine Einschätzung, von welchen Größenordnungen wir hier sprechen, können wir uns an Zahlen für Fleisch aus Zellkultur orientieren: Um nur ein halbes Prozent des Weltmarktes für Fleisch durch Fleisch aus Zellkultur zu ersetzen, bräuchte man laut der Unternehmensberatung McKinsey 10- bis 20-mal so viel Bioreaktorkapazität wie die heute existierende Pharmaindustrie.[102] Für Fermentation werden schnellere Sprünge in der Produktivität erwartet, denn der Prozess ist viel näher an dem des altbekannten Brauens. Trotzdem sprechen wir hier über sehr viele Anlagen, die gebaut werden müssen, und über viel Geld, das dafür fließen muss.

Bisher waren die dafür nötigen Investitionen in der EU nicht in Aussicht. »Die USA machen es besser«, findet Ludger Weß. »Dort hat man eine *Moonshot*-Initiative auf den Weg gebracht, um Start-ups zu unterstützen und auch die Infrastruktur für Präzisionsfermentation zu bauen.« An LanzaTech, einem Vorreiter der Branche, könne man das laut Ludger gut beobachten. Dessen Gründer:innen seien seinerzeit von Neuseeland in die USA gegangen, weil sie dort bessere Bedingungen vorgefunden hätten, vor allem Kapitalgeber:innen, um so eine Firma richtig groß zu machen. »Da könnte sich Europa einiges abschauen, um innovative Unternehmen aus diesem Bereich anzulocken, anstatt sie zu vertreiben.«

Dabei ist Europa, was die vorhandenen Kapazitäten für Fermentation angeht, Nordamerika sogar weit voraus. Hier gibt es beinahe doppelt so viele verfügbare Bioreaktoren, auch wenn vor allem die USA nun viel daran setzen, das aufzuholen.[103] Es ist aber auch nicht alles schlecht, und nachdem Europa jahrelang hinter andere Regionen der Welt zurückgefallen war, wurden laut einem Bericht des GFI[104] im Jahr 2022 ganze 370 Millionen Euro in die Entwicklung von Alternativen zu tierischen Produkten investiert. Das war mehr als die Hälfte aller öffentlichen Investitionen in diesem Bereich weltweit. Und im Rahmen der »Proteinwende« sind für den deutschen Bundeshaushalt 2024 immerhin ganze 38 Millionen Euro eingeplant, von denen 10 Millionen für die »Förderung von Produktions- und Verarbeitungsmethoden pflanzenbasierter, fermentierter und zellkultivierter Proteine und von Begleitmaßnahmen für Projekte, die bei der Umstellung auf die Produktion und Verarbeitung alternativer Proteine« eingesetzt werden sollen.[105] Und auch auf EU-Ebene tat sich etwas, kurz bevor ich das Manuskript für dieses Buch fertiggestellt hatte: 50 Millionen Euro sollen im Rahmen des Arbeitsprogramms des Europäischen Innovationsrates (EIC) für 2024 bereitgestellt werden, um Startups bei der Skalierung zu unterstützen. Der Fokus liegt dabei auf alternativen Proteinquellen, also auch auf Fermentation.[106] Ivo Rzegotta vom GFI ist optimistisch, was die Entwicklung angeht:

»Ich glaube daran, dass wir auch in der EU noch den Anschluss hinbekommen können.«

Doch wie sollte öffentliches Geld, wenn es endlich zur Verfügung steht, am besten investiert werden? Wie können damit die Ursachen für eine stockende Skalierung am besten behoben werden? Dazu gibt es unter Expert:innen unterschiedliche Ansichten.

»Über lange Jahre hinweg hat die Politik das Thema alternative Proteine allein dem Markt überlassen«, sagt Ivo. »Dadurch wurde die Grundlagenforschung, die eigentlich in den öffentlichen Bereich gehört, in durch Wagniskapital finanzierte Start-ups verlagert.« Hier sollte die Politik unbedingt umsteuern und in öffentliche Forschungsförderung im Bereich Proteinwende investieren, so Ivo. So, wie sie dies zuvor bei der Energiewende und der Verkehrswende auch getan habe. »Dabei ist der Forschungsbedarf gegenwärtig vor allem technischer Natur. Wir haben beim GFI in allen dafür relevanten Bereichen identifiziert, wo die größten Lücken sind und wo öffentliche Investitionen den größten Effekt für die Weiterentwicklung des Sektors hätten.« Auch öffentliche Investitionen in die Infrastruktur hält Ivo für nötig, denn die beschriebene Skalierung von alternativen Proteinen erfordere massive Investitionen in den Aufbau von Anlagen mit Bioreaktoren. Dabei stellt die Finanzierung von Infrastrukturprojekten eine große Herausforderung für kleine und mittelgroße Unternehmen dar und sollte deshalb von staatlicher Seite flankiert werden. Und ist die erste Hürde erst einmal genommen, so die Hoffnung, werden sich nach und nach Firmen von ganz allein dazu entscheiden, in diesem neuen, lukrativen Geschäft tätig zu werden.

Doch nicht alle sind der Ansicht, dass öffentliches Geld vor allem in Infrastruktur für die Produktion fließen sollte. Patrick Rose von der Bundesagentur für Sprunginnovationen (SPRIND) in Leipzig hat eine etwas andere Sicht auf die Dinge. Als Innovationsmanager ist er bei SPRIND für die Suche nach und die Auswahl von neuen Projekten zuständig, in welche die Agentur investieren wird. Für 2023 standen SPRIND 170 Millionen Euro zur Verfügung, Tendenz für die nächsten Jahre steigend. Dabei geht nur ein Bruchteil davon, nämlich sieben Millionen Euro, für die Verwaltung und Gehälter der

Mitarbeiter:innen drauf, der Rest fließt in vielversprechende risikoreiche Sprunginnovationen. »Es ist meine Aufgabe, das Risiko und die Ungewissheit, die Kreativität, die Verrücktheit und das Potenzial einer Produktidee zu erkennen und sie zum Leben zu erwecken, wenn ich glaube, dass sie die Welt radikal verändern kann«, erklärt mir Patrick seine Philosophie und was er unter einer Sprunginnovation versteht. Er ist für den Bereich der synthetischen Biologie verantwortlich, in den auch Innovationen im Feld der Fermentation und des Biomanufacturing ganz allgemein fallen. »Jeder Innovationsmanager baut bei SPRIND sein eigenes Portfolio an Investitionen auf, von denen er glaubt, dass sie die Welt verändern werden.« Klingt das für Sie wie das typische Vorgehen einer Bundesagentur? Ich war beim ersten Kontakt mit SPRIND ziemlich überrascht, wie unbürokratisch und visionär sich das alles anhört.

Ich habe auch Patrick gefragt, welche Rolle seiner Meinung nach öffentliche Investitionen in einem so neuen und innovativen Bereich wie Fermentation spielen sollten. Seine Antwort: »Es geht darum, dort Risiken einzugehen, wo es sonst niemand tun würde. Die Regierungen spielen die wirklich wichtige Rolle, dort etwas zu wagen und womöglich auch zu versagen, wo für alle anderen ein zu hohes Risiko und zu viel Unsicherheit bestehen. Das Ergebnis ist, dass neue Technologien auf den Markt kommen, die uns nicht nur das Leben ein bisschen einfacher oder netter machen, sondern die unsere Gesellschaft wirklich revolutionieren können.« In den Aufbau von Infrastruktur für die Produktion sollte, wenn es nach Patrick geht, also nur relativ wenig staatliches Geld fließen. Zu häufig sehe man, wie Produktionsstrukturen, die mit viel öffentlichem Geld aufgebaut wurden, am Markt scheiterten, wenn sich der Staat zu spät zurückziehe. Hier sollten öffentliche und private Investitionen in partnerschaftlichen Projekten zusammenwirken.

Eine Erfolgsgeschichte für ein solches *Public-Private Partnership* ist die Bio Base Europe Pilot Plant in Belgien, die hochmoderne Pilotanlagen für die unterschiedlichsten biobasierten Prozesse bereitstellt. Bei ihrer Finanzierung half auch öffentliches Geld, der größte Anteil kam jedoch von privatwirtschaftlicher Seite. Wenn ein Konzept schnell genug wirtschaftlich konkurrenzfähig ist, würden auch ausreichend neue private Kapitalgeber:innen aufspringen und investieren und der Staat könnte und sollte sich schnell wieder zurückziehen, so Patrick. Daraus könnten dann nachhaltig marktfähige Strukturen entstehen. In den hochriskanten Bereich ganz neuer Ideen, die zwar vielversprechend sind, jedoch mit relativ großer Wahrscheinlichkeit scheitern können, will hingegen kaum jemand sein privates Geld investieren. Hier seien staatliche Gelder am besten angelegt.

Patrick ist bei SPRIND auch für die Konzipierung und Durchführung regelmäßiger Wettbewerbe zuständig, bei denen sich Erfinder:innen mit möglichst gewagten Ideen bewerben und eine Förderung gewinnen können. Während meiner Recherchen lief ein Wettbewerb für biologische Innovationen, die auch neue Arten der Fermentation umfassen könnten. »Unsere *Circular-Biomanufacturing*-Challenge zielt darauf ab, das Risiko aus den Biomanufacturing-Konzepten herauszunehmen, damit sie große Mengen günstig produzieren können. Die Ideen, nach denen wir suchen, müssen dabei die Möglichkeit bieten, sich in andere Produktionsbereiche integrieren zu lassen. Das hat bislang niemand wirklich geschafft.« Nach solchen Sprunginnovationen fahnden Patrick und seine Kolleg:innen, um ihnen den nötigen Schwung zum Absprung zu verleihen. Gelingt dieser, könnte die Revolution aus dem Mikrokosmos wirklich losgetreten werden. Die acht Sieger der *Biomanufacturing*-Challenge wurden im November 2023 bekannt gegeben.[107]

Aber es ist nicht nur Geld nötig, um neue Technologien voranzutreiben und wettbewerbsfähig zu machen. Es braucht vor allem auch Kreativität und eine gute Zusammenarbeit ganz unterschiedlicher Disziplinen und gesellschaftlicher Akteur:innen. Hierfür sind Zentren, sogenannte Hubs, besonders gut geeignet. Ein Beispiel ist der Hub Biotech Heights, der kürzlich von der Universität Lund in Schweden in Kooperation mit Tetra Pak eröffnet wurde. Hier sollen Pionier:innen eine Umgebung bekommen, in der sie ihre Ideen erproben können und dabei von Expert:innen unterstützt werden. Noch weiter gefasst ist das Konzept des Food Campus in Berlin. Unter dem Dach der Artprojekt Nature & Nutrition GmbH werden in den nächsten Jahren unterschiedlichste Innovator:innen, Produzent:innen und Visionär:innen in einem futuristischen Gebäude zusammenkommen, das gerade noch in Bau ist. Jörg Reuter ist Geschäftsführer des Food Campus und seine Begeisterung für das Projekt ist geradezu ansteckend: »Wir wollen etwas ganz Neues schaffen und wirklich alle wichtigen Akteur:innen entlang der Wertschöpfungskette zusammenbringen. So können wir die Transformation zu einem nachhaltigen und gesunden Ernährungssystem wirklich voranbringen.« Dabei hat Jörg auch neue Ansätze der Fermentation im Blick: »Wenn es zu einer gesunden Ernährung beitragen kann, finde ich mikrobielles Protein besonders interessant. Auch Präzisionsfermentation ist sehr spannend, besonders für den Bereich veganer Käse.« Doch am Food Campus werden auch die nachhaltigere Produktion tierischer Produkte, innovativer Anbau von Pflanzen und vieles weitere einen Platz haben. »Auch, wenn man heute nicht sagen kann, welches der Felder sich am stärksten durchsetzt, wird aus meiner Sicht das Thema ›zirkulär‹ zentral für die Nachhaltigkeit sein«, sagt Jörg. »Wenn das Füttern von Mikroben mit Rest- und Nebenströmen gelingt, kann das ein wichtiger Beitrag zu einer zirkulären Produktion von Lebensmitteln sein.«

Bekommen die klugen Köpfe, die sich mit dieser und anderen Herausforderungen der Fermentation beschäftigen, einen Platz zum gemeinsamen Nachdenken und Tüfteln und das nötige Kleingeld, um ihre Ideen umzusetzen, sollte der Revolution aus dem Mikrokosmos nicht mehr viel im Wege stehen.

Teil 7:

Die Welt nach der Revolution: Fragen, über die wir schon heute sprechen müssen

Ein Blick in eine milchige Kristallkugel

Wir haben eine Reise von den Anfängen der Fermentation bis in die Gegenwart unternommen und uns angesehen, was die Zukunft bringen könnte. Was sie wirklich bringen und welches von vielen denkbaren Zukunftsszenarien tatsächlich eintreten wird, kann niemand sicher sagen. Doch mit einem erwünschten Ziel vor Augen können wir die effektivsten Mittel wählen, um dieses zu erreichen. Wenn wir über das Für und Wider unterschiedlicher Wege in die Zukunft sprechen, sollten wir uns deshalb zuerst darüber unterhalten, wo es überhaupt hingehen soll. Welche Art Zukunft erhoffen wir uns für uns selbst und die Menschen nach uns? Und wollen wir alle in etwa dasselbe erreichen? In der konkreten Ausgestaltung werden unsere Vorstellungen womöglich auseinandergehen, doch wir können uns hoffentlich darauf einigen, dass wir Nachhaltigkeit wichtig finden, also eine Art des Umgangs mit den Ressourcen dieses Planeten, die auch kommenden Generationen noch möglich sein wird, weil wir nicht schon alles verbraucht haben.

Der Begriff der Nachhaltigkeit hat in den letzten Jahren einen inflationären Gebrauch erfahren. Das ist einerseits erfreulich, weil die Notwendigkeit eines nachhaltigen Wirtschaftens scheinbar zu vielen durchgedrungen ist oder zumindest der Wunsch danach wahrgenommen wird. Andererseits erlebt der Begriff dadurch eine Abnutzung, und seine Bedeutung wird verwässert. Ziel und Mittel, also das, was wir erreichen wollen, und die Wege, die dort hinführen, werden dabei häufig durcheinandergebracht. Gefühlt ist schon jetzt alles irgendwie nachhaltig, denn es steht ja auf fast jeder Produktverpackung. Dabei ist Nachhaltigkeit ein Ziel, ein angestrebter Zustand in der Zukunft, den wir noch nicht erreicht haben. Unterschiedliche Mittel und Wege können ihn herbeiführen, wir können aber nicht diese Mittel und Wege selbst schon als nachhaltig bezeichnen.

Auch in der Debatte über nachhaltige Landwirtschaft kann man eine solche Verwechslung von Zielen und Mitteln gut beobachten. Ökologischer Landbau ist ein definiertes Set an bestimmten Mitteln – mit standortabhängigen Stärken und Schwächen hinsichtlich Ressourcen- und Flächenverbrauch sowie Wirkung auf Umwelt und Klima. Behandelt wird Ökolandbau in der öffentlichen Debatte jedoch häufig so, als ginge es um ein Ziel, nicht um ein Mittel zum Zweck. Das in Deutschland politisch festgelegte Ziel, bis 2030 ganze 30 Prozent der Landwirtschaft in Ökolandbau umzuwandeln, ist laut Silvia Bender, Staatssekretärin im deutschen Bundesministerium für Ernährung und Landwirtschaft, nur der erste Schritt hin zum eigentlichen Ziel von hundert Prozent Ökolandbau.[108] Und das, obwohl es wissenschaftlich sehr zweifelhaft ist, ob das zu einer nachhaltigen Landwirtschaft führen würde, die doch das eigentliche Ziel sein sollte.

Überhaupt sprechen wir sehr viel über Mittel und zu wenig über Ziele. Die Debatte über bestimmte Formen der Pflanzenzüchtung, die als Gentechnik klassifiziert sind, nimmt beispielsweise seit vielen Jahren sehr viel Raum ein. Wir wenden viel Energie dafür auf, für oder gegen das eine oder andere Mittel zu sein, und verlieren dabei aus den Augen, wo es hingehen soll. Stattdessen sollte es, nachdem wir uns über das Ziel von Nachhaltigkeit mit ihren drei Säulen Gesellschaft, Ökologie und Wirtschaft geeinigt haben, einen Wettbewerb um die besten Mittel geben. Und da wir es räumlich, klimatisch und kulturell mit einem vielfältigen Mosaik zu tun haben, sollten wir auch ein Mosaik an Lösungen zulassen, um Nachhaltigkeit zu erreichen.

Optimistisch gesehen, deutet vieles darauf hin, dass wir von einem solchen Zustand des nachhaltigen Wirtschaftens momentan zwar noch ein ganzes Stück weit entfernt sind, aber gleichzeitig Möglichkeiten in greifbarer Reichweite haben, um das zügig zu ändern. Eine dieser Möglichkeiten ist der wissenschaftliche und technische Fortschritt, der uns einen effizienteren Umgang mit Fläche, Wasser und anderen Ressourcen ermöglichen, Kreisläufe schließen und negative Einflüsse auf Klima und Umwelt minimieren kann. Doch Technologie wirkt nicht von selbst in eine gesellschaftlich erwünschte Richtung. Sie ist ein Werkzeug, das wir auf die richtige Art einsetzen müssen. Gleichzeitig müssen wir damit klarkommen, dass Abschätzungen der zukünftigen Wirksamkeit einer Innovation wie ein Blick in eine milchige Kristallkugel sind. Weder Heilsversprechen noch pauschale Ablehnung sind deshalb angebracht – weder bei Ökolandbau noch bei Gentechnik und auch nicht bei Fermentation.

In der Produktion von Lebensmitteln in Bioreaktoren steckt viel Potenzial, so viel ist sicher. Ob und wie sie die Welt zum Besseren verändern wird, hängt jedoch von vielen Faktoren ab. Niemand kann die Zukunft voraussehen, doch wir können uns, so gut es geht, auf sie vorbereiten und sie aktiv mitgestalten, um einen erwünschten Zustand zu erreichen. Im letzten Teil dieses Buches geht es deshalb um Fragen, mit denen wir uns beschäftigen müssen, damit die Revolution aus dem Mikrokosmos möglichst vielen Menschen und Tieren zugutekommt und sie das Klima stabilisieren und die Umwelt schützen kann. Dieser gemeinsame Blick in eine milchige Kristallkugel soll Anstöße für die Debatte über Fermentation und unsere Ernährung der Zukunft geben und dazu motivieren, sich selbst an dieser Debatte zu beteiligen.

Bioreaktoren oder Bauernhof – Was wird aus der Landwirtschaft?

Nur etwa zwei Prozent aller Erwerbstätigen in Deutschland und knappe vier Prozent in Österreich sind in der Landwirtschaft beschäftigt. In den anderen Industrieländern der Welt sieht es ähnlich aus. Es ist also sehr wahrscheinlich, dass Sie selbst nicht zu dieser Gruppe von Menschen gehören. Trotzdem sind es die möglichen Auswirkungen auf diesen Teil der Gesellschaft, die wir uns zuerst ansehen wollen. Denn diese Menschen und ihre Betriebe tun (noch) viel mehr, als den Rest der Gesellschaft mit Nahrung zu versorgen. Sie generieren Wertschöpfung, sorgen für wirtschaftliche und soziale Strukturen in ländlichen Regionen und sind nicht nur Landnutzer:innen, sondern auch Landschaftspfleger:innen. Und wohl kaum ein anderes Berufsfeld wird stärker von einer erfolgreichen Revolution aus dem Mikrokosmos betroffen sein als die Landwirtschaft.

Werden tierische Lebensmittel in Bioreaktoren gebraut oder im großen Stil durch mikrobielle Proteine und Fette ersetzt, könnte das bestehenden tierhaltenden Betrieben große Probleme bereiten. Das hat einen einfachen Grund: Es würden weniger Nutztiere gebraucht. Mit Tieren auf ihren Höfen können Landwirt:innen bisher pflanzliche Rohstoffe in tierische Lebensmittel umwandeln. Da tierische Lebensmittel mehr Geld einbringen als pflanzliche und für uns in der Regel nahrhafter sind als die verfütterten Pflanzen, nennt man diesen Vorgang auch Aufwertung oder Veredelung. Für die Wertschöpfung in der Landwirtschaft ist die Veredelung von großer Bedeutung. Die Milchwirtschaft, deren Produkte neue Firmen mit Präzisionsfermentation ersetzen wollen, trug zum Beispiel in Deutschland im Jahr 2022 mit 16,8 Milliarden Euro ganze 47,2 Prozent zum Produktionswert tierischer Produkte und 22 Prozent zu dem der gesamten Landwirtschaft bei. Insgesamt stellen tierische Produkte grob die Hälfte des landwirtschaftlichen Produktionswertes, die andere Hälfte machen vor allem Produkte aus Nutzpflanzen aus.[109]

Durch einen Umstieg der Konsument:innen auf pflanzliche Milch- und Fleischalternativen wird die Veredelung von den Höfen in die verarbeitende Industrie verlagert. Denn für Hafer- und Sojadrinks produzieren landwirtschaftliche Betriebe nur noch den Ausgangsstoff, die Verarbeitung und damit ein großer Teil der Wertschöpfung findet anderswo statt. Ein landwirtschaftlicher Betrieb ohne Tiere kann mit derselben Fläche über Ackerbau also nur noch einen kleineren Teil erwirtschaften, wenn die angebauten Pflanzen als Rohstoff verkauft werden, statt über eine Verfütterung an Tiere eine Wertsteigerung zu erreichen. Bei einer Verlagerung der Milchproduktion von Kühen hin zu Bioreaktoren ist ein ähnlicher Effekt zu erwarten, denn auch diese Art der Produktion dürfte eher in der verarbeitenden Industrie stattfinden. Und da auch heute schon viele Betriebe – eingezwängt zwischen gesellschaftlichem Erwartungsdruck und harten Preiskämpfen – in eine ungewisse Zukunft blicken und häufig keine Hofnachfolge mehr finden, könnte das sogenannte Höfesterben durch das Wegfallen dieses letzten Veredelungsschrittes, der den Erzeuger:innen noch bleibt, weiter voranschreiten.

Wie denken Landwirt:innen selbst über die Idee, einen Teil unserer Ernährung der Zukunft durch Produkte aus Bioreaktoren zu bestreiten? Glücklicherweise kenne ich einige Exemplare dieser selten gewordenen Spezies – unter anderem Jana und Thomas Gäbert, die einen landwirtschaftlichen Betrieb im brandenburgischen Trebbin führen. Weil Trebbin nur etwa 30 Kilometer südlich von Berlin liegt, habe ich die beiden auch schon einmal auf ihrem Hof besucht und mir erklären lassen, wie sie als konventionell wirtschaftender Betrieb die Produktion von Lebensmitteln und die Förderung von Biodiversität unter einen Hut bringen (auch dazu gibt es einen Blogbeitrag von mir auf www.progressive-agrarwende.org). Neben Weizen, Roggen, Gerste, Kichererbsen und einigen anderen Feldfrüchten produzieren Jana und Thomas mit ihren Kühen auch Milch. Und zwar nicht zu knapp: etwa 10 Millionen Liter pro Jahr.

Über meine Frage, was sie von einem Ersatz durch Fermentation halten, müssen sie einige Zeit nachdenken, bevor sie mir ihre Antworten per Sprachnachricht schicken: »Es ist gar nicht so leicht zu beantworten, wie ich als Landwirt eine solche Entwicklung finde«, beginnt Thomas. »Das hängt von einigen Faktoren ab. Wenn diese Art der Produktion auf Rohstoffe aus der Landwirtschaft angewiesen ist, könnten sich neue Absatzwege ergeben.« Tatsächlich werden für viele der Bioreaktoren auch weiterhin Pflanzen benötigt werden, wenn auch weniger als für die ersetzten Nutztiere – dank der größeren Effizienz. In Europa ist vor allem die Zuckerrübe eine potenzielle Lieferantin von hochwertigem Zucker, der in manchen Bioreaktoren verwendet werden kann. Betriebe, die sich auf den Anbau von Zuckerrüben konzentrieren, haben in den vergangenen Jahren mit einigen einschneidenden Veränderungen zu kämpfen gehabt. Zum einen wurde der Zuckermarkt in der EU im Jahr 2017 liberalisiert. Seitdem gibt es keine politisch festgelegten Quoten mehr dafür, wie viel Zucker auf den Markt gebracht werden darf, und auch keine Mindestpreise, zu denen Fabriken den Landwirt:innen ihre Rüben abnehmen müssen. Ein Schutz vor günstigen Importen aus anderen Ländern ist ebenfalls weggefallen. Hinzu kommen zu erwartende Einschränkungen für den Einsatz von Zucker in Lebensmitteln. Ein neuer Absatzmarkt für regionale Zuckerrüben in Form von Bioreaktoren könnte hier also sehr gelegen kommen.

Ob der Bedarf für Zucker und auch eiweißhaltige Pflanzen die schwindende Wertschöpfung, die durch eine Reduktion der Tierhaltung zu erwarten wäre, abfedern kann, da ist Thomas allerdings skeptisch. »In den letzten Jahren ist die Wertschöpfung bei Agrarprodukten immer weiter zurückgegangen. Wir verdienen immer weniger an dem, was wir an die verarbeitende Industrie und an den Einzelhandel verkaufen. Mit den Tieren haben wir immer noch eine Möglichkeit für Wertschöpfung direkt auf dem Hof, weil wir Futter in Milch und Fleisch verwandeln. Wenn diese Möglichkeit wegfiele, wäre die Frage, was sie ersetzt.« Dabei sind Jana und Thomas neuen Entwicklungen gegenüber überhaupt nicht abgeneigt. Seit einigen Jahren bauen sie Kichererbsen an, weil die Nachfrage nach dieser regionalen Proteinquelle steigt. Immer wieder probieren sie auch neue Maßnahmen aus, um die Biodiversität auf ihren Flächen zu erhöhen oder den Folgen des Klimawandels für ihre Erträge entgegenzuwirken. »Aber mit irgendetwas müssen wir natürlich unser Geld verdienen«, erklärt mir Jana, »und ich sehe die Gefahr, dass bei einer Produktion von Milchprotein und anderen Grundstoffen in Bioreaktoren die Wertschöpfung noch weiter in die verarbeitende Industrie abwandert.«

Diese Sorge könnte durchaus berechtigt sein. Eine Produktion in Bioreaktoren ist, wie wir gesehen haben, bisher etwas, das in einer hochtechnisierten, industriellen Branche stattfindet. Wenn diese

Prozesse erst einmal skaliert sind und sich von ihrem Ursprung in der Pharmaindustrie gelöst haben, wird es sich eher um Brauereien als um Labore handeln. Aber selbst das moderne Brauwesen ist Teil der verarbeitenden Industrie. Braukessel und ZKTs für Bier stehen nicht auf Bauernhöfen, obwohl dort das nötige Getreide angebaut wird. Warum sollte sich diese seit vielen Jahrzehnten fortschreitende Arbeitsteilung beim Brauen von Lebensmitteln plötzlich rückgängig machen lassen?

Einen guten Überblick über die Stimmung in der gesamten landwirtschaftlichen Branche hat Lea Fließ vom Forum Moderne Landwirtschaft. Sie bestätigt mir das, was Thomas und Jana sagen: »Eine neue Konkurrenz durch Nahrungsmittel, die ohne landwirtschaftliche Produktion auskommen, ist natürlich eine Herausforderung.« Lea sieht aber – genau wie Thomas – auch Chancen für die Landwirtschaft, wenn für die Fermentation pflanzliche Abfallprodukte der Agrar- und Lebensmittelbranche an die Mikroorganismen verfüttert oder sie mit grüner Energie vom Acker und aus dem Stall betrieben werden würde. Eine auf Kreisläufen basierende Produktion in Bioreaktoren könnte also auch der bestehenden Landwirtschaft zugutekommen und die neuen Prozesse mit bestehenden verzahnen. Biogas aus Gülle oder Pflanzenresten könnte dabei einen Teil der nötigen regenerativen Energie stellen.

Dass landwirtschaftliche Betriebe auch ganz direkt von den neuen Technologien profitieren können, davon ist Florentine Zieglowski überzeugt. Mit dem Projekt RESPECTfarms wollen sie und ihre Mitstreiter:innen zeigen, dass Bioreaktoren auch auf Bauernhöfen stehen können. Wie kann man sich das vorstellen? »Der Prozess ist das A und O«, erklärt mir Florentine, die auch bei CellAg Deutschland aktiv ist, einer Plattform für zelluläre Landwirtschaft im deutschsprachigen Europa. »Ob kultiviertes Fleisch nun auf dem Bauernhof produziert wird oder in einer Fabrik – von der Zellentnahme bis zum Rohprodukt benötigen wir einen Prozess, der geschlossen ist und gut kontrolliert werden kann.« Natürlich braucht es für den Betrieb die entsprechenden Räumlichkeiten und Geräte, doch darin sieht Florentine eine überwindbare Hürde. »Für moderne Höfe ist es heute nichts

Ungewöhnliches mehr, neueste Technologie zu integrieren. Nehmen wir als Beispiel die neueste Generation von Milchrobotern, die heutzutage auf vielen landwirtschaftlichen Betrieben genutzt werden. Vom Euter der Kuh bis zum abgefüllten Produkt kümmert sich der Roboter um alles. Die Landwirt:innen kontrollieren den Prozess nur noch, ohne selbst Hand anzulegen.« Und wenn eine Maschine einmal nicht funktioniert, dann rufe man eben externe Dienstleister:innen, die sich um die Wartung oder Reparatur kümmern. In der Vision von RESPECTfarms könnte das bei Bioreaktoren auch so sein. »So verrückt ist das also gar nicht«, sagt Florentine.

Könnten Bioreaktoren auf Bauernhöfen also ein Zukunftskonzept sein? Thomas ist da skeptisch: »Für uns klingt das alles total spannend. Aber wir haben in den letzten Jahren gelernt, bei solchen Versprechungen erst einmal vorsichtig zu sein. Auch bei der Legalisierung von medizinischem Cannabis wurde uns in Aussicht gestellt, davon sehr zu profitieren. Doch es hat sich herausgestellt, dass der Anbau viel eher von darauf spezialisierten Unternehmen in Gewächshäusern umgesetzt wird als von Betrieben mit Ackerbau.« Damit spricht Thomas einen wichtigen Punkt an: Spezialisierung. Diese ist in der Landwirtschaft wie auch in vielen anderen Bereichen unserer Industrie, inzwischen sehr weit fortgeschritten. Es ist oft ökonomischer, sich auf wenige Bereiche zu spezialisieren, statt sich breit aufzustellen. Ein weiterer Grund für die Spezialisierung ist – neben der Wirtschaftlichkeit – ein zunehmender Aufwand für die Dokumentation, die Einhaltung von rechtlichen Vorgaben und das Sicherstellen von Qualitätsvorgaben. Jana kann davon ein Lied singen: »Wir müssen heute so viel Anträge stellen, Abläufe dokumentieren und uns um Fördermittel kümmern. Das macht inzwischen einen Hauptteil unserer Arbeit aus. Wenn der Betrieb von Bioreaktoren davon noch mehr mit sich bringen würde, wäre das schon ein mögliches Ausschlusskriterium.« Und noch etwas könnte den Einsatz von Bioreaktoren auf Bauernhöfen erschweren: der Fachkräftemangel. Schon jetzt gebe es laut Jana kaum Reparaturservice, und man müsse häufig sehr lange warten, bis Maschinen und Geräte repariert werden, die man selbst nicht mehr reparieren könne. »Je mehr neue Technik, desto weniger können wir selbst machen. Die Abhängigkeit von Dienstleistungsunternehmen mit Nachwuchsproblemen ist in den letzten Jahren immer größer geworden.«

Peter Breunig von der Hochschule Weihenstephan-Triesdorf sieht noch eine weitere Hürde für den Einzug von Bioreaktoren auf Bauernhöfen: Selbst, wenn Feldfrüchte direkt vom Hof oder auch Reststoffe genutzt werden können, müssen diese zunächst auf irgendeine Art aufbereitet und vorbehandelt werden. Das sei laut Peter ein Nachteil gegenüber Tieren, die direkt das fressen können, was auf dem Feld geerntet wird oder als Reste anfällt, ganz ohne komplexe Verarbeitungsschritte. Das hat damit zu tun, dass Tiere im Vergleich zu Mikroorganismen in einem Bioreaktor relativ unkompliziert sind, wenn es um Verunreinigungen im Futter geht. »Um das hochreine ›Futter‹ für Bioreaktoren zu erzeugen, werden industrielle Prozesse benötigt, die in kleinen Anlagen in landwirtschaftlichen Betrieben höchstwahrscheinlich nicht wirtschaftlich umzusetzen sind«, fürchtet Peter. Tatsächlich ist die Sache bei Fleisch aus Zellkultur etwas komplizierter als bei Fermentation mit Mikroorganismen. Eine Kultur von Säugetierzellen ist viel anfälliger gegenüber äußeren Einflüssen und benötigt eine viel sterilere Umgebung sowie reine Ausgangsstoffe. Auch Mikroorganismen in Fermentern sind noch etwas wählerischer als Tiere, was die Reinheit ihres Futters angeht. Wie wir aber schon wissen, sind sie weitaus einfacher zu handhaben als Fleisch aus Zellkultur.

Florentine ist weiterhin optimistisch, dass sich solche Hürden überwinden lassen. In Kooperation mit Landwirt:innen in den Niederlanden soll im Rahmen des Projektes das Konzept von Bioreaktoren auf dem Bauernhof zum ersten Mal in der Praxis getestet werden – auf die Ergebnisse darf man sehr gespannt sein. Manchmal muss man Dinge auch einfach einmal ausprobieren.

Die der Landwirtschaft vor- und nachgelagerten Bereiche nimmt Lea Fließ als offener und optimistischer wahr, was die neuen Möglichkeiten betrifft. Aus dem einfachen Grund, weil sie sich im Gegensatz zu Landwirt:innen direkte Vorteile und neue Absatzmöglichkeiten versprechen. Zulieferfirmen von Gerätschaften, Agrarchemikalien und Futtermitteln können sich auf eine Produktion in Bioreaktoren leichter einstellen als Menschen, die einen Hof mit Tieren besitzen und damit ihr Geld verdienen. Genauso kann sich der Handel leicht umstellen, indem er seine Waren in Zukunft eben nicht mehr auf Bauernhöfen, sondern bei Käsebrauereien und Hefemanufakturen einkauft. »Aber es kann auch gelingen, die landwirtschaftlichen Betriebe mit ins Boot zu holen«, ist Lea überzeugt. »Den Blick auf die Chancen zu richten, ist sicher leichter, wenn man sich einander annähert und auf das gemeinsame Ziel fokussiert, die Lebensmittelproduktion insgesamt nachhaltiger zu machen, anstatt sich von beiden Seiten abzugrenzen.«

Die sozioökonomische, also wirtschaftliche und soziale Dimension solcher Veränderungen im Blick zu haben, findet auch Agrarökonom Harald Grethe sehr wichtig. »Unser aller Nahrungsmittel zu produzieren ist ja schon sehr viel«, sagt er, »aber Landwirt:innen sind mehr als das. In vielen ländlichen Regionen, die ohnehin von einem Strukturwandel betroffen sind, haben landwirtschaftliche Betriebe und die ihnen vor- und nachgelagerten Wirtschaftszweige eine wichtige Funktion als regionale Arbeitgeber:innen. Auch, wenn heute viel weniger Menschen in ihnen arbeiten, stellen landwirtschaftliche Betriebe eine wichtige Schnittstelle zwischen Gesellschaft, Nahrungsmittelerzeugung und dem Erscheinungsbild von Offenlandschaften dar.« Eine Entfremdung zwischen der Bevölkerung in ländlichen Gebieten und den wachsenden Großstädten könnte durch das Wegfallen dieser Strukturen beschleunigt werden.

Ich habe schon von einer Veranstaltung in der brandenburgischen Prignitz berichtet, bei der es um Ernährung und Landnutzung in dieser sehr dünnbesiedelten Region ging. Bei einem an unsere Exkursion durch die Biosphäre anschließenden Workshop haben wir dort in Gruppen über Chancen und Herausforderungen der einzelnen Produktionsweisen diskutiert. In meiner Gruppe ging es, worum auch sonst, um die Produktion in Bioreaktoren. Ehrlich gesagt, war ich darauf vorbereitet, mit eher ablehnenden Haltungen konfrontiert zu werden. Stattdessen drehte es sich nach der Klärung einiger Fragen zum Produktionsprozess sehr schnell darum, welche konkreten Vorteile das alles für die Region haben könnte. Wenn die Produktion in Bioreaktoren so dezentral ist, könnte man sie nicht auch in die Prignitz holen? Was braucht es an Rohstoffen? Agrarstoffe gibt es vor Ort. Außerdem ist Energie nötig, am besten regenerative. Diese wurde in der Region während der letzten Jahre stark ausgebaut, auch wenn ein Bau im Biosphärenreservat selbst bisher nicht erlaubt ist. Wäre es nicht eine gute Option, einen Teil dieser Energie für den Betrieb eigener Bioreaktoren in der Region zu nutzen? Wo könnten die Anlagen stehen? Eine Frau vom örtlichen Bund für Umwelt- und Naturschutz, kurz BUND, meldete sich zu Wort: »Ich denke da an die alten Hallen der Landwirtschaftlichen Produktionsgenossenschaft (LPG). Von denen stehen viele leer.« Ein Landwirt warf ein, dass für ihn die wichtigste Frage sei, ob eine solche neue Art der Produktion für Arbeitsplätze in der Region sorgen könne, und erntete dafür viel Zustimmung.

Obwohl es ein sehr konstruktiver und optimistischer Workshop war, konnte ich auch die unterschwellige Frustration spüren, die von einer wachsenden Kluft zwischen Stadt und Land herrührt. Immer mehr Menschen verlassen die Region, Wertschöpfung wandert ab, wirtschaftliche und soziale Strukturen fallen weg. In den Städten würde viel gefordert und alles beschlossen, was dann jedoch vor allem in ländlichen Regionen umgesetzt werden müsse, sagte mir ein Teilnehmer im Vertrauen. Immer strengere Auflagen für Landwirtschaft und Tierhaltung, aber auch der Ausbau regenerativer Energien in strukturschwachen Regionen seien hier wichtige Beispiele. Die wolle man in den Städten zwar unbedingt haben, aber nicht vor der eigenen Haustür. Wir konnten bei diesem Workshop in der Prignitz gerade einmal damit anfangen, die Potenziale der Fermentation für ländliche Regionen zu ergründen. Doch mir ist dabei sehr bewusst geworden, wie wichtig der direkte Austausch zwischen Stadt und Land zu diesen Themen ist und dass er uns dabei helfen kann, vorhandene Kluften wieder zu schließen.

»Eine Suche nach Möglichkeiten, wie bestehende Betriebe und Strukturen von einer solchen neuen Entwicklung profitieren können, ist deshalb absolut wünschenswert«, sagt Harald Grethe.

»Ob das wirklich in Form von Bioreaktoren auf den Höfen passieren wird, muss man sehen. Landwirt:innen sind es gewohnt, mit lebenden Systemen zu arbeiten, das spräche dafür. Sie sind auch Unternehmer:innen, haben Zugang zu Kapitalmärkten und Betriebsstätten.« Ob sie damit allerdings bei Technologien wie der Fermentation wettbewerbsfähig wären, sei sehr unsicher. Interessanter wären wahrscheinlich andere Nutzungen, die auch die landwirtschaftlichen Flächen höherwertig in Wert setzen könnten, wie etwa die Obst- und Gemüseproduktion. »Wünschenswert ist vor allem, dass das unternehmerische Potenzial nicht aus den ländlichen Regionen abwandert.« Witzigerweise hatte Harald Grethe, obwohl unser Gespräch mehrere Monate später stattfand, eine Idee parat, die auch ein Teilnehmer des Workshops formuliert hatte: Statt auf eine Wertschöpfung mit Bioreaktoren zu hoffen, wäre es für die regionalen Erzeuger:innen womöglich einfacher, einen Prignitzer Erbsenburger aus lokaler Produktion zu entwickeln und bekannt zu machen. So könnte man auch auf dem Land von der allgemeinen Ernährungswende profitieren und würde das nicht nur Start-ups in den Großstädten überlassen. Und warum nicht ein Prignitzer Pilzburger aus lokal erzeugtem Mykoprotein aus dem Bioreaktor? Oder perspektivisch auch eine Prignitzer Präzisionsmanufaktur, in der gentechnisch optimierte Mikroorganismen Gras aus den anliegenden Naturschutzgebieten zu neuen lokalen Käsesorten fermentieren?

Unabhängig davon, ob man Bioreaktoren auf Bauernhöfen für realistisch hält, sollte man die Zielkonflikte klar benennen und ihre möglichen Folgen im Auge behalten. Wenn Fermentation und Zellkultur wirklich im großen Stil tierische Produkte ersetzen sollten, wird das auf die bestehenden Strukturen in der Landwirtschaft unweigerlich einen starken Einfluss haben. Was die ländlichen und bereits heute strukturschwachen Regionen angeht, sollten die sozialen Auswirkungen eines solchen Wandels abgefedert werden. Man muss sich aber auch vor Augen führen, dass wir die wirklich großen, sozialen Umwälzungen in der Landwirtschaft längst hinter uns haben. Die Industrialisierung hat dazu geführt, dass heute nur noch ein kleiner Prozentsatz der Bevölkerung in dieser Branche arbeitet. Dafür arbeiten in anderen Sektoren mehr Menschen. Gesamtgesellschaftlich betrachtet, sollten die Folgen einer Transformation vom heutigen Ausmaß von Tierhaltung und Landwirtschaft hin zu mehr Erzeugung in Bioreaktoren durchaus zu stemmen sein, und diese Transformation wird neue Arten von Berufen hervorbringen. Da diese Entwicklung außerdem nicht über Nacht kommen wird, sollte es auch ausreichend Zeit geben, sich darauf einzustellen und sie aktiv zu gestalten. Vielleicht gelingt es ja sogar, eine Veredelung von Nutzpflanzen mit Mikroorganismen auf die Höfe zu bringen.

Globaler Garten oder neue Wildnis – Wie wollen wir Land in Zukunft nutzen?

Ein Einbruch der Tierhaltung und damit verbunden auch weniger Anbau von Futtermitteln hätte nicht nur einen Effekt auf die Menschen, sondern auch auf die Landschaft. Was passiert mit der freiwerdenden Fläche? Statt vorbei an Feldern, soweit das Auge reicht, durch welche Art von Landschaft werden wir in einigen Jahrzehnten spazieren und fahren?

Da meine Familie und ich am Stadtrand von Berlin wohnen, gehe ich oft in der nahegelegenen Kulturlandschaft spazieren, einem Mosaik aus Waldstücken, Hecken, Schafweiden, offenen Wiesen und Feldern. Als ich damit anfing, mich eingehender mit dem Potenzial von Fermentation zu beschäftigen, blieb ich eines Tages vor einem der Felder stehen. Es war gerade abgeerntet worden und lag als großes, von Getreidestoppeln bedecktes Rechteck vor mir. Ich versuchte mir vorzustellen, was die theoretischen Zahlen aus den wissenschaftlichen Publikationen bezüglich der größeren Flächeneffizienz von Bioreaktoren ganz konkret für dieses Feld bedeuten könnten. Grob geschätzt wird für die Produktion von einem Kilo mikrobieller Biomasse in etwa ein Zwanzigstel der Fläche benötigt, die für die Produktion von einem Kilo Schweinefleisch nötig ist. Angenommen, dieses Feld würde bisher für den Anbau von Getreide für die Fütterung von Schweinen genutzt werden, deren Fleisch die nahegelegene

Siedlung versorgt. Wenn meine Nachbarn und ich nun ab morgen von Schnitzel aus Schweinefleisch auf Schnitzel aus Mikroorganismen umsteigen würden, könnten wir also die Fläche dieses Feldes auf etwa ein Zwanzigstel reduzieren. Dort würde das Futter für die Bioreaktoren angebaut, die wiederum in den dafür umgebauten Ställen stünden, in denen vorher noch Tiere gehalten wurden. Was stellen wir mit dem Rest der Fläche an?

Eine Möglichkeit wäre es, die Fläche für andere Dinge als Landwirtschaft zu nutzen. Zum Beispiel könnte man sie für die Erzeugung regenerativer Energie gut gebrauchen, also ein Windrad darauf bauen oder Solarpaneele installieren. Um das rasante Artensterben stoppen und Ökosystemen wieder mehr Raum geben zu können, wollen wir die Fläche aber ja eigentlich zur Renaturierung nutzen. Das kann prinzipiell auf zwei unterschiedliche Arten geschehen: Man könnte die Produktion auf dem Feld extensivieren, also weniger produzieren. Das hieße, wir würden weiterhin die ganze Fläche bewirtschaften, aber an den Rändern der Felder einige Hecken pflanzen, in der Mitte einen Streifen Wiese wachsen lassen, weniger Dünger und Pflanzenschutzmittel nutzen und noch durch einige andere Maßnahmen der Artenvielfalt auf dieser Fläche etwas Gutes tun, während der Ertrag sänke. Auch neue Konzepte wie Agroforst, also die Kombination von Bäumen und Ackerbau, oder Agrophotovoltaik, also die Kombination von Ackerbau und Solarenergie, wären mögliche Optionen. Vorausgesetzt, dass wir Tierhaltung gegenüber nicht ganz grundsätzlich abgeneigt wären, könnten wir auf dem ehemaligen Feld eine extensive Weide etablieren, was einen Aufwuchs von Gehölzinseln, die Entstehung von Suhlen und ganz allgemein die Förderung der strukturellen Vielfalt erlauben würde. Alle diese und noch weitere Ansätze nennt man *Land Sharing*, weil sich Bewirtschaftung und Natur die Fläche teilen.

Man könnte sich aber stattdessen auch dazu entscheiden, auf dem Feld weiterhin hochproduktiv zu wirtschaften, möglichst viel pro Fläche zu ernten und im Gegenzug zum Beispiel ein Feld an einem einige Kilometer entfernt gelegenen Naturschutzgebiet stilllegen, das nicht mehr gebraucht wird. Dieses Feld würde ganz aufgegeben, dem Schutzgebiet angegliedert und der Natur überlassen. Falls unser Feld selbst für Landwirtschaft nur so mittelgut zu gebrauchen ist, könnte umgekehrt auch woanders intensiver produziert werden, damit wir es ganz stilllegen und renaturieren können. So oder so, diesen Ansatz nennt man *Land Sparing*, weil Landwirtschaft und Wildnis voneinander getrennt werden und durch intensive Produktion Land eingespart wird. In der Debatte über Landwirtschaft und Naturschutz spielen diese beiden Denkschulen eine große Rolle. Auf der einen Seite stehen artenreiche Kulturlandschaften, also quasi ein globaler Garten, den sich Mensch und Natur teilen, und auf der anderen Seite eine Welt, in der Mensch und Wildnis räumlich getrennt voneinander existieren.

Für welche Richtung sollen wir uns bei unserem Feld entscheiden? Zuerst habe ich das Alexandra-Maria Klein gefragt, jene Professorin für Naturschutz und Landschaftsökologie an der Universität Freiburg, die wir ganz am Anfang des Buches beim Thema Biodiversität schon kennengelernt haben. »Das ist eine sehr alte Debatte, die bis heute aktuell ist«, sagt Alex. »Manchmal macht es mehr Sinn, intensiv und auf kleinem Raum zu wirtschaften, um durch hohe Erträge andernorts Flächen für den Naturschutz freizugeben. Also Naturschutz und Landwirtschaft räumlich zu trennen. Für mich ist *Land Sharing* in der Regel jedoch das bessere Konzept.« Sie begründet ihre Sicht damit, dass sich Landwirtschaft und Naturschutz in der Praxis meist gegenseitig bräuchten. Zum Beispiel profitiere Landwirtschaft von Biodiversität und umgekehrt gehe Naturschutz meistens nicht ohne irgendeine Form der Landnutzung. »Somit brauchen wir innovative Konzepte, die beides vereinen und deshalb ist *Land Sharing* in der Regel die bessere Option.«

Das spräche dafür, dass wir das Feld (angenommen, jemand wäre verrückt genug, es uns zu überlassen) weiterhin für Landwirtschaft nutzen, aber vielleicht auf Ökolandbau umsatteln. Wir könnten aber auch für mehr Vielfalt sorgen, ganz ohne auf Bio umsteigen zu müssen. Der Göttinger Agrarökologe Teja Tscharntke zeigt mit seiner Forschung auf, dass eine Kombination aus vielfältiger Landschaft und vielfältiger Bewirtschaftung der Schlüssel für mehr Biodiversität ist.[110] Konkret bedeutet dies: wieder kleinere Felder, die von naturnahen Flächen unterbrochen werden und auf denen möglichst unterschiedliche Nutzpflanzen angebaut werden, sowohl räumlich als auch über die Jahre hinweg. Dann entstehen wieder buntere Flickenteppiche, in denen sich auch viele Arten wieder heimisch fühlen. Eine flächeneffizientere Produktion in Bioreaktoren kann ein solches *Land Sharing* ermöglichen. Damit es auch in der Praxis zur Realität wird, braucht es laut Harald Grethe eine Mischung aus technologischer Innovation und den richtigen politischen Rahmenbedingungen. »Heterogene Landwirtschaft zu betreiben, bedeutet heute mehr Arbeit«, stellt er klar. »Eine kleinteiligere Strukturierung mit vielfältigen Fruchtfolgen erfordert unterschiedliche Arten von Maschinen und mehr Arbeitseinsatz für die Ernte und Pflege. Hier werden uns die rasanten Fortschritte in der Digitalisierung und Automatisierung sehr helfen können.«

Viele Forschungsgruppen an Hochschulen und in Konzernen arbeiten an kleinen Robotern und Drohnen, die die Ernte und andere Arbeiten auf dem Feld in Zukunft übernehmen können. Untereinander und mit dem Internet vernetzt, wissen sie, wann welche Pflanzen erntereif sind und ob sie Dünger oder eine Behandlung mit Pflanzenschutzmitteln benötigen, und können dabei möglichst effektiv zusammenarbeiten. Fernerkundung per Satellit liefert zusätzlich immer mehr Informationen über die Gesundheit der Pflanzen, den Zustand des Bodens und das Wetter. »Flankiert von einer solchen Entwicklung kann ich mir vorstellen, dass eine vielfältigere Lebensmittelnachfrage auch eine vielfältigere Landwirtschaft fördern kann.« Ein Szenario mit riesigen Feldern von Mais, Zuckerrohr oder -rübe, wie es Tomas Linder befürchtet, könne man laut Harald verhindern, indem entsprechende politische Rahmenbedingungen geschaffen werden: »Öffentliche Zahlungen, wie jene aus der Gemeinsamen Agrarpolitik, sollte es in Zukunft nur noch für Gemeinwohlleistungen geben. Es muss sich auch für landwirtschaftliche Betriebe lohnen, vielfältige Landschaften zu bewirtschaften und zu pflegen.«

Auch Lea Fließ sieht für die Branche eine mögliche Chance in einer weniger intensiven Landwirtschaft dank Fermentation. »Prinzipiell könnte eine Verringerung des Drucks, auf immer weniger Fläche immer mehr produzieren zu müssen, einigen bestehenden Betrieben helfen, wenn die Gesellschaft die Produkte aus einer solchen weniger intensiven Landwirtschaft entsprechend entlohnen würde.«

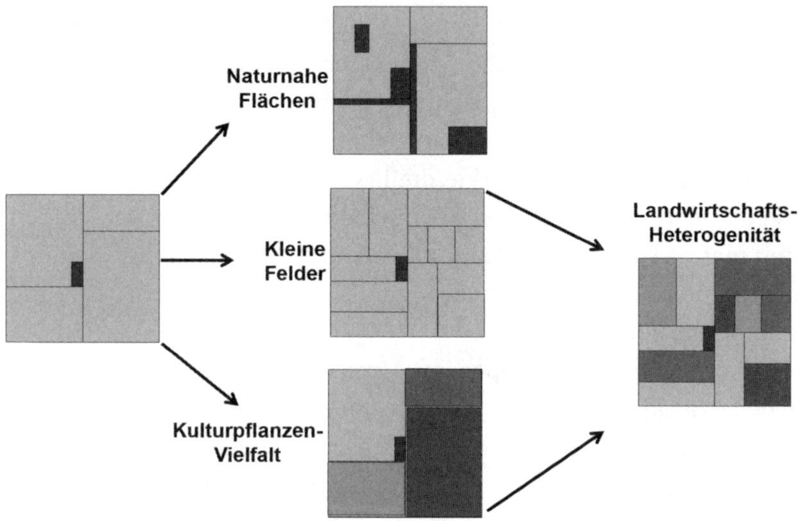

Abbildung 6: Biologische Vielfalt durch vielfältige Landschaften. Um in unseren landwirtschaftlich genutzten Landschaften wieder eine größere Artenvielfalt zu erreichen, müssen diese heterogener werden. Dazu gehört ein Mosaik aus naturnahen Flächen, kleineren Feldern und vielfältigem Anbau von Nutzpflanzen. Alles drei kombiniert, führt zu einer Landschaft, in der wieder mehr Tier- und Pflanzenarten ein geeignetes Habitat finden können. (Quelle: Teja Tscharntke)

Angenommen, wir würden uns stattdessen für *Land Sparing* entscheiden und dafür, unsere eingesparte Fläche lieber ganz der Natur zu überlassen. Das würde vor allem dann Sinn machen, wenn die Erträge ohnehin unterdurchschnittlich sind – und tatsächlich, der Boden hier im Süden Berlins ist sehr sandig und trocknet schnell aus. Es würde also vielleicht mehr Sinn machen, wenn andernorts ein bisschen mehr produziert wird, um das letzte Zwanzigstel, das für die Fütterung des Bioreaktors nötig ist, zu kompensieren und wir unsere Fläche ganz für eine Renaturierung nutzen. Wilde Pflanzen und Tiere sollen sich wieder ansiedeln können, ganz ungestört von unserem Einfluss. Denn viele Tierarten brauchen weites Gelände, durch das sie streifen können, oder zumindest ausreichend Abstand zu uns, um sich anzusiedeln und ihre Jungen großzuziehen. Andere Tierarten können sich wiederum zwar die Landschaft mit uns teilen, aber wir wollen das gar nicht so gerne. Denken wir an die Rückkehr des Wolfes, die für die Weidehaltung eine große Herausforderung darstellt und für immer mehr gesellschaftliche Spannungen sorgt. Mehr Wildnis könnte hier zu einer Entschärfung beitragen.

Das Konzept des *Land Sparing* hat in den letzten Jahren immer mehr Befürworter:innen gefunden. Zur Frage, wie man Gebiete am besten verwildern lässt, gibt es ebenfalls unterschiedliche Ansichten. Manche Ökolog:innen und Umweltaktivist:innen sind der Ansicht, dass man die Natur einfach komplett in Ruhe lassen sollte. Und für dieses Konzept gibt es erfolgreiche Beispiele, wie die Gegend um den Unglücksort Tschernobyl, die heute ein Eldorado für Wildtiere ist, in das viele Arten zurückgekehrt sind. Wildtiere, die dort vom Menschen unbehelligt leben können. Einer der Verfechter:innen einer radikalen Form des *Land Sparing* ist Hidde Boersma, studierter Molekularbiologe, Wissenschaftskommunikator, Filmemacher und engagiert bei der noch jungen Umweltorganisation WePlanet. In seinem Dokumentarfilm »Paved Paradise« (»Gepflastertes Paradies«) rücken er und Karsten de Vreugd das Thema Landnutzung auf informative und unterhaltsame Art und Weise in den Fokus.

»Das Beste, was wir tun können, wenn uns die biologische Vielfalt am Herzen liegt«, erklärt mir Hidde, »ist eine Intensivierung der Landwirtschaft auf den fruchtbarsten Flächen, die wir haben. Um andernorts so viel Platz für Natur zu schaffen wie möglich. Je mehr wir auf möglichst wenig Fläche tun, desto mehr Raum bleibt für die ›echte‹ Natur.« Und echte Natur sei laut Hidde der einzige Ort, an dem Tiere und Pflanzen wirklich gedeihen können. Eine extensivere Landwirtschaft mit etwas mehr Artenvielfalt verringere die Erträge um etwa 10 bis 20 Prozent, sei für viele Tierarten aber auch dann noch immer viel zu intensiv. Ein fauler Kompromiss also, der am Ende weder der Natur, noch unserer Ernährung wirklich etwas bringe und lediglich zu einem globalen Garten ohne echte Wildnis führen würde. Laut Hidde und seinen Mitstreiter:innen bei WePlanet sei es daher an der Zeit für eine radikal andere Strategie, die nicht mehr versucht, die Nahrungsmittelproduktion mit dem Lebensraum bedrohter Tierarten zu verbinden, sondern beides voneinander trennt.

In »Paved Paradise« kommt auch ein weiterer populärer Verfechter eines radikalen *Land Sparing*, das man auch als *Rewilding* (deutsch: Verwilderung) bezeichnet, zu Wort: der bekannte britische Autor und Umweltaktivist George Monbiot. Er geht sogar so weit zu sagen, dass die umweltschädlichste Form der Lebensmittelproduktion Rindfleisch aus biologischer Weidehaltung sei. Weil diese die meiste Fläche pro Kilogramm benötigt und deshalb das meiste Land beansprucht. In seinem Buch »Neuland« (Originaltitel: »Regenesis«) beschreibt Monbiot eindrücklich seine Sicht und untermauert sie mit zahlreichen Fakten. Er zieht sogar den Schluss, dass vor allem die Präzisionsfermentation großes Potenzial habe, unsere Ernährung nachhaltiger zu machen. Weil sie sehr viel Land freigeben würde, das dann für die Rückkehr echter Wildnis zur Verfügung stünde. Monbiot beschreibt in seinem Buch auch einen Besuch bei der Firma Solar Foods in Finnland und es ist insgesamt so interessant und gut geschrieben, dass ich es hier unbedingt empfehlen will.

In den meisten Fällen geht es in der Praxis auch bei großangelegten *Land-Sparing*-Projekten nicht ganz ohne menschliche Eingriffe. In Europa und vielen anderen Teilen der Welt hat das vor allem einen Grund: Eine Natur, wie sie einmal war, gibt es gar nicht mehr. Deshalb kann sie auch nicht einfach so zurückkehren. Im Biologiestudium habe ich in Ökologie noch gelernt, die natürliche Vegetation Mitteleuropas bestünde ohne menschliche Eingriffe fast vollständig aus Wald – vor allem aus Buchenmischwald. Zu diesem Schluss kam man, weil eine Brachfläche ohne menschlichen Einfluss zunächst von Kräutern, dann von immer größeren Büschen und schließlich von Bäumen bedeckt wird, unter denen sich in den meisten Fällen die Buche und wenige andere Arten durchsetzen. Nur auf besonders mageren, trockenen oder nassen Böden schaffen es stattdessen andere Baumarten, oder es entsteht gar kein geschlossener Wald. Die Schlussfolgerung: Wald müsse der ursprüngliche und damit natürliche Zustand der mitteleuropäischen Vegetation sein. Doch diese Hypothese lässt etwas sehr Wichtiges außer Acht, nämlich dass Menschen schon viel länger einen Einfluss auf die Natur ausüben als erst seit der Industrialisierung. Der Dokumentarfilmer Jan Haft fasst in seinem Buch »Wildnis« sehr gut zusammen, was man als die *Megaherbivorenhypothese* bezeichnet. Große Herden von Megaherbivoren, also große Pflanzenfressern wie Auerochsen, Wisenten, Wildpferden und großen Hirscharten, haben dieser Theorie zufolge nach der letzten Kaltzeit vor knapp 12000 Jahren verhindert, dass sich überall in Europa geschlossene Wälder ausbreiten konnten. Durch Trampeln, Liegen und vor allem das Abfressen junger Sprößlinge soll damals viel eher eine offene, fast parkartige Landschaft der natürliche Zustand gewesen sein. Dafür spricht laut Jans Recherchen unter anderem, dass über alle Gruppen heimischer Lebewesen hinweg mehr Arten auf Offenland und Waldränder angewiesen sind als auf geschlossenen Wald. Dieser ist sogar vergleichsweise arm – sowohl an Individuen als auch an Arten.

Dass Flächen, die man einfach in Ruhe lässt, verwalden, liegt also daran, dass der Natur ein ganz entscheidendes Element fehlt. Lange Zeit war das nicht offensichtlich, denn seit der Jungsteinzeit und bis ins 20. Jahrhundert hinein haben Menschen die ausgerotteten Megaherbivoren durch ihre eigenen ersetzt. Sie trieben Rinder und Pferde auf sogenannte Waldweiden und schufen damit eine Landschaft, die der ursprünglichen sehr ähnlich war. Heute stehen Nutztiere größtenteils im Stall, und Grünland verwaldet wieder, wenn es nicht durch den Menschen offengehalten wird. »Ein Großteil des historischen Artenrückgangs ist durch die Einstallung von Weidetieren zu erklären«, ist Herbert Nickel überzeugt. Herbert ist auch Biologe, hat aber eine andere Richtung eingeschlagen als ich und sich auf die Biodiversität von Insekten spezialisiert. Vor allem für Zikaden ist er ein anerkannter Experte, und im Buch von Jan Haft spielen er und seine Arbeit eine wichtige Rolle. Vor einiger Zeit kam er einmal spontan zu uns zu Besuch, weil er bei einigen Projekten in Berlin und Umgebung für die Kartierung von Insektenarten engagiert worden war. Es war einer der heißesten Tage im Sommer 2023 und genau diesen hatten meine Frau und ich uns ausgesucht, um einen Garagenflohmarkt zu veranstalten, um endlich allerlei Zeug loszuwerden, das sich über die Jahre angesammelt hatte. Als Herbert in seinem Jeep ankam, standen erst einmal Kaffee und Kuchen auf dem Programm. Es gibt ein tolles Foto von uns beiden in Klappstühlen vor unserem Trödel sitzend, mit Kaffeetassen und Kuchentellern in der Hand. In der Hitze des späten Nachmittags sind Herbert und ich dann in der an unsere Siedlung anschließenden Kulturlandschaft spazieren gegangen, und ich konnte ihn zum ersten Mal in Aktion beobachten. Plötzlich hatte er einen Strohhut auf und einen langen Stock mit Netz lässig über die Schulter gelegt und sah ganz so aus, wie man einen Biologen in einem Kinderbuch oder in der TV-Sendung »Löwenzahn« darstellen würde. Er fing einige Insekten und zeigte sie mir. Wir kamen auch an besagtem Feld vorbei, über das ich in meinem Gedankenexperiment frei verfügen kann und das ich dank eines Bioreaktors in Wildnis verwandeln möchte. Könnte man hier nicht Naturschutz mit großen Pflanzenfressern betreiben?

»Das ist natürlich zu klein«, bringt Herbert mich erst einmal auf den Boden der Tatsachen. »Aber zusammen mit einigen der angrenzenden Felder und Flächen könnte man ein Gebiet schaffen, auf dem man mithilfe von großen Weidetieren die Artenvielfalt enorm steigern könnte.« Herbert würde also die Fläche nicht einfach ganz sich selbst überlassen. »Dann wäre es für die Artenvielfalt wahrscheinlich sogar besser, das Feld würde weiterhin bewirtschaftet. Wenn es mit Wald zuwächst, können hier weder Neuntöter noch Feldlerche überleben.« Beides hatten wir auf unserem Spaziergang gesehen. Herbert berät seit einigen Jahren Landbesitzer:innen bei der Einführung und dem Management von Weideprojekten. Die richtige

Anzahl und am besten geeigneten Arten von großen Pflanzenfressern spielen dabei eine essenzielle Rolle. »Die großen Tiere erfüllen einfach eine ganz wichtige ökologische Funktion«, erklärt mir Herbert. »Und da wir fast alle Arten, die früher in Europa natürlich vorkamen, ausgerottet haben, bietet sich vor allem das Rind als Ersatz an. Optimal wäre dann noch eine Ergänzung durch Pferde und Wasserbüffel. Das heißt auch, dass Naturschutz und Nutzung zusammengehen. Der Verkauf des Fleisches ist dann allerdings nur ein Zusatzverdienst, den Hauptverdienst stellen die landwirtschaftlichen Förderprämien dar.«

Bisher wird eine solche Art der Landnutzung staatlich kaum gefördert, sie findet aber bereits Anwendung bei verschiedenen Renaturierungsprojekten. Zum Beispiel dort, wo Feuchtgebiete entlang von Flüssen wieder vernässt werden, indem man Deiche entfernt, beziehungsweise rückverlegt. Dabei birgt sie laut Herbert auch außerhalb solcher Gebiete enormes Potenzial: »Mit nur einigen Prozent der heutigen landwirtschaftlichen Flächen könnte man sehr viel für den Artenschutz tun. Und man könnte dafür einfach jene Flächen nehmen, die den schlechtesten landwirtschaftlichen Ertrag bringen – zum Beispiel entwässerte Moorböden.« Das wäre, so Herbert, für die Lebensmittelproduktion ein verkraftbarer Verlust und ein großer Schritt für den Natur- und Umweltschutz. Zusätzlich kann eine Beweidung mit großen Pflanzenfressern auch positive Effekte auf das Klima haben, denn der Kohlenstoffgehalt im Boden wird stabilisiert oder gar erhöht. Versprechen könne man sich davon auch einen verbesserten Wasserrückhalt, der die Hochwässer an den Unterläufen der Flüsse reduzieren hilft, ein schöneres Landschaftsbild, das den Tourismus und die Erholung fördert, und nicht zuletzt ein deutlich erhöhtes Level an Tierwohl, denn die Weidetiere hätten nicht nur mehr Platz, sondern könnten alle ihre natürlichen Verhaltensweisen in der Herde ausleben und auch zwischen Hunderten von Nahrungspflanzen wählen. Ein System, wie es Herbert vorschwebt, hätte eine viel geringere Produktivität als intensive Nutztierhaltung, bei der Tiere in Ställen gehalten und mit Kraftfutter gefüttert werden. Aus Sicht des

Naturschutzes wäre es sogar sinnvoll, zumindest einige der Tiere in der Natur sterben und liegen zu lassen, damit auch bedrohte und lokal ausgestorbene Aasfresser wieder in die Landschaften zurückkehren. Viele Mikroorganismen würden sich darüber sicherlich auch freuen.

Ich würde diesen Ansatz eher als Naturschutzmaßnahme bezeichnen und nicht als Lebensmittelproduktion und ihn deshalb auch eher zum *Land Sparing* als zum *Land Sharing* zählen. Jedenfalls bewegt er sich irgendwo zwischen den Extremen der beiden Denkschulen. Die für solche wilden Weiden nötige Fläche wäre gewaltig, zumindest, wenn man damit den heutigen und prognostizierten Fleischkonsum decken wollte. Das ist auch der Grund, weshalb George Monbiot und andere in ihm eine Gefahr und keine Rettung für die Artenvielfalt sehen. Doch Konzepte, die die Bedeutung von Rindern im Naturschutz anerkennen, sind nicht, wie es manche gerne hätten, eine Ausrede dafür, einfach so weiterzumachen wie bisher. Im Gegenteil. Um ausreichend Fläche an die Natur zurückgeben zu können – ob man diese nun mit großen Pflanzenfressern reguliert oder nicht –, muss der Fleischkonsum sinken. Und dabei kann Fermentation helfen. Am Ende handelt es sich bei *Land Sparing* und *Land Sharing* gar nicht um komplett widersprüchliche Ansätze. Je nach Standort wird mal das eine, mal das andere den optimalen Kompromiss zwischen Lebensmittelproduktion, Artenvielfalt, Klimaschutz, Zugang zu sauberem Wasser und anderen Dingen sein. Manchmal wird eine hochproduktive Landwirtschaft am sinnvollsten sein, damit andernorts Wildnis geschützt werden oder neu entstehen kann, manchmal kann eine extensiv bewirtschaftete Kulturlandschaft wichtige Arten schützen. Mit Fermentation und anderen neuen Technologien können wir den Druck von den Flächen nehmen, um den Handlungsspielraum für all das zu erweitern. Zwei Dinge sind dafür besonders wichtig: Nachhaltigkeit muss wissenschaftlich messbar gemacht werden, und politische Rahmenbedingungen müssen dafür sorgen, dass die Betriebe durch ein möglichst unbürokratisches System für Gemeinwohlleistungen wie Arten- und Klimaschutz belohnt werden.

Box 14: Eine Rückkehr der Wildnis dank »Wilder Weide«

Eine »Wilde Weide« nach Jan Haft und Herbert Nickel mit großen Pflanzenfressern wie zum Beispiel Wasserbüffeln, alten Rinderrassen und Pferden wäre ein Kompromiss zwischen *Land Sharing* und *Land Sparing*. Sie ermöglicht Prozesse, wie sie auch in einer früheren Wildnis abliefen, und dennoch eine extensive Nutzung. Im Gegensatz zu einem intensiven System wäre Fleisch dabei ein Nebenprodukt, während Biodiversität, Kohlenstoff- und Wasserspeicherung sowie eine ursprünglichere Landschaft die Hauptprodukte wären. Herbert ist überzeugt davon, dass mit der naturnahen Beweidung von Auen, Mooren und anderen naturnahen Standorten in einer Größenordnung von rund fünf Prozent der landwirtschaftlichen Nutzfläche Deutschlands die Biodiversitätskrise nachhaltig gemindert werden könnte. Finanziert werden könnte dies durch Gelder aus der Gemeinsamen Agrarpolitik der EU. Ein Beispiel aus Österreich, bei dem mit Pferden wieder eine ursprünglichere und artenreichere Landschaft gestaltet wird, ist das Europaschutzgebiet Sandberge Oberweiden in Niederösterreich.[111]

Landnutzung sollte nicht regional isoliert betrachtet werden. Die Entscheidung, wie wir unser Feld in Zukunft nutzen wollen, wird nicht nur die Fläche selbst beeinflussen. Das hat zwei Gründe: Erstens hängen Produktion und Konsum in einer Wechselwirkung zusammen, und zweitens gibt es einen überregionalen und internationalen Handel mit Lebensmitteln. Angenommen, wir verringern den Ertrag auf unserem Feld für ein *Land Sharing* und erhöhen dadurch die Artenvielfalt auf der Fläche. Bleibt unser Konsum, also die Nachfrage nach Lebensmitteln, insgesamt derselbe, dann wird der geringere Ertrag auf unserem Feld entweder durch einen höheren Ertrag andernorts kompensiert oder die Preise am Markt steigen. Ersteres könnte unseren Zugewinn an regionaler Artenvielfalt zunichte machen, wenn andernorts Natur verdrängt wird, um den Boden für ein neues Feld umzupflügen. Letzteres würde Menschen mit geringen Einkommen am härtesten treffen. Es ist also nicht gesagt, dass *Land Sharing* automatisch und netto zu einer ökologisch und sozial nachhaltigeren Produktion führt. Würden wir wiederum das Feld für *Land Sparing* ganz aus der Produktion nehmen, wer könnte garantieren, dass dafür andernorts Wildnis entsteht? In beiden Fällen ließen sich negative Effekte verhindern, indem gleichzeitig eine Umstellung des Konsums für weniger Flächenbedarf sorgt. Aber wer kann garantieren, dass das passiert? Eine Umstellung der Landwirtschaft in Deutschland auf 30 Prozent Biolandbau bis 2030, wie es im Koalitionsvertrag der momentanen Bundesregierung angestrebt wird,[112] hätte bei gleichbleibendem Konsum eine enorme Vergrößerung des Flächenbedarfs oder eine Verknappung von Lebensmitteln zur Folge. Letzteres ist hierzulande eher unwahrscheinlich, da wir eine solche Knappheit durch vermehrte Importe ausgleichen würden. Global würde so etwas, grob gesagt, entweder bedeuten, dass woanders in der Welt Lebensmittel fehlen würden oder der Wegfall der Produktivität bei uns durch eine Ausweitung landwirtschaftlicher Fläche oder eine Intensivierung vorhandener Landwirtschaft andernorts ausgeglichen werden müsste.

Wie kommen wir aus diesem Dilemma heraus? Indem wir aus dem künstlichen Schwarz-Weiß-Denken ausbrechen, das momentan vorherrscht und bei dem es scheinbar nur die Wahl zwischen naturnaher, vermeintlich nachhaltiger und teurer Biolandwirtschaft einerseits sowie innovativer, vermeintlich umweltschädlicher und günstiger konventioneller Landwirtschaft andererseits gibt. Es gibt keinen Grund, nicht auch bei Ökolandbau eine möglichst hohe Produktivität erreichen zu wollen. Nimmt man einen Schutz der Artenvielfalt wirklich ernst, ist man dazu sogar verpflichtet, denn man kann nicht allein darauf vertrauen, dass sich der Konsum entsprechend verringert, um einen Einbruch des Ertrags zu kompensieren. Was wir für ein effektives *Land Sharing* brauchen, ist eine vielfältigere Landwirtschaft nach dem Modell von Teja Tscharntke (Abb. 6), die denselben oder irgendwann sogar noch einen höheren Ertrag liefert als die bisherige Bewirtschaftung. Was nach einem scheinbaren Widerspruch klingt, ist keiner mehr, sobald man aufhört, im Korsett des ökologischen Landbaus zu denken, die viele Innovationen unbeachtet lässt oder gar kategorisch ausschließt. Moderne Pflanzenzüchtung, Anbau in Hydrokultur, Digitalisierung und Automatisierung, kleinere Maschinen und Roboter und vieles mehr, das an unseren Universitäten und Instituten entwickelt wird, könnte uns dabei helfen, ein produktives *Land Sharing* zu erreichen. Doch solange wir stattdessen in »biologisch versus konventionell« denken, also wieder einmal zu viel über Mittel statt über Ziele sprechen, stehen wir uns dabei selbst im Weg. Und solange könnte es tatsächlich die beste Option für die globale Artenvielfalt sein, dass wir auf unserem kleinen Feld am Stadtrand von Berlin im Sinne eines

Land Sparings möglichst viel Ertrag erzielen, damit nicht andernorts wertvolle Ökosysteme für unsere Ernährung weichen müssen.

Unabhängig davon, ob man eher dem *Land Sharing* oder dem *Land Sparing* anhängt: Wie könnte man in der Realität überhaupt garantieren, dass eines von beiden passiert? Das habe ich Sebastian Lakner gefragt. Er ist Professor für Agrarökonomie und forscht seit vielen Jahren dazu, wie sich Agrarpolitik auf ökologische Maßnahmen in der Landwirtschaft auswirkt. Er ist skeptisch, ob der Traum von vielfältigerer Landwirtschaft oder mehr Wildnis durch Fermentation so einfach in Erfüllung gehen wird: »Es gibt meines Erachtens keinerlei Garantie, dass freiwerdende Flächen für mehr Natur genutzt werden. Wie die Flächen genutzt werden, wird am Markt entschieden, und viele Flächen gehen wahrscheinlich einfach in eine andere Produktionsform über. Insofern ist die Debatte über *Land Sharing* oder *Land Sparing* häufig auch ziemlich praxisfern.« Sebastian sieht aber durchaus die Möglichkeit, das durch entsprechende Rahmenbedingungen zu ändern. Zumindest in der Theorie. »Wenn GLÖZ 8, also die Verpflichtung, vier Prozent der Ackerfläche als Brache bereitzustellen, umgesetzt würde, wäre das eine Möglichkeit für mehr *Land Sharing*.« Aber solche politischen Maßnahmen haben ihre Grenzen, weiß Sebastian. Denn sie sind an Direktzahlungen aus der Gemeinsamen Agrarpolitik gekoppelt – die Landwirt:innen werden also belohnt, wenn sie die Regelung umsetzen. Sie sind dazu aber nicht gezwungen, sondern können auf die Zahlungen auch verzichten, wenn sie dadurch mehr Verlust als Gewinn fürchten. »Ein *Land Sparing* könnte man hingegen unterstützen, indem man weitere Naturschutzgebiete ausweist, wie das internationale Abkommen ohnehin vorsehen. Doch wie gut das funktioniert, kann man aktuell an der Umsetzung des Nature Restoration Law oder am Nationalpark Ostsee beobachten: Viele sträuben sich dagegen, und es passiert bisher wenig.« Das heißt für Sebastian aber nicht, dass man den Kampf für mehr Nachhaltigkeit aufgeben sollte. Gemeinsam mit vielen anderen Wissenschaftler:innen setzt er sich weiterhin hartnäckig für entsprechende Maßnahmen auf politischer Ebene ein. »Ich denke, wir müssen die Flächen, die wir über Naturschutzgebiete und Natura 2000 haben, aber auch mögliche Brachflächen viel besser für die Artenvielfalt nutzen, als wir das heute tun. Auf mehr Fläche zu hoffen, wird alleine nicht ausreichen, sondern wir brauchen vor allem einen effektiveren Umgang mit den schon geschützten, nicht produktiven Flächen. Und dazu müssen wir Menschen in der Landwirtschaft mit entsprechender Förderung motivieren.«

Damit das Potenzial von Fermentation sich also wirklich in Form von mehr Naturschutz und artenreicheren Kulturlandschaften manifestiert, muss die Politik entsprechende Rahmenbedingungen schaffen. Standortabhängig wird mal *Land Sharing* und mal *Land Sparing* die bessere Option sein. Für beide Ansätze und alle Formen dazwischen braucht es einerseits weniger Produktionsdruck auf die Flächen. Hier kann Fermentation unterstützen, weil sie weniger oder gar keinen Ackerbau für dieselbe Menge Lebensmittel benötigt. Andererseits braucht es für ein effektives Management der Flächen weitere neue Technologien und Innovationen wie kleine, vernetzte Roboter und Drohnen, eine präzisere Pflanzenzüchtung, intelligente Fruchtfolgen, integrierte Kreislaufsysteme, das Engagement der Landwirt:innen für Naturschutz auf ihren Flächen und eine Rückkehr von großen Pflanzenfressern in unsere Landschaften.

Lesetipps:

Das Konzept des Land Sparing und wie auch Präzisionsfermentation dazu beitragen kann, beschreibt George Monbiot in seinem Buch »Neuland«.[113]

Chancen und Grenzen des Ökolandbaus und wie 10 Milliarden Menschen nachhaltig ernährt werden können, sind Thema von »Alle satt?« von Urs Niggli.[114]

Kompakt und fundiert recherchiert kann man in »Wildnis«[115] *von Jan Haft nachlesen, warum große Pflanzenfresser für eine neue, echte Wildnis unbedingt nötig sind.*

Weniger Tiere, mehr Tierwohl: Wie kann das gelingen?

Eine Umstellung unserer Ernährung hin zu weniger tierischen und mehr pflanzlichen und mikrobiellen Lebensmitteln könnte die Anzahl der Nutztiere drastisch reduzieren. Doch bedeuten sinkende Nutztierzahlen unbedingt, dass es den verbleibenden Tieren besser geht?

Dass eine deutliche Reduktion der Nutztierbestände ein zentraler Baustein für ein nachhaltiges Ernährungssystem ist, darin sind sich fast alle Menschen, mit denen ich im Rahmen meiner Recherchen gesprochen habe, einig. Und auch die Empfehlungen aus der Wissenschaft sind hierzu sehr eindeutig. Neben der Nachhaltigkeit ist das Tierwohl eine Hauptmotivation für eine solche Reduktion der Nutztierzahlen, und wie wir gesehen haben, können Produktion und Konsum von Lebensmitteln aus Bioreaktoren dabei helfen, sie zu erreichen. Doch bedeuten weniger Tiere automatisch mehr Tierwohl? Wie man im »Bericht zur Markt- und Versorgungslage mit Fleisch 2023« der Bundesanstalt für Landwirtschaft und Ernährung lesen kann, nimmt die Zahl der Nutztiere in Deutschland bereits seit 2013 stetig ab. Die Zahl der Tiere pro Betrieb hingegen nahm bis 2016 zu und stagniert seitdem. Es ist also die Anzahl der Betriebe, die aktuell immer weiter abnimmt – Stichwort Höfesterben. Was bedeutet das für die Tiere?

»Alles in allem kann man sagen, dass der überwiegende Teil des Fleisches in Deutschland noch immer aus verbesserungswürdigen Haltungen kommt. Und, dass es auf keinen Fall an einer mangelnden Faktenlage oder einem fehlenden Zugang zu dieser liegt, dass zu wenig passiert«, sagt Konstantinos Tsilimekis vom Verein Germanwatch. Es gibt also scheinbar keinen Automatismus, dass weniger Tiere mehr Tierwohl bedeuten. Unabhängig von der Gesamtzahl der Tiere müssten endlich tierethische Standards, die in der Forschung und weiten Teilen der Gesellschaft längst Konsens sind, in der Haltung durchgesetzt werden, schreibt mir Cornelie Jäger. Sie ist promovierte Tierärztin, Autorin mehrerer Bücher zu Tierschutzrecht und Nutztierhaltung und war von 2012 bis 2017 Landesbeauftragte für Tierschutz in Baden-Württemberg. »Eine Reduktion der Gesamtzahl von Nutztieren führt nicht automatisch zu höherem Tierwohl. Das zeigen die letzten Jahre deutlich.« In ihrem Buch »Die Sache mit dem Suppenhuhn« beschreibt Jäger ausführlich, wie Tierwohl definiert ist und wie Wohlbefinden und Leid von Tieren messbar gemacht werden kann. Eine detaillierte Beschreibung würde hier den Rahmen sprengen, und ich verweise dazu auf ihr Buch. Doch für Jäger sind besonders das Konzept der *Fünf Freiheiten* und darauf basierende Weiterentwicklungen ein sehr geeignetes Leitbild für eine tiergerechte Haltung, weshalb wir uns diese kurz etwas genauer ansehen wollen.

Nach dem, in den 1970er-Jahren von britischen Forscher:innen etablierten Konzept der *Fünf Freiheiten* müssen folgende Dinge erfüllt sein, damit Tierwohl möglich wird: Freisein von Hunger und Durst, Freisein von Unbehagen, Freisein von Schmerz, Verletzungen und Erkrankungen, Freisein von Angst und Stress und die Freiheit zum Ausleben normaler Verhaltensweisen.[116] In den letzten Jahrzehnten wurde auf dieser Basis die Definition von Tierwohl weiter präzisiert, und unter anderem ist inzwischen allgemein anerkannt, dass nicht allein die Abwesenheit schlechter Zustände als Wohl bezeichnet werden kann, sondern auch explizit positive Empfindungen dazugehören. Also zum Beispiel das Ausleben von Spieltrieb und soziales Wohlbefinden in einer Gruppe. Im Jahr 2016 wurden die *Fünf Freiheiten* in diesem Sinne zu den *Fünf Bereichen* erweitert, die für Tierwohl relevant sind: gute Ernährung, gute Unterbringung, gute Gesundheit, artgemäßes Verhalten und positive mentale Erfahrungen.[117] Auf dieser Grundlage fußt auch bereits das vom deutschen Bundesministerium für Ernährung und Landwirtschaft geförderte Projekt Nationales Tierwohl-Monitoring.[118] Und an dieser modernen Definition von Tierwohl muss man sich auch bei einer Reduktion der Tierzahlen weiterhin orientieren, um eine tiergerechte Haltung zu erreichen. »Wir sind in einer Lage«, ist Konstantinos überzeugt, »in der Politik, Wirtschaft und Gesellschaft zusammen mit der Landwirtschaft Konzepte entwickeln müssen, um den Weg hin zu einer gesünderen und artgerechteren Haltung, mit insgesamt weniger Tieren und entsprechenden Existenzperspektiven für die Betriebe beschreiten zu können.«

Aber woran liegt es, dass sich an der Situation bisher so wenig ändert? Sprechen wir nicht schon seit Jahrzehnten über eine bessere Tierhaltung? Manchmal könnte man das Gefühl bekommen, wir steckten bei diesem Thema in einer Sackgasse. Auf der einen Seite gestiegene gesellschaftliche Erwartungen an Tierhaltung, deren Erfüllung auf der anderen Seite, an der Kasse im Supermarkt, bisher nur wenige bezahlen möchten. Größere Ställe, bessere Haltungsbedingungen – all das bedeutet große Investitionen, für die oft Kredite aufgenommen werden müssen. »Wenn dann die meisten Menschen trotzdem das billigere Fleisch aus schlechterer Haltung kaufen, fragen sich viele, für wen sie das eigentlich machen«, erklärt mir Landwirtin Jana Gäbert das Dilemma, in dem viele Tierhalter:innen stecken.

Gleichzeitig ist es nicht allein die Aufgabe der Verbraucher:innen, die Zustände durch ihr Kaufverhalten zu verändern. Folkhard Isermeyer, Agrarökonom und Präsident des Thünen-Instituts, ist einer der wichtigsten gestaltenden Köpfe eines Wandels der Nutztierhaltung in Deutschland. Er hat neben vielen weiteren Empfehlungen auch an der Entwicklung einer Nutztierstrategie für Deutschland federführend mitgewirkt. In einem Interview mit der ZEIT sagte er: »Natürlich haben auch die Verbraucherinnen und Verbraucher eine wichtige Funktion, denn sie entscheiden, welche Nahrungsmittel sie kaufen, und beeinflussen so den Markt. Aber sie wurden in den letzten zehn Jahren viel zu sehr für verpasste Reformen in der Landwirtschaft verantwortlich gemacht. Um den gesamten Sektor zu verändern, muss die Politik die Leitplanken setzen, damit sich die Marktwirtschaft in die gesellschaftlich erwünschte Richtung entwickelt. Die Politik kann nicht einfach sagen: Liebe Verbraucher, rettet mal die Welt.«[119] Tierwohl allein den Dynamiken von Angebot und Nachfrage zu überlassen, erscheint also wenig vielversprechend.

»Die Debatte ist so aufgeheizt, weil Landwirt:innen, die in den letzten Jahrzehnten immer wieder in dies oder jenes hoch investiert haben, verständlicherweise nicht einsehen wollen, weshalb ihre Art der Haltung am Ende eigentlich doch noch mehr Probleme erzeugt, als viele wahrhaben wollen«, erklärt mir Konstantinos seine Sicht auf die Problematik. »Das wiederum liegt daran, dass es über Jahrzehnte immer nur im Klein-Klein voranging, wenn überhaupt.

Was es wirklich einmal bräuchte, ist der eine, große Rundumschlag, mit einer vernünftigen Einschätzung der Zukunft der Tierhaltung, wirklich zukunftsträchtigen Investitionen und einem echten Umbau mit den Tierhalter:innen zusammen.«

Bernhard Barkmann ist ein solcher Tierhalter, genauer gesagt ein Schweinehalter. Er kommuniziert schon seit vielen Jahren als Landwirt mit der Öffentlichkeit, macht die Haltung seiner Tiere mit Videoaufnahmen transparent und schaltet sich in die gesellschaftliche Debatte über den Umbau der Tierhaltung ein. »Beim Tierwohl leisten wir das, was uns im existierenden, wirtschaftlichen Rahmen möglich ist«, erklärt er mir. Es gebe durchaus einige Tierhalter:innen, die es in Marktnischen und durch spezielle Verträge mit Abnehmer:innen geschafft hätten, mehr zu verdienen und so auch mehr Tierwohl finanzieren zu können. Also mehr Platz pro Tier, Stroh in den Ställen und andere Verbesserungen. Aber in der Breite sei das eben nicht möglich, wenn es nicht am Markt belohnt würde. »Weniger Tiere pro Betrieb heißt auch keinesfalls, dass das besser wird. Im Gegenteil: Es wird für viele Betriebe dann wahrscheinlich noch schwieriger. Unabhängig von der Anzahl der Tiere muss die Wertschöpfung pro Tier steigen, und zwar bei den Tierhalter:innen.«

Also zuerst mehr Tierwohl und dann mehr Geld? Oder erst mehr Geld und dann mehr Tierwohl? Ist es dieses Henne-Ei-Problem, das Fortschritte verhindert? Weitere wichtige Spieler:innen in diesem Zusammenhang sind die verarbeitende Fleischindustrie und der Handel. Sie stehen zwischen den Erzeuger:innen und uns Konsument:innen, was die ganze Angelegenheit noch komplizierter macht. Wir kaufen Fleisch nicht oder nur sehr selten direkt bei den erzeugenden Betrieben, sondern in einer Metzgerei oder einem Laden, die es selbst bei einem Schlachtbetrieb eingekauft haben, der es wiederum von einem tierhaltenden Betrieb gekauft hat. Kaufen wir verarbeitete Produkte aus Fleisch, kommen weitere Zwischenstationen hinzu. In Richtung der Erzeuger:innen treten nachgelagerte Industrie und Handel als mächtige Verhandlungspartner:innen auf, die die Einkaufspreise für Tiere und deren Produkte drücken, damit möglichst viel von der Wertschöpfung bei ihnen hängenbleibt.

Und das sehr erfolgreich, denn der Anteil, den Handel und verarbeitende Industrie bei Lebensmitteln einheimsen, ist in den letzten Jahrzehnten immer weiter gestiegen. Im Schnitt bleibt bei Grundnahrungsmitteln nur etwa ein Fünftel des Verkaufspreises bei den Bäuerinnen und Bauern hängen. Bei Milchprodukten ist der Anteil mit 39 Prozent noch relativ hoch, bei Getreide für Brot sind es keine vier Prozent.[120] Und da wir im Lebensmitteleinzelhandel einkaufen, ist dies auch der Ort, an dem ein besseres Tierwohl kommuniziert werden muss. Tierhalter:innen sind also sehr vom Handel abhängig, und davon, dass größere Erlöse auch weitergereicht werden. Bisherige Initiativen, bei denen eine bessere Haltung auf Verpackungen gekennzeichnet ist, seien laut Bernhard nur ein Tropfen auf den heißen Stein: »Das reicht bisher einfach nicht. Es müsste sich sehr deutlich etwas tun, damit wir Tierhalter:innen in die Lage versetzt werden, den immer weiter steigenden Ansprüchen der Gesellschaft an die Haltung gerecht zu werden.«

Konstantinos sieht in der Rolle des Handels jedoch auch Chancen. »Am Beispiel des Ökolandbaus haben wir gesehen, dass Menschen durchaus bereit sind, für eine bestimmte Art der Produktion mehr zu zahlen«, sagt er. »Das müsste man analysieren und daraus erfolgversprechende Maßnahmen für Kennzeichnung und Marketing ableiten.« Wir haben im Kapitel über die Akzeptanz neuer Lebensmittel durch Verbraucher:innen allerdings auch das Phänomen der kognitiven Dissonanz kennengelernt. Diese kommt selbstverständlich auch beim Kaufverhalten von tierischen Produkten zum Tragen. Beim Fleischkonsum zeigt unter anderem eine Studie aus 2020, dass Menschen in Deutschland zwar das konventionelle System von Tierhaltung und Fleischproduktion für moralisch nicht zu rechtfertigen halten, ihren Konsum aber dennoch nicht oder kaum reduzieren.[121] Solche Phänomene müsste man bei einer realistischen Abschätzung, was Kennzeichnung bewirken kann, natürlich im Blick haben. Und unabhängig davon sollte der Handel mit seiner wichtigen Funktion bei der Preisgestaltung unbedingt in die Verantwortung genommen werden, bei einer gerechten Entlohnung von mehr Tierwohl mitzuwirken. Eine weitere Maßnahme, die von der Konsumseite aus helfen kann, ist die Umstellung der Außer-Haus-Verpflegung zum Beispiel in öffentlichen Kantinen. Die Essensversorgung im Deutschen Bundestag wird beispielsweise zukünftig an Nachhaltigkeit, Saisonalität und Regionalität ausgerichtet sein.[122] Auch in Österreich hat die Regierung die öffentliche Beschaffung an Ökolandbau und Standards beim Tierwohl gekoppelt, zumindest auf dem Papier.[123]

Bei all dem Druck, der momentan auf dem System lastet, könnte da eine Reduktion der Tierzahlen nicht auch für die Menschen hilfreich sein, die die Tiere halten? Lea Fließ vom Forum Moderne Landwirtschaft hat das im vorangegangenen Kapitel bereits angedeutet. Sozialwissenschaftliche Forschung untermauert das, indem sie zeigt, dass auch viele Tierhalter:innen ein System mit wieder geringeren Tierzahlen begrüßen würden. Barbara Wittmann ist Juniorprofessorin für Europäische Ethnologie an der Universität Bamberg und hat systematisch Interviews mit Landwirt:innen geführt. Viele der von ihr befragten in der Intensivtierhaltung tätigen Personen äußerten den Wunsch nach einer Reduktion der Tierzahlen und langsamerer Aufzucht, um Druck aus dem System zu nehmen – sowohl für die Tiere als auch die Menschen.[124] Dazu passt, dass Forscher:innen vom Thünen-Institut an die Großbetriebe appellieren, ihre Geschäftsmodelle anzupassen, statt zu versuchen, veraltete Strukturen zu erhalten. Laut ihrer Marktanalyse könne das die Branche zukunftsfähig machen[125], und ein »Abbau von Tierbeständen in viehdichten Regionen« hätte weniger dramatische gesamtwirtschaftliche Folgen, als bislang befürchtet. Wichtig wäre begleitend dazu eine Harmonisierung der Vorgaben für Nutztierhaltung auf EU-Ebene, damit Halter:innen in Ländern, die beim Tierwohl und bei der Reduktion der Tierzahlen vorangehen, keine Nachteile durch günstigere Produkte aus schlechterer Haltung entstehen. Wenn dann auch noch neue Wertschöpfung durch eine Produktion in Bioreaktoren hinzukäme, die die entstehende Lücke füllt, könnte ein ökonomisch und sozial verträglicher Wandel hin zu einem Ernährungssystem mit weniger Tieren gelingen, und es könnte dabei sehr viel mehr Gewinner:innen als Verlierer:innen geben.

Wir haben es bei der Frage, warum sinkende Tierzahlen bisher nicht zu mehr Tierwohl führen, also mit einem systemischen Problem zu tun. Deshalb ist die Suche nach einzelnen Schuldigen wenig zielführend, stattdessen sollte die Politik den Tierhalter:innen mit den richtigen ökonomischen Rahmenbedingungen ermöglichen, mit dem Geld zu verdienen, was der Gesellschaft am meisten nützt. Und das ist neben ökologischer Nachhaltigkeit auch eine gesellschaftlich akzeptierte Tierhaltung, in der Tiere ein möglichst artgerechtes und gesundes Leben verbringen und mit der wir alle gut leben können. Dabei müssen ökonomische und ökologische Nachhaltigkeit zusammengehen, denn nur, wenn Konzepte für die Betriebe auch wirtschaftlich nachhaltig sind, werden sie Tierwohl und ökologische Nachhaltigkeit auch langfristig umsetzen können. Dass dieser Prozess jemals ganz abgeschlossen sein wird, ist unwahrscheinlich. »Unsere Haltung zu Tieren und deren Nutzung müssen wir ständig kritisch hinterfragen«, ist Cornelie Jäger überzeugt. »Und wir müssen sie neu justieren, wenn sie unseren ethischen Normen nicht mehr entspricht.«

Lesetipps:

Allen, die sich eine möglichst faktenbasierte, eigene Meinung über Tierwohl bilden wollen, kann ich das Buch »Die Sache mit dem Suppenhuhn«[126] von Cornelie Jäger sehr empfehlen.

Wie es zur heutigen Form der Tierhaltung und unserem Verhältnis zu Fleisch und Nutztieren kam, kann man in »Deutsche Fleischarbeit«[127] von Veronika Settele nachlesen.

Wollen wir in Zukunft überhaupt noch Tiere essen?

Eine relativ einfache Antwort auf die Frage, wie wir am besten für möglichst viel Tierwohl sorgen, ist der Veganismus. Würden keine tierischen Produkte mehr gegessen werden, müssten auch keine Tiere mehr für ihre Herstellung gehalten, genutzt und geschlachtet werden. Wenn eine Nutztierhaltung mit hohen Tierwohlstandards so schwierig umzusetzen ist, sollten wir dann vielleicht ganz damit aufhören, Tiere zu essen?

Eine zeitgemäße Begründung dafür, keine Tiere mehr zu halten, liefert der sogenannte Sentientismus (von lateinisch *sentire* = empfinden, fühlen; auch: Pathozentrismus), der unter anderem vom Philosophen und Ethiker Peter Singer sowie vom Psychologen Richard Ryder geprägt wurde und über den ich mich mit Jamie Woodhouse unterhalten habe. Jamie hat die Online-Plattform Sentientism gegründet, die Sentientismus erklärt und verbreitet. Der Sentientismus hat nichts mit religiösen oder gar übernatürlichen Annahmen zu tun, sondern gründet sich ganz auf Evidenz und logische Herleitung. Dabei ist er von anderen Denkschulen und Bewegungen beeinflusst, zum Beispiel vom Humanismus. Die Logik des Sentientismus beginnt damit, dass wir selbst empfindungsfähige Wesen sind und uns als solche erkennen. Wir können leiden, was etwas Schlechtes ist, und wir können uns wohlfühlen, was etwas Gutes ist. Der zweite Schritt ist, anzuerkennen, dass auch andere Menschen leidensfähige Wesen sind und es, Schritt drei, deshalb moralisch richtig ist, ihnen kein Leid zuzufügen.

»Sentientismus stimmt insofern mit Humanismus überein«, erklärt mir Jamie, »als wir ihm zufolge keine Götter oder übernatürlichen Überzeugungen brauchen, um moralisch zu sein. Ganz gleich, ob unser ethisches System sich auf Fürsorge, Tugend, Nützlichkeit, Beziehungen oder Rechte bezieht, die Essenz der Moral besteht darin, die Perspektive anderer zu berücksichtigen, ihr Leben und ihre Erfahrungen wertzuschätzen und diese Perspektiven und Interessen bei unseren Abwägungen ernsthaft in Betracht zu ziehen.« Moralisches Verhalten beinhaltet demnach, Schaden abzuwenden und Ausbeutung und Töten zu vermeiden.

Die Forschung der letzten Jahrzehnte hat gezeigt, dass Menschen nicht die einzigen empfindungsfähigen Wesen sind. Viele Forschungsergebnisse beweisen die verblüffend komplexe Gefühlswelt anderer Säugetiere und auch von Vögeln. Wenn wir diese Evidenz akzeptieren und uns moralisch richtig verhalten wollen, so die eigentlich simple Logik des Sentientismus, müssen wir als konsequenten vierten Schritt auch empfindungsfähige Tiere in unsere Moral miteinbeziehen, weil alle fühlenden Wesen eigene Erfahrungen, Perspektiven und Interessen haben. »Also sollten wir zumindest unnötiges Leiden, Ausbeuten oder Töten fühlender Wesen vermeiden – und wir sollten ihnen sogar helfen, wo wir können. Das gilt, egal, ob diese fühlenden

Wesen in unseren Häusern, in unseren Laboren, auf unseren Farmen, in unseren Städten und Dörfern sind oder frei in der Wildnis umherziehen.«

Da Tierhaltung den betreffenden Tieren in den allermeisten Fällen keine optimalen Bedingungen bieten kann, führt sie unausweichlich zu Leid. Dessen Ausmaß kann ganz unterschiedlich sein – je nachdem, wie die Tiere genau gehalten und versorgt werden. Statt in einem solchen Kontinuum zu denken und Schadensbegrenzung an einem System zu betreiben, in dem keine Perfektion erreicht werden kann, könnte man sich im Sinne des Sentientismus dazu entscheiden, dass die Tierhaltung ganz aufgegeben werden sollte. Und diese Entscheidung müsste nicht, wie es immer noch häufig dargestellt wird, auf Gefühlen und Ideologie beruhen, sondern könnte Evidenz, Logik und gesellschaftlichen Idealen folgen.

Ob man sich vegan oder von möglichst wenig tierischen Produkten ernähren will, wird gemeinhin als eine persönliche Entscheidung gesehen. Sentientismus logisch zu Ende gedacht, stellt dies jedoch infrage. »Zwischen Menschen gelten Ethik und letztendlich das Gesetz, um uns daran zu hindern, andere unnötig zu schädigen«, legt mir Jamie die Folgen dar, die ein konsequent praktizierter Sentientismus hätte. »Das Recht auf eine persönliche Entscheidungsfreiheit ist dabei keine akzeptable Entschuldigung. Anhänger:innen des Sentientismus würden argumentieren, dass dies auch im Hinblick auf nicht-menschliche empfindungsfähige Wesen gelten sollte. Und dass die Tierhaltung – außerhalb von Überlebens- und Grundversorgungsimperativen – ethisch und rechtlich sehr bedenklich ist. Viele Länder haben bereits Gesetze gegen Tierquälerei eingeführt. Wenn sie konsequent, ohne Ausnahmen angewendet würden, dann wären alle Formen der Tierhaltung inzwischen illegal.«

Vielleicht könnte die Logik des Sentientismus gepaart mit neuen Alternativen zu tierischen Produkten dank einer Revolution aus dem Mikrokosmos also dazu führen, dass wir uns mit unserer Ernährung gänzlich vom Tierreich abwenden und uns von Pflanzen, Pilzen und Mikroorganismen ernähren. Um so womöglich auch ein moralisch nachhaltigeres Ernährungssystem zu schaffen, mit dem kommende Generationen besser leben können.

Sind Produkte aus dem Bioreaktor gesund?

Wollen wir mithilfe von Produkten von und mit Mikroorganismen unsere Ernährung radikal nachhaltiger machen, reicht es nicht, sie nur zu produzieren. Wir müssen sie auch essen. Und dabei ist natürlich eine Frage ganz besonders wichtig: Sind die Produkte der neuen Fermentation gesund?

Dass viele traditionell fermentierte Lebensmittel positive Effekte auf unsere Gesundheit haben können, ist nachgewiesen und den meisten Menschen bekannt. Vor allem der erhöhte Gehalt an und die bessere Verfügbarkeit von Nährstoffen sind gut belegt, und auch für eine positive Wirkung auf die Darmflora gibt es Anzeichen. Doch wie steht es um den Verzehr von essbaren Mikroorganismen oder den mit Präzisionsfermentation produzierten Eiweißen, Fetten und so weiter? Sind die auch gesund? Um uns einer Antwort auf diese Frage annähern zu können, sollten wir zwischen drei Ebenen unterscheiden: einzelnen Lebensmitteln, Ernährungsweise und Ernährungssystem. Alle drei beeinflussen, wie gesund oder ungesund wir uns ernähren.

Zunächst also die Frage: Sind die Produkte, die durch die neuen Methoden entstehen, gesundheitlich unbedenklich und nahrhaft? Wir haben gesehen, dass die Prüfungen von neuartigen Lebensmitteln viel strenger sind als von solchen, die wir schon vor 1997 gegessen haben. Es wird viel genauer hingeguckt und analysiert, und deshalb gibt es auch keinen rationalen Grund, diese Lebensmittel für weniger sicher zu halten – eher im Gegenteil. Bei essbaren Mikroorganismen kann man zusätzlich festhalten, dass sie viele, für uns wichtige Nährstoffe enthalten. Neben hochwertigem Protein, das in seiner Aminosäurezusammensetzung mit jenem von Tieren vergleichbar ist, enthalten die genutzten Hefen und Bakterien ungesättigte Fettsäuren, Ballaststoffe, Mineralstoffe und Vitamine[128] und dabei sehr wenige Kohlenhydrate und gesättigte Fette – also viele Nährstoffe, bei gleichzeitig wenig Kalorien. Als einzelnes Lebensmittel oder auch als Lebensmittelzutat bringen sie damit alles mit, um zu einer gesunden Ernährung beitragen zu können.

Bei der Präzisionsfermentation kommen hingegen einzelne Zutaten als Produkte heraus anstatt eines Gemischs. Sind diese Zutaten identisch mit solchen, die es bereits gibt – was bei der Präzisionsfermentation meist der Fall ist –, besteht kein Grund, ein verändertes Risiko im Vergleich zum »Original« anzunehmen. Hier ist eher die Frage, wie das letztendliche Lebensmittel, dem die Zutaten aus Präzisionsfermentation zugefügt werden, insgesamt zusammengesetzt ist. Da tierische Produkte wie Fleisch und Milch komplexe Gemische darstellen, wird bei einem Ersatz durch Präzisionsfermentation zunächst ein Teil dieser Komplexität reduziert. Milch besteht zum Beispiel aus mehr als nur Casein, und Casein selbst ist wiederum ein Gemisch aus mehreren Proteinen. Bisher werden nur Einzelne dieser Proteine mit Mikroorganismen hergestellt. Bei der Verdauung zerlegen wir in unserem Körper die Proteine in ihre Bestandteile, die einzelnen Aminosäuren. Vor allem acht von ihnen sind besonders wichtig und werden als essenzielle Aminosäuren bezeichnet, weil wir sie unbedingt brauchen, aber unser Körper sie selbst nicht herstellen kann. Wir müssen sie also über die Nahrung zu uns nehmen. Messungen haben gezeigt, dass die vier unterschiedlichen Casein-Proteine der Kuhmilch sich im Gehalt dieser essenziellen Aminosäuren zwar teilweise unterscheiden, jedoch alle von ihnen den kompletten Satz in signifikanten Mengen enthalten.[129] Auswirkungen auf den Nährwert bei Verwendung nur eines Casein-Proteins statt aller dürften also eher gering sein. Dennoch könnte es ein Ziel für die Zukunft sein, mit unterschiedlichen Proteinen aus Präzisionsfermentation ein möglichst optimales Spektrum an Aminosäuren zu erreichen.

Per se bedeutet eine geringere Komplexität in der Zusammensetzung noch nicht, dass ein Lebensmittel weniger nahrhaft sein muss. Es gibt Menschen, die die Reduktion von natürlichen Lebensmitteln auf einzelne Zutaten dennoch kritisch sehen (siehe Lesetipps am Ende des Kapitels). Haben wir uns nicht über sehr lange Zeit hinweg an die natürliche Zusammensetzung von Fleisch und Milch angepasst? Brauchen wir sie nicht, um gesund zu sein, und verarmt unsere Ernährung nicht, wenn wir Lebensmittel nach dem Baukastenprinzip zusammensetzen? Haben wir die Interaktionen zwischen den vielen Inhaltsstoffen und unserer Gesundheit wirklich gut genug verstanden, um Lebensmittel am Reißbrett, Baustein für Baustein, selbst zusammenzubauen? Diese Frage kann bisher nicht abschließend beantwortet werden. Umgekehrt kann dieses Vorgehen aber eindeutige Vorteile mit sich bringen. Nur, weil etwas natürlich ist, muss es nicht optimal für unsere Ernährung konstruiert sein. Natürliche Lebensmittel, vor allem pflanzliche, enthalten neben wichtigen und gesundheitsfördernden Inhaltsstoffen auch häufig sogenannte Antinährstoffe, die die Aufnahme von Nährstoffen erschweren oder in größeren Mengen sogar giftig sind.[130] Auch in tierischen Lebensmitteln kommen Stoffe vor, die für manche Menschen schlecht verträglich sind. Baut man Lebensmittel neu zusammen, kann man dieses Problem angehen. Zum Beispiel ließe sich mit Präzisionsfermentation ganz leicht laktosefreier Käse herstellen, indem man den Milchzucker erst gar nicht zufügt. Und die gesättigten tierischen Fette können durch ungesättigte pflanzliche ersetzt werden.

So gerne wir die lange Liste an Inhaltsstoffen bei natürlichen Lebensmitteln als etwas per se Gutes verklären, so unwohl fühlen wir uns bei dem Gedanken, dass bei der industriellen Herstellung viele Zutaten hinzugefügt werden. Lange Zutatenlisten auf Verpackungen von pflanzlichen Alternativen werden häufig als Argument dafür angeführt, dass diese Produkte gesundheitlich bedenklich seien. Daniel Wefers, Professor für Lebensmittelchemie an der Martin-Luther-Universität in Halle-Wittenberg, hält das aber für ungerechtfertigt. Er forscht mit seiner Arbeitsgruppe selbst an der Herstellung von Zutaten für Lebensmittel mithilfe von Fermentation. In einem Interview mit dem Wissenschaftsmagazin Spektrum sagte er: »Nicht nur die Imitate von Wurst, auch die meisten fleischbasierten Originalprodukte sind hochverarbeitete Lebensmittel. Nehmen wir Salami oder Brühwürste. Die Zutatenliste für Imitate fällt oft lang aus – da gibt es dann viele Stoffe mit seltsamen Namen, die den meisten von uns nichts oder nur wenig sagen. Aber schauen wir uns zum

Vergleich die Zutatenliste für die Salami oder Brühwurst aus Fleisch an, zeigt sich, dass darin oft ähnlich viele Zusatzstoffe enthalten sind.«[131] Genau wie bei einzelnen Lebensmitteln gilt also für einzelne Zutaten: Sie sind nicht per se gesund oder ungesund. Und auch die Länge der Zutatenliste ist kein hilfreicher Indikator. Auf die Art der Zutaten kommt es an, und darauf, ob wir uns insgesamt ausgewogen ernähren. Dabei spielen neben einer guten Versorgung mit Vitaminen und Mineralstoffen vor allem auch Proteine und Ballaststoffe eine wichtige Rolle. Das Wissen über die positiven und negativen Wirkungen von in natürlichen Lebensmitteln enthaltenen Stoffen wächst ständig. Gepaart mit präziser Fermentation wird dieses Wissen zu gesünderen Lebensmitteln führen, als die Natur sie uns liefert.

Gesunde oder ungesunde Lebensmittel, so würden viele Ernährungswissenschaftler:innen sagen, gibt es eigentlich gar nicht. Ist etwas in Mengen schädlich oder gar giftig, in denen man es normalerweise verzehren würde, dann wird oder sollte es zumindest nicht als Lebensmittel zugelassen werden. Das heißt nicht, dass man sich nicht mit manchen Lebensmitteln vergiften kann. Es reichen zum Beispiel schon einige Muskatnüsse aus, um sich als erwachsener Mensch in Lebensgefahr zu bringen (Muskatnüsse hätten es als *Novel Food* wahrscheinlich nie durch die Zulassungsprüfungen geschafft). Es kommt immer darauf an, wie viel ich davon esse und was sonst noch so alles auf meinem Speiseplan steht. Ab und zu ein Glas Limonade und ein Hamburger sind nicht ungesund, wenn ich ansonsten meistens Wasser trinke und viel Gemüse esse. Stehen bei mir hingegen jeden Tag Limonade und Burger auf dem Speiseplan, ist das eine eher ungesunde Ernährungsweise. Allerdings kann man schon sagen, dass manche Lebensmittel nahrhafter sind als andere und man deshalb häufiger zu ihnen greifen sollte als zu Limonade und Burger.

Die direkte Verbindung zwischen einer konkreten Ernährungsweise und der Gesundheit ist ziemlich schwierig wissenschaftlich nachzuweisen. Dass es jedoch einen Zusammenhang gibt, ist allgemein anerkannt. Am deutlichsten tritt er hervor, wenn Menschen hungern. Dies kann auf zwei prinzipielle Arten der Fall sein, nämlich in Form von offensichtlichem Hunger, der durch eine zu geringe

Aufnahme von Kalorien verursacht wird, und in Form von sogenanntem verstecktem Hunger (engl.: *hidden hunger*), bei dem zwar ausreichend Kalorien, aber zu wenige wichtige Nährstoffe aufgenommen werden, wie zum Beispiel Proteine, Mineralstoffe und Vitamine. An beiden Formen von Hunger leiden weltweit noch immer viel zu viele Menschen, und ihre Zahl ist nach Jahrzehnten der erfolgreichen Minderung in den letzten Jahren wieder gestiegen. Doch während einem Teil der Weltbevölkerung zu wenig und nicht ausreichend nahrhafte Nahrung zur Verfügung steht, leidet ein stetig wachsender anderer Teil unter gesundheitlichen Folgen von Überkonsum. Eine Expert:innengruppe der Welternährungsorganisation der Vereinten Nationen (FAO) hat 2016 einen vielbeachteten Bericht herausgebracht, demzufolge die Zahl der übergewichtigen und an Adipositas leidenden Menschen auf der Welt von 1,33 Milliarden im Jahr 2005 auf 3,28 Milliarden im Jahr 2030 ansteigen wird, wenn Staaten keine Gegenmaßnahmen ergreifen.[132] Gleichzeitig gibt es paradoxerweise auch in Ernährungssystemen mit einem Überangebot an Kalorien Menschen, die an verstecktem Hunger leiden. Eine Gruppe von Produkten steht dabei seit einigen Jahren besonders im Fokus der Debatte: hochverarbeitete Lebensmittel.

Menschen, die viel von dieser Art Lebensmittel konsumieren, so die These, leben weniger gesund, haben ein erhöhtes Risiko für Krebs sowie geringere Chancen im Bildungssystem und im Berufsleben. Wie viele dieser Zusammenhänge wirklich kausal sind und wie viele korrelativ, darüber wird in der Wissenschaft gestritten. Gehören Produkte aus neuer Fermentation zu dieser Art von Lebensmitteln? Dazu müssen wir zunächst einmal wissen, was genau hochverarbeitete Lebensmittel charakterisiert. Man kann es im Detail bei der FAO nachlesen,[133] ich habe es mir aber von Gunter Kuhnle, Professor für Ernährung und Lebensmittelwissenschaft an der Universität von Reading in England, kurz zusammenfassen lassen. »Sogenannte verarbeitete Lebensmittel sind Teil der NOVA-Klassifikation, die Lebensmittel nach dem Grad der Verarbeitung einteilt. Die Klasse 4 auf der Skala, also hochverarbeitet, umfasst Lebensmittel, die am stärksten verarbeitet werden, wobei die Kriterien meiner Ansicht nach nicht klar definiert sind«, erklärt mir Kuhnle. Generell seien das Lebensmittel, bei denen die Struktur stark verändert wurde. Also zum Beispiel viele der neuen, pflanzlichen Ersatzprodukte. »Aber auch destillierte alkoholische Getränke gehören dazu, ebenso wie manche Vollkornbrote und Säuglingsnahrung.«

Dass man nicht pauschal sagen kann, verarbeitete Produkte seien ungesund, wissen wir eigentlich schon. Denn auch die traditionelle Fermentation ist eine Art der Verarbeitung, bei der das fermentierte Lebensmittel in Struktur und Zusammensetzung verändert wird. Doch diese Veränderung führt zu keiner Verschlechterung, sondern macht pflanzliche Lebensmittel nährstoffreicher und bekömmlicher. Bei den neuen Arten der Fermentation werden jedoch keine Lebensmittel fermentiert, sondern es kommen essbare Mikroorganismen in Form von nahrhaftem Pulver oder einzelne Zutaten heraus. Aus ihnen muss, zusammen mit weiteren Zutaten, zunächst ein Lebensmittel hergestellt werden. Eine Einordnung als hochverarbeitet oder zumindest als verarbeitet ist also sehr wahrscheinlich. Gleichzeitig enthält mikrobielle Biomasse jedoch viele wichtige Nährstoffe und ein hoher Ballaststoff- und Proteinanteil sorgt für Sättigung, bei gleichzeitig wenigen, leicht verfügbaren Kalorien in Form von Kohlenhydraten. Als verarbeitet kategorisiert oder nicht, mikrobielle Lebensmittel werden ein wertvoller Bestandteil einer ausgewogenen Ernährung sein können.

Da dies ein sehr aktuelles Thema ist, hier noch einige Sätze zu hochverarbeiteten Lebensmitteln. Viele Ernährungswissenschaftler:innen halten die Faustregel, wenig hochverarbeitete Produkte zu essen, für sinnvoll. Kuhnle und andere bezweifeln jedoch, dass allein der Grad der Verarbeitung als Indikator zielführend sei:[134] »Denn die bisherige Studienlage zeigt allein eine Korrelation zwischen dem Verzehr hochverarbeiteter Produkte und höheren Risiken zum Beispiel für Krebs auf. Jedoch keinen kausalen Zusammenhang, aus dem man etwas für die Bewertung einzelner Lebensmittel ableiten könnte. Aber das ist es leider, was außerhalb der Universitäten am liebsten kommuniziert wird, besonders in den Medien. Lebensmittel XY ist ungesund, weil es hochverarbeitet ist. Solche Rückschlüsse sind jedoch bisher nicht durch wissenschaftliche Erkenntnisse gedeckt.«

Auch der Ernährungsmediziner Martin Smollich hält eine pauschale Bewertung hochverarbeiteter Produkte als ungesund für falsch. Es gäbe unter ihnen, wenn man genauer hinsehe,[135] sowohl sehr gesunde als auch sehr ungesunde Lebensmittel. Eine kürzlich veröffentlichte, großangelegte Studie mit 266666 Proband:innen bestätigt die Sicht dieser Wissenschaftler:innen. In der Studie wurde der Zusammenhang zwischen dem Konsum von unterschiedlichen Arten von hochverarbeiteten Produkten und der Gesundheit der Proband:innen betrachtet, und die Forscher:innen sind zu dem Ergebnis gekommen, dass die Effekte ganz unterschiedlich ausfallen. Während Softdrinks und hochverarbeitete Produkte aus Fleisch mit einem erhöhten Risiko für Krebs in Verbindung gebracht werden konnten, gab es keinerlei Hinweise darauf, dass der regelmäßige Verzehr von pflanzlichen Fleisch- und Milchalternativen zu einem solchen erhöhten Risiko führt. Das ist ein Hinweis darauf, dass auch ein regelmäßiger Konsum hochverarbeiteter Produkte aus Fermentation nicht ungesund sein muss. Im Gegenteil: Er könnte den nachweislich ungesunden Konsum hochverarbeiteter tierischer Produkte verringern und so zu einer gesunden Ernährungsweise beitragen.

Es gibt viele Faktoren, die unsere Ernährung beeinflussen, und viele davon sind systemisch. Das bedeutet, sie befinden sich außerhalb unseres individuellen Einfluss- und Entscheidungsbereiches und werden unter anderem durch die ökonomischen und sozialen Rahmenbedingungen bestimmt. Eine großangelegte Studie aus dem Jahr 2019 kam zum Beispiel zu dem Schluss, dass Übergewicht und Adipositas vor allem deshalb zunehmen würden, weil die Ernährungssysteme in den entsprechenden Ländern nicht in der Lage seien, allen Menschen eine gesunde Ernährungsweise zu ermöglichen.[136] Vor allem die Produktion und der Konsum hochverarbeiteter, nährstoffarmer Produkte mit vielen Kalorien würde systematisch gefördert, weil diese günstig produziert und mit großen Gewinnmargen verkauft werden könnten, durch Geschmacksstoffe, Salz und Zucker sehr ansprechend seien und auch aggressiv beworben würden. Es wird also eine Ernährungsumwelt geschaffen, in der man zu einem ungesunden Konsum geradezu verleitet wird.

Martin Rücker, ehemaliger Geschäftsführer der NGO foodwatch und heute freier Journalist und Autor, beobachtet und analysiert das Ernährungssystem in Deutschland bereits viele Jahre. In seinem 2022 erschienenen Buch »Ihr macht uns krank« hat er seine Recherchen über die Missstände in der Lebensmittelindustrie, den zuständigen Behörden und der allgemeinen Ernährungspolitik zusammengetragen. Seiner Ansicht nach mache das momentane System viele Menschen krank, anstatt ihnen eine gesunde Ernährung zu ermöglichen. Ich will ihn unbedingt zu seiner Meinung im Hinblick auf eine Produktion in Bioreaktoren befragen und habe deshalb ein Telefonat mit ihm vereinbart. Bei neuer Fermentation sieht er erst einmal keine prinzipiell neuen Herausforderungen für Lebensmittelsicherheit: »Meiner Erfahrung nach kann man, was die Zustände in Betrieben angeht, so gut wie nichts pauschalisieren. Das ist wie mit den Küchen von Privatpersonen: Manche sind sehr sauber, und in anderen geht es drunter und drüber.« Die Lebensmittelkontrollen müssten sich, so Rücker, natürlich auf Eigenheiten dieser neuen Art der Herstellung einstellen, aber das mussten sie in der Vergangenheit auch bereits, beispielsweise beim Aufkommen des Onlinehandels. Eine Skalierung zu großen Anlagen sieht er zweischneidig: »Einerseits kann eine Skalierung von Vorteil sein, weil große Betriebe häufig professionellere Strukturen haben – auch beim Hygienemanagement. Andererseits betrifft es, wenn mal etwas schiefgeht, gleich sehr viele Verbraucher:innen.«

Wie die anderen Expert:innen, die ich befragt habe, erwartet Martin Rücker keine negativen Effekte von Produkten aus Fermentation, die man heute schon voraussehen könnte. Er hält es jedoch für wichtig, dass Rahmenbedingungen geschaffen werden, die Anreize für die Herstellung gesunder Lebensmittel geben. Bisher sei eher das Gegenteil der Fall, und darauf habe sich die Industrie eingestellt. Als wir miteinander sprachen, waren Teile der deutschen Industrie gerade sehr aktiv dabei, eine Initiative des aktuellen Landwirtschafts- und Ernährungsministers Cem Özdemir zur Beschränkung von Werbung für ungesunde Lebensmittel[137] lautstark zu bekämpfen. Indem sie diese als eine Beschneidung ihrer unternehmerischen Freiheit oder sogar der Freiheit der Konsument:innen bezeichneten. »Es geht doch darum«, sagt Rücker, »die Rahmenbedingungen so zu gestalten, dass die Hersteller:innen endlich Geld damit verdienen können, gesunde Lebensmittel zu vermarkten. Momentan bleibt ihnen ja aus ökonomischer Sicht kaum etwas anderes übrig, als auf überzuckertes, fettiges und salziges Junkfood zu setzen. Erst wenn gesunde Produkte lukrativ sind und es damit im wirtschaftlichen Eigeninteresse der Unternehmen liegt, möglichst ausgewogene Rezepturen zu entwickeln, entsteht ein Wettbewerb um gesunde statt ungesunde Produkte.« Genauso sei das mit hochverarbeiteten Produkten. Mit diesen ließen sich nun einmal mit relativ günstigen Ausgangsstoffen relativ teure Produkte erzeugen und somit viel Geld verdienen. Genau wie bei Nachhaltigkeit müssen also auch bei Gesundheit eine wirksame Kennzeichnung und preisliche Steuerung dafür sorgen, dass sich die gesellschaftlich vorteilhafteren Geschäftsmodelle mehr lohnen. Unter solchen Rahmenbedingungen können die innovativen Kräfte des freien Marktes als Zugpferde dienen und den Karren in die richtige Richtung lenken.

In der Erforschung des Zusammenhangs zwischen Ernährung, Nachhaltigkeit und Gesundheit ist seit einigen Jahren zusätzlich das Konzept der planetaren Gesundheit hinzugekommen. Der Begriff ist uns ganz am Anfang schon einmal begegnet, als Agarökonom Matin Qaim ihn im Zusammenhang mit der aktuellen Ernährungssituation erwähnt hat. Die zugrundeliegende Idee ist, dass die Gesundheit der Menschheit mit der Gesundheit der Ökosysteme verknüpft ist. Etabliert wurde die Planetary Health Diet, also eine an der planetaren Gesundheit ausgerichtete Ernährung, von der EAT-Lancet-Kommission. EAT ist eine internationale NGO, die sich für einen Wandel hin zu einem nachhaltigen Ernährungssystem einsetzt. Jörg Reuter vom Food Campus Berlin beschäftigt sich schon seit Längerem mit diesem Thema, und die planetare Gesundheit ist für ihn ein hilfreiches Leitbild: »Lebensmittel haben heute einen großen negativen Einfluss auf unsere Einhaltung der planetaren Grenzen. Da müssen wir ran. Das Modell der planetaren Gesundheit öffnet uns die Augen, wie vielfältig wir das Thema ›Widerstandsfähigkeit des Planeten‹ dabei betrachten müssen. Dafür brauchen wir auch eine Vielfalt an Lösungen, die Gesundheit und Ökologie immer zusammendenken.« Denn viele Lösungsansätze würden dieser Komplexität nicht gerecht, findet Reuter: »Leider wird die Planetary Health Diet heute meist verkürzt auf ›weniger tierische Lebensmittel‹ reduziert. Dabei definiert sie die EAT-Lancet-Kommission als gesunde Ernährung aus nachhaltigen Ernährungssystemen.« Und in diesen werden, wenn es nach ihm geht, auch tierische Produkte weiterhin einen Platz haben. Eine drastische Reduzierung des Fleischkonsums sieht EAT jedoch vor, und gleichzeitig einen viel höheren Konsum von Gemüse.

Auch viele andere Gremien für Ernährung empfehlen eine solche, mehr auf Gemüse fokussierte Diät. Was dieser Entwicklung auf der Produktionsseite jedoch bisher im Wege steht, ist der bereits heute eher geringe Selbstversorgungsgrad bei Gemüse in Deutschland. Im Jahr 2021 lag er laut der Bundesanstalt für Landwirtschaft und Ernährung bei nur 38 Prozent.[138] Das heißt im Klartext, dass wir 62 Prozent unseres Gemüses aus anderen Ländern importieren. »Wenn wir Empfehlungen, mehr Obst und Gemüse zu essen, ernstnehmen und das auf nachhaltige Weise tun wollen«, sagt Harald Grethe, »müssen wir unbedingt den heimischen Anbau stärken. Momentan sind wir davon sehr weit entfernt. Wenn das nicht gelingt, wird eine zusätzliche Nachfrage in Deutschland zum Großteil durch Importe aus anderen Ländern gedeckt werden.« Dabei tut sich allerdings ein Zielkonflikt auf mit unseren steigenden Ansprüchen daran, wie Landwirtschaft praktiziert werden sollte. Beispielsweise macht eine immer strengere Regulierung von Pflanzenschutzmitteln ohne adäquate Alternativen einen wirtschaftlichen Anbau von Gemüse schwierig bis unmöglich. Andere Länder werden jedoch nur bedingt bereit sein, unsere Anforderungen bei sich umzusetzen, schließlich gibt es auch andere Kund:innen auf dem Weltmarkt.

Mein Fazit: Es ist wichtig, die Zusammenhänge zwischen Ernährung und Gesundheit weiter zu erforschen, dann aber auch geeignete Maßnahmen abzuleiten. Zum Beispiel ist der Zusammenhang zwischen einem übermäßigen Verzehr von stark zuckerhaltigen Getränken sowie Süßigkeiten und der Gesundheit mehr als deutlich, und ich habe bisher keine Ernährungswissenschaftler:innen getroffen, die sich nicht für wirksame Gegenmaßnahmen – zumindest bei Kindern – aussprechen. Bei den Produkten der neuen Arten von Fermentation gibt es keine Indizien dafür, dass sie per se gesünder oder ungesünder sind als andere Lebensmittel. Man wird sich jedes Produkt einzeln ansehen müssen, und am Ende zählt ohnehin immer die Ausgewogenheit der gesamten Ernährung. Für viele Wissenschaftler:innen ist der Grad des Konsums hochverarbeiteter Produkte ein Indikator für eine gesunde Ernährung, zumindest auf einer gesamtgesellschaftlichen Ebene. Daraus wiederum Rückschlüsse auf einzelne Lebensmittel zu ziehen, erscheint wissenschaftlich nicht stichhaltig. Zu einer ausgewogenen Ernährung können die Produkte der neuen Arten von Fermentation also durchaus beitragen. Die Politik sollte Rahmenbedingungen so gestalten, dass es am wirtschaftlichsten ist, gesunde Lebensmittel zu produzieren und zu verkaufen. Innerhalb dieser Rahmenbedingungen kann dann der freie Markt um die besten Wege konkurrieren, das zu erreichen. Auch der Kreis zwischen Konsum und Produktion schließt sich wieder, denn sowohl ein Ausbau der Produktion in Bioreaktoren als auch der Anbau von mehr Gemüse müssen einen zukünftigen Bedarf erst einmal decken können.

Lesetipps:

Eine investigative Recherche über unser Ernährungssystem und viele konkrete Vorschläge, was sich ändern muss, damit wir alle gesünder leben können, findet man im Buch »Ihr macht uns krank«[139] von Martin Rücker.

In ihrem Buch »Technically Food: Inside Silicon Valley's Mission to Change What We Eat«[140] geht Larissa Zimberoff der Frage auf den Grund, wie sich eine reduktionistische Sicht auf Lebensmittel als etwas, das wir aus Bausteinen selbst zusammenbauen, auf unsere Gesundheit und unsere Beziehung zum Essen auswirken könnte.

Natürlichkeit oder Nachhaltigkeit? Wir müssen uns entscheiden

In diesem Buch geht es sehr viel um harte, messbare Fakten. Doch Essen ist mehr als nur Ratio und Vernunft, es spielen auch emotionale, soziale und kulturelle Faktoren eine große Rolle, wie wir im

Kapitel zu Akzeptanz bereits gesehen haben. Deshalb können neue Lebensmittel noch so ressourcenschonend sein - wenn uns einfach nicht danach ist, sie zu kaufen und zu essen, werden sie keinen Erfolg haben.

Da der Zusammenhang zwischen Ernährung, Nachhaltigkeit und Gesundheit, wenn man näher hinschaut, fast schon nervenaufreibend kompliziert ist, wenden im Alltag viele von uns - bewusst oder unbewusst - die Faustregel der Natürlichkeit an. Was natürlich ist, das ist wahrscheinlich auch gut, so der Gedanke. Auch, was den erwartbaren Genuss beim Verzehr von Lebensmitteln betrifft, erscheint das Natürliche dem Synthetischen meist überlegen. Sind Produkte aus der neuen Fermentation unnatürlich und, falls ja, deshalb schwierig in unsere Esskultur zu integrieren?

Zunächst einmal wurde durch die vorangegangenen Kapitel hoffentlich deutlich, dass natürlicher nicht automatisch nachhaltiger bedeuten muss. Im Gegenteil: Eine Produktionsweise, die technisch weniger fortgeschritten und näher an dem ist, was in der Natur geschieht, kann sich negativ auf die Nachhaltigkeit auswirken. Zum Beispiel dann, wenn sie zu einem noch größeren Flächenbedarf führt. Selbst Ökolandbauvorreiter Urs Niggli stellt fest, dass sich Natürlichkeit nicht als Kriterium für eine nachhaltige Landwirtschaft eignet.[141] Doch sind natürliche Lebensmittel nicht zumindest gesünder?

Zu argumentieren, etwas sei allein deshalb für uns gesund, weil es in dieser Form in der Natur vorzufinden ist, fußt auf keiner faktischen Grundlage. In der Natur treten sehr häufig für uns wertvolle Nährstoffe und gesundheitsschädliche Substanzen in ein und denselben Organismen auf. Viele Pflanzen enthalten Antinähr- und Giftstoffe und sollten deshalb nur in Maßen verzehrt werden, denken wir zum Beispiel an Rhabarber, nitrathaltiges Gemüse oder Rucolasalat, Zimt oder Muskatnuss. Und auch nicht alle Substanzen in tierischen Lebensmitteln sind unserer Gesundheit zuträglich, wenn sie in größeren Mengen konsumiert werden. Einen messbaren Vorteil haben ursprünglichere Lebensmittel also nicht. Häufig ist sogar das Gegenteil der Fall, wie beispielsweise beim Raps. Natürlicherweise enthalten die Samen vieler Vertreter der Pflanzenfamilie der Kreuzblütler, zu denen der Raps gehört, höhere Konzentrationen von Erucasäure. Diese Fettsäure hat negative Effekte auf das menschliche Herz, weshalb es bis in die 1980er-Jahre kein Speiseöl aus Raps gab. Erst durch Züchtung, also eine genetische Veränderung, wurde der natürliche Gehalt an Erucasäure so weit verringert, dass er als unbedenklich galt und Rapsöl 1986 als Speiseöl zugelassen werden konnte. Unnatürlicher, aber gesünder.

Wie sieht das mit den Lebensmitteln aus dem Bioreaktor aus? Wie es auch bei Nutzpflanzen der Fall ist, werden hier natürlich vorkommende Mikroorganismen so verändert, dass sie für uns nahrhafte Lebensmittel produzieren. »Die mit neuen Methoden fermentativ produzierten Zutaten erscheinen auf den ersten Blick eher weit weg von der Natur«, legt mir Daniel Wefers von der Martin-Luther-Universität in Halle-Wittenberg seine Sicht dar. »Aber das muss nichts Schlechtes sein, denn auch in der Natur gibt es viele ungesunde Dinge. Sehr viele sogar. Ich denke, dass es ein Umdenken geben müsste: Natürlichkeit sollte kein Qualitätsmerkmal sein, sondern die tatsächliche Zusammensetzung von Lebensmitteln.«

Etwas, das man im Zusammenhang mit Produkten aus neuen Fermentationsansätzen häufig hört, ist, dass es sich um »Essen aus dem Labor« handle. Doch wenn in einigen Jahren Milchprotein für Käse oder Eiweiß für Süßspeisen im größeren Stil mit Mikroorganismen hergestellt werden, kommen diese Lebensmittel genauso wenig aus dem Labor wie Bier, Käse aus Kuhmilch oder Sauerteigbrot. Die Mikroorganismen – sowohl für die alten als auch die neuen Produkte – werden zwar in Laboren gezüchtet, am Leben gehalten und vermehrt, damit ständig für Nachschub gesorgt ist. Zum Beispiel auf Nährstoffmedien aus Agar, wie es dank Fanny Angelina Hesse seit 150 Jahren getan wird. Doch der Brauvorgang selbst findet in Industrieanlagen statt, die Herkömmlichen zum Verwechseln ähnlich sind. Es ist also nicht richtig zu sagen, wir hätten es mit »Essen aus dem Labor« zu tun, zumindest nicht mehr als auch jetzt schon. Hinzu kommt, dass Fermentation im Prinzip eine uralte Technik ist. Auch, wenn sie heute mithilfe der Biotechnologie weiterentwickelt wird, ist sie im Grunde ein Arbeiten mit der Natur.

Dann ist da noch die Sache mit der Gentechnik. Gene absichtlich zu verändern oder sogar neue einzubringen, das wirkt auf viele nicht sehr natürlich. Ist es nicht auch gefährlich? Die Forschung der letzten Jahrzehnte sowohl an Pflanzen als auch an Mikroorganismen ist sehr einhellig zu dem Ergebnis gekommen, dass die Methode der genetischen Veränderung keinen pauschalen Einfluss auf Risiken für Gesundheit und Umwelt hat. Dazu gibt es zahlreiche Stellungnahmen namhafter Institutionen, unter anderem der Nationalen Akademie der Wissenschaften Leopoldina und der Deutschen Forschungsgemeinschaft. Es zählten, so die Wissenschaftler:innen, allein die Eigenschaften, die ein Organismus durch eine Veränderung seiner Gene erhält. Die Art und Weise, wie es zu dieser Veränderung kam, spiele keine Rolle. Mit genetischen Veränderungen kann man die Eigenschaften von Pflanzen sowohl zum Guten als auch zum Schlechten hin verändern, darin unterscheiden sich die neuen, präziseren Methoden nicht von den alten. Neu ist, dass man heute viel mehr darüber weiß, welche Gene für welche Eigenschaften verantwortlich sind, und zusätzlich in der Lage ist, sie viel präziser zu verändern. Im Vergleich dazu muten bisherige Züchtungsmethoden an wie Hammer und Meißel im Vergleich zu einem Laserskalpell.

Zum Zusammenhang zwischen der Genetik unserer Lebensmittel und unserer Gesundheit noch zwei, wie ich finde, eindrückliche Beispiele aus der Pflanzenwelt: Zucchini enthalten von Natur aus ein Gift namens Cucurbitacin, das für Menschen gesundheitsschädlich und sogar tödlich sein kann. Durch Züchtung wurden die Gene moderner Sorten jedoch so verändert, dass die Früchte das Gift nicht mehr oder nur in sehr geringen Konzentrationen enthalten. Dank dieser genetischen Veränderung stehen Zucchini, genau wie Raps, deshalb heute auf unserem Speiseplan. Kreuzt man Pflanzen in seinem eigenen Garten oder zieht neue Pflanzen aus im Vorjahr gesammelten Samen, können deren Zucchini jedoch wieder erhöhte Konzentrationen des Giftes enthalten, weil die entsprechende Kombination von Genen auftreten kann. Immer mal wieder vergiften sich Hobbygärtner:innen auf diese Weise mit Cucurbitacin, weil sie unbedacht die Genetik der Pflanze in eine für sie ungesunde Richtung gelenkt haben. Und das ohne jede Gentechnik. Auf der anderen Seite essen viele Millionen Menschen unter anderem in Südamerika seit Jahrzehnten Lebensmittel, die aus gentechnisch veränderten Pflanzen hergestellt wurden, ohne dass es bisher stichhaltige Hinweise auf einen negativen Einfluss auf die Gesundheit gibt. Mit welcher Methode die Gene verändert wurden, ist irrelevant. Nur das Ergebnis zählt.

Inzwischen weiß man sogar, dass Austausch von Genen über Artgrenzen hinweg in der Natur nichts Seltenes ist, ganz besonders dann, wenn Mikroorganismen im Spiel sind. *Agrobacterium tumefaciens*, das seine Gene in Pflanzen einschleust, haben wir im Kapitel über biotechnologische Methoden bereits kennengelernt. Forscher:innen haben 2015 herausgefunden, dass die eingebrachten bakteriellen Gene von den Pflanzen sogar weitervererbt werden und so gut wie alle domestizierten Süßkartoffelsorten teils mehrere solcher artfremden DNA-Fragmente in ihren Genomen tragen.[142] Das bedeutet, dass Menschen schon seit Jahrhunderten ein transgenes Lebensmittel, also eines mit artfremder DNA, essen. Die Natur selbst betreibt Gentechnik. Das ist im Falle der Süßkartoffel völlig unproblematisch, weil die genetische Veränderung bei der Pflanze eben zu keiner Eigenschaft führt, die für uns problematisch wäre.

Selbst in unserem eigenen Genom befinden sich über hundert Gene, die aus Viren, Bakterien und anderen Organismen stammen.[143] Für die Forschung ist vor allem spannend, welche Rolle ein solcher Austausch von Genen über Artgrenzen hinweg im Kontext der Evolution spielt. In Bezug auf unsere Frage der Natürlichkeit von Lebensmitteln zeigt er uns, dass Genetik viel komplexer und veränderlicher ist, als wir lange dachten. Organismen als unnatürlich zu kategorisieren, weil sie artfremde DNA enthalten, ist also nicht mehr zeitgemäß. Und ein pauschaler negativer Effekt auf die Gesundheit ist von gentechnisch veränderten Organismen absolut nicht zu erwarten.

Gibt es überhaupt eine Definition von natürlich, auf die wir uns einigen könnten? Ist sie ein Maß dafür, wie fremd uns etwas erscheint? Ein Schimmelpilz, der Zitronensäure produziert, zum Beispiel – das kommt uns eher fremd und unnatürlich vor, weil wir Zitronensäure mit Zitronen verbinden und nicht mit einem Schimmelpilz. Dabei ist sie chemisch gesehen nur eine bestimmtem Anordnung von Kohlenstoff-, Wasserstoff- und Sauerstoffatomen, die ganz natürlicherweise auch von manchen Schimmelpilzen produziert wird und nicht nur von Zitruspflanzen. Auch Milch enthält Zitronensäure. Allein durch ihre Benennung haben wir jedoch einen fiktiven Maßstab für Natürlichkeit eingeführt, an dem wir uns orientieren. Hätten wir diese chemische Verbindung zuerst in Schimmelpilzen entdeckt, würde sie heute vielleicht Schimmelsäure heißen und niemand würde Zitronen essen wollen.

Wie sehen die Pionier:innen der neuen Fermentation die Sache mit der Natürlichkeit? »Ich nehme wahr«, erzählt mir Victoria Reinsch, die bei Formo für das Marketing zuständig ist, »dass wir immer sehr viel über Natürlichkeit sprechen, wenn es um neue Produkte geht. Wir sollten uns aber auch fragen, wie natürlich unsere momentane Art der Ernährung eigentlich ist. Ist es natürlich, Mutterkühen ihre Kälber wegzunehmen und ihnen die Milch zu klauen, mit der sie die Kälber normalerweise säugen würden? Ich finde nicht.« Man könnte sagen, dass wir uns seit der Neolithischen Revolution von einer natürlichen Art und Weise, uns durch Jagen und Sammeln zu ernähren, entfernt haben. Wir haben wilde Natur in Felder und wilde Tiere in Nutztiere verwandelt. Mikroorganismen haben wir sogar als Allererste domestiziert, ohne überhaupt von ihnen zu wissen – indem wir gesammelte Lebensmittel fermentiert haben, noch bevor die Landwirtschaft so richtig in Gang kam. Diese Domestizierung nun fortzusetzen, indem wir Mikroorganismen beibringen, Milchprotein und andere Lebensmittel zu produzieren, erscheint doch eigentlich nur konsequent.

Doch ist Natürlichkeit überhaupt das, um was es bei der Ablehnung neuer Lebensmittel wirklich geht? Eine Studie aus dem Jahr 2018 kommt zu dem Schluss, dass Konsument:innen mit Natürlichkeit eigentlich meinen, wie traditionell die Herstellung eines bestimmten Lebensmittels ist.[144] In einer weiteren Studie drei Jahre früher wurden Lebensmittel als natürlicher bewertet, wenn man den Proband:innen vermittelte, dass beim Herstellungsprozess Handarbeit zum Einsatz kam.[145] Es liegt also womöglich eher daran, dass wir Lebensmittel und deren Herstellung gerne so haben, wie wir sie kennen. Vielleicht, weil wir nur bei Vertrautem erwarten, dass es sicher ist und Genuss verspricht? Ist die Herstellung für uns schwierig nachzuvollziehen, können sich ein solches Gefühl von Sicherheit und die Erwartung von Genuss nicht einstellen. Hat man die Wahl, wird man also eher zu einem traditionellen Lebensmittel greifen, von dem man bereits weiß, dass es einem wahrscheinlich schmecken wird. Das, was man als Esskultur zusammenfassen könnte, ist es also, worum es eigentlich geht. »Ob die Art und Weise, wie Lebensmittel hergestellt werden, natürlich ist oder nicht, erscheint mir nicht die richtige Frage«, findet auch Martin Rücker. »Wir sollten uns eher fragen, ob wir es zum Beispiel wichtig finden, dass Kinder auch den Geschmack von echter Zitrone und echter Kuhmilch zumindest kennenlernen sollten. Und, ob man als Verbraucher:in wissen darf, wie das Lebensmittel auf dem eigenen Teller eigentlich hergestellt wurde, wenn man es gern wissen möchte. Das sind keine Fragen, die von der Wissenschaft beantwortet werden können, sondern mit denen wir uns als Gesellschaft beschäftigen müssen.«

Selbst, wenn Natürlichkeit, Tradition und Esskultur also weder für unsere Gesundheit noch für Nachhaltigkeit eine Rolle spielen, können sie für uns als Konsument:innen und auch als Gesellschaft insgesamt einen Wert haben. Die Frage wird sein, ob es uns gelingt, auch neue Lebensmittel aus Fermentation mit der Zeit in unsere Esskultur zu integrieren. Wachsende Vertrautheit ist das, was wahrscheinlich am besten dabei helfen wird.[146] Hinzu kommt die Erwartung, ob uns ein Lebensmittel Genuss bringt. Fermentations-Start-ups tragen diesem Umstand schon heute Rechnung und organisieren Verkostungen wie die, an der ich teilgenommen habe, oder arbeiten mit bekannten Sterneköchen zusammen, um ansprechende Gerichte aus ihren mikrobiellen Produkten zu zaubern. Und wenn der Genuss beim Essen und unsere Kaufentscheidung so sehr durch soziale und kulturelle Faktoren beeinflusst werden, vielleicht gelingt es uns, Nachhaltigkeit als ein Genusskriterium zu kultivieren. Könnte das Wissen, dass ein Lebensmittel unsere Umwelt weniger belastet und zukünftigen Generationen eine lebenswertere Welt hinterlässt, eine neue und genussvolle Esskultur prägen?

Lesetipp:
Viel über Pflanzenzüchtung, Gentechnik und Natürlichkeit kann man in David Spencers Buch »Alles bio – logisch?!«[147] lernen.

Neue Technologien, noch mächtigere Konzerne? Wie die Revolution uns allen nützen kann

Während in den USA eine Handvoll Firmen fast 80 Prozent des Marktes beherrschen und Wahlfreiheit für Verbraucher:innen, laut Kritiker:innen, nur noch eine Illusion ist,[148] ist unsere Lebensmittelbranche hierzulande noch durch einen relativ hohen Anteil an mittelständischen Unternehmen geprägt. Wie könnte sich eine vermehrte Produktion in Bioreaktoren auf die Strukturen und die Machtverteilung am Markt auswirken? Könnte sie eine wachsende Machtkonzentration auf wenige Konzerne begünstigen, in deren Händen dann das Schicksal unserer Ernährung liegt? Oder könnte stattdessen mehr Vielfalt entstehen, weil viele kleine Firmen mit ihren neuen Ideen auf den Markt kommen?

Diejenigen, die viel Geld in die Entwicklung der neuen Technologien und Produktionswege investieren, hoffen natürlich, dass sich dies eines Tages auszahlen wird. Dabei ruht die Hoffnung der Wagniskapitalgeber:innen weniger darauf, dass Verkäufe von Käse aus Präzisionsfermentation oder Fleischersatz aus mikrobiellem Pilzprotein schon in den kommenden Jahren viel Geld einbringen und das investierte Geld wieder einspielen werden. Vielmehr setzen sie vor allem darauf, dass sich auf dem Weg zur Marktreife die Möglichkeit zur Patentierung von biologischen oder technischen Innovationen ergibt. Selbst wenn die Grundregel gilt, dass es »keine Patente auf Leben« gibt, kann man sich sehr wohl den gentechnischen Werkzeugkasten patentieren lassen, mit dem man seinen Mikroorganismus verändert hat. Und auch viele der Erfindungen für die Prozesse drum herum, wie zum Beispiel technische Innovationen während der

Fermentation und neue Verfahren in der nachgelagerten Aufbereitung, versprechen Patente. Kritiker:innen befürchten, dass besonders die Präzisionsfermentation Ungleichheiten im Ernährungssystem noch verstärken könnte,[149] weil sie viele solcher neuartigen, patentierbaren Prozesse abwirft. Das könnte zum Beispiel passieren, indem die großen Konzerne im Sektor in die noch kleinen Firmen investieren oder sie gleich aufkaufen und sich so die lukrativsten Patentpakete sichern.

Tatsächlich mischen auch schon fast alle großen Lebensmittelkonzerne bei den neuen Methoden der Fermentation in irgendeiner Weise mit. Der US-amerikanische Konzern Tyson Foods Inc. investierte über seinen hauseigenen Wagniskapitalgeber Tyson Ventures in das Pilzmyzel-Start-up MycoTechnology, die Kraft Heinz Company finanzierte über ihren Investmentarm Evol Ventures das Start-up New Culture Foods, das tierfreie Milchprodukte herstellt, und Nestlé kooperiert mit dem US-amerikanischen Start-up Perfect Day, um eine Milchalternative aus Präzisionsfermentation auf den Markt zu bringen. Die Möglichkeit einer Revolution im Blick, investieren die alten Giganten in die neuen Zwerge, um sich für alle Eventualitäten vorzubereiten. Geht die Revolution steil, gehören sie zu den Profitierenden. Und sollten sie die Revolution eher verhindern wollen, wäre auch das sicherlich einfacher, wenn sie möglichst viele der kritischen Patente in ihren Schubladen hätten.

Die Verlagerung der Produktion unserer Grundnahrungsmittel von einer dezentralen landwirtschaftlichen in eine verarbeitende Industrie birgt also durchaus das Risiko einer weiteren Verlagerung von Macht und Einfluss in eine Branche, die ohnehin schon durch eine Konzentration von beidem gekennzeichnet ist. Entsprechende staatliche Gegenmaßnahmen sollten dieser Entwicklung entgegenwirken. Die Politik muss solche potenziell negativen Marktentwicklungen im Blick haben und mit adäquaten Rahmenbedingungen dafür sorgen, dass die Entwicklung hin zu großen Oligopolen aufgehalten und sogar rückgängig gemacht wird, ganz unabhängig davon, ob es sich um bestehende oder neue Ansätze handelt. Und von der Umwandlung von biologischem und technologischem Wissen in innovative Anwendungen muss die Gesellschaft als Ganzes profitieren. Schließlich beruhen heutige Patente nicht nur auf erfinderischen Einzelleistungen, sondern auch auf dem Wissen über Mikroorganismen und Fermentation, das über viele Jahrzehnte von vielen Menschen angehäuft wurde, mitfinanziert durch unser aller Steuergelder. Andererseits müssen die neuen Ansätze möglichst schnell im großen Maßstab umgesetzt werden, damit sie ihre Versprechen für ein nachhaltigeres Ernährungssystem einlösen können. Und das wird nicht allein mit vielen kleinen Firmen gelingen, sondern auch die Kapazität, das Kapital und die Infrastruktur großer Konzerne benötigen. Es gibt also wieder einmal keine einfache Antwort, und es müssen intelligente Wege gefunden werden, um die Transformation voranzubringen und gleichzeitig negative Entwicklungen am Markt zu verhindern.

Konkrete Ansätze könnten beispielsweise eine gute Balance zwischen Patentierung und einem offenen Zugang zu Wissen und Technologien zum Ziel haben, sodass die Möglichkeit der Patentierung weiterhin Anreize für Investitionen in innovative Ideen garantiert, der allgemeine Fortschritt jedoch gleichzeitig nicht ausgebremst wird. An Patenten an sich ist erst einmal nichts verkehrt, denn sie sind ein Weg, um Erfindungen nicht nur zu schützen, sondern auch zu dokumentieren und weiterzugeben. Alternativ zur Patentierung bleibt Firmen auch immer die komplette Geheimhaltung ihrer Erfindungen, was für den Austausch von Wissen die schlechtere Option ist. Denken wir an Antoni van Leeuwenhoek, der sein Wissen geheim hielt, damit niemand anderes seine Innovationen nachahmen konnte, und der vor seinem Tod sogar manche seiner Mikroskope zerstörte. Über die Veröffentlichung von Patenten beschreibt man hingegen öffentlich seine Erfindung und erhält im Gegenzug für eine gewissen Zeit das alleinige Recht, sie umzusetzen, um damit Geld zu verdienen und getätigte Investitionen wieder zurückzugewinnen. Nach Ablauf des Patentschutzes steht die Erfindung dann auch allen anderen zur Verfügung. Da sich Felder wie die Biotechnologie sehr schnell weiterentwickeln, wäre eine Verkürzung des Patentschutzes womöglich eine geeignete Maßnahme, um einer zu starken Machtkonzentration am Markt entgegenzuwirken. Auch gut finanzierte, unabhängige Spitzenforschung, deren Ergebnisse allen zugänglich sind, kann für mehr Gerechtigkeit und weniger Machtkonzentration sorgen.

Und wie sieht es mit der Gerechtigkeit auf der Seite von uns Verbraucher:innen aus? Werden sich auch jene unter uns, die über weniger Einkommen verfügen, diese neuen Produkte leisten können? Wie teuer die neuen Produkte genau sein werden, lässt sich noch nicht sagen. Wahrscheinlich werden die ersten Käsesorten aus Präzisionsfermentation im eher hochpreisigen Segment angesiedelt sein, vergleichbar mit teurem konventionellem Käse. Je schneller und besser die Skalierung gelingt, desto schneller dürften auch die Preise fallen, so wie man das bereits bei pflanzlichen Alternativen gesehen hat. Das kalifornische Start-up New Culture hat im August 2023 verkündet, dass es dank erfolgreicher Skalierung seines Herstellungsprozesses seinen Mozzarella aus Präzisionsfermentation schon in den nächsten Jahren preislich auf das Niveau von herkömmlichem Pizzakäse wird bringen können. In Kooperation mit einer bekannten Kette von Pizzarestaurants sollen in drei Jahren jährlich 14 Millionen Pizzen mit dem Zukunftskäse serviert werden. Lebensmittel mit Mykoprotein gibt es bereits heute zu erschwinglichen Preise zu kaufen, und die geringeren Hürden bei der Skalierung und Regulierung dürften bei essbaren Mikroorganismen allgemein dafür sorgen, dass sich auch Menschen mit geringerem Einkommen die Produkte aus neuer Fermentation werden leisten können.

Wie teuer Produkte aus Fermentation relativ gesehen sein werden, hängt auch davon ab, wie sehr sich herkömmliche Produkte verteuern. Eine Einpreisung externer Kosten (Emissionen von Klimagasen und negative ökologische Einflüsse), strengere Regeln für die Haltung von Tieren hierzulande, häufiger auftretende Ernteeinbrüche andernorts oder Turbulenzen in globalen Lieferketten könnten zu einer Verteuerung oder zumindest zu stark schwankenden Preisen bei tierischen Produkten führen. Eine lokale Produktion in Bioreaktoren, die lokale Reststoffströme oder sogar Gase als Futter für die Mikroorganismen nutzt, könnte hingegen unabhängiger von all diesen Faktoren sein. Plötzliche Preissteigerungen durch Ereignisse in anderen Regionen der Welt sollten auf sie keinen so direkten Einfluss haben, wie es der Angriffskrieg Russlands auf die Ukraine beispielsweise auf die Preise von Speiseöl und andere Lebensmittel hatte. Gelingt es außerdem, eine verlässliche Versorgung mit regenerativen Energien aufzubauen, wäre auch eine Abhängigkeit von fossilen Energieträgern aus anderen Ländern nicht mehr gegeben. So könnte eine Produktion in Bioreaktoren unser Ernährungssystem nicht nur umwelt- und klimafreundlicher, sondern auch verlässlicher und gerechter machen, wovon wir alle profitieren würden.

Keine nachhaltige Ernährung ohne nachhaltige Energie – Haben wir doch ein Stromproblem?

Einen Teil unserer zukünftigen Ernährung mit Fermentation statt mit Landwirtschaft zu decken, birgt großes Potenzial. Wir könnten leichter innerhalb der planetaren Grenzen wirtschaften, die Zahl der Nutztiere reduzieren und unser Ernährungssystem besser gegen Schocks absichern. Ob dieser Traum wahr wird, hängt jedoch ganz wesentlich von einer Ressource ab: Energie, und zwar vor allem von elektrischer. Haben wir genug Strom aus erneuerbaren Energien für eine Revolution aus dem Mikrokosmos?

Die offensichtlichste Ursache dafür, dass Fermentation Strom braucht, ist der Betrieb der Bioreaktoren. Durch Rühren und Belüftung sicherzustellen, dass alle Zellen im Bioreaktor ausreichend Nährstoffe und Sauerstoff erreichen, ist dabei einer der größten Faktoren. Hinzu kommen die Kühlung sowie die Aufbereitung des geernteten Produkts. Doch zusätzlich zu diesen direkten Energiekosten ergeben sich weitere, indirekte: Neben einer Quelle für Kohlenstoff brauchen die Mikroorganismen in Bioreaktoren Stickstoff (und noch einige weitere Nährstoffe, aber diese sind, was den ökologischen Fußabdruck ihrer Beschaffung angeht, eher zu vernachlässigen). Der Stickstoff kann entweder aus Pflanzen oder aus dem Haber-Bosch-Prozess stammen. Im ersten Fall hat man wiederum eine Verknüpfung mit pflanzlicher Produktion und einen gewissen

Flächenverbrauch, im zweiten eine Abhängigkeit von fossilen Rohstoffen, zumindest bisher. Inzwischen kann Elektrizität aus erneuerbaren Energien zur Fixierung von Luftstickstoff in Ammonium genutzt werden, das wiederum als mineralische Stickstoffquelle für Pflanzen und Mikroorganismen dienen kann. Einen solchen »grünen Haber-Bosch-Prozess« will zum Beispiel die norwegische Firma Yara in einer großen Anlage umsetzen, deren Bau sie 2022 angekündigt hat. Und auch für die für Gasfermentation nötige Energie in Form von Wasserstoff (bei anderen Formen der Fermentation gewinnen die Mikroorganismen diese Energie aus dem Zucker) kann mit regenerativen Energien produziert werden.

Bisher sind die Kapazitäten für die Produktion von grünem Ammonium und Wasserstoff jedoch noch sehr gering, vor allem in Europa. Es steht einfach zu wenig elektrische Energie zur Verfügung, weshalb die Preise in den letzten Jahren gestiegen sind. Das liegt einerseits an Einbrüchen in der Produktion, vor allem bei Wasserkraft und Kernkraft, andererseits an einem zu schleppenden Ausbau von Windkraft und Solarenergie. Hinzu kommt der Wegfall des Imports von russischem Erdgas, was dessen Verstromung nicht nur aus Sicht des Klimaschutzes unsinnig, sondern auch sehr teuer macht. Und auf Seiten der Abnehmer:innen stehen gleichzeitig immer mehr Industriezweige, die durch elektrische Energie aus regenerativen Quellen klimafreundlicher (»dekarbonisiert«) werden wollen.[150] Mit grünem Ammonium als alternativem Treibstoff könnte zum Beispiel der Schiffsverkehr seinen Klimafußabdruck deutlich reduzieren, und auch die Eisen- und Stahlindustrie soll durch per Elektrolyse hergestellten Wasserstoff vom Tropf der fossilen Rohstoffe loskommen.[151] Der steigende Anteil von Elektroautos und die Wärmewende, also die Umstellung auf elektrisches Heizen mit Wärmepumpen, sorgen ebenfalls für einen steigenden Bedarf an elektrischer Energie. Zu guter Letzt wird auch das angestrebte Recycling all der Materialien, die wir bisher verbrennen oder als Abfall in andere Länder exportieren, eine Menge Energie in Anspruch nehmen.

Anna Handschuh ist Nachhaltigkeitsexpertin und politische Beraterin, als Vertreterin von Mitgliedsunternehmen ist sie überdies Mitgründerin des noch jungen Verbandes Food Fermentation Europe. Sie arbeitet bereits seit einigen Jahren und mit ganz unterschiedlichen Akteur:innen zum Thema »Proteinwende«, also zur Möglichkeit, uns in Zukunft nachhaltiger zu ernähren. Der Zusammenhang zwischen Ernährung und Energie wurde ihr dabei schon früh klar. »Man kann diese beiden Sektoren nicht getrennt voneinander betrachten«, sagt Handschuh. »Sie sind systemisch miteinander verwoben, und ohne ein nachhaltiges Energiesystem können wir auch die Versprechen eines nachhaltigeren Ernährungssystems nicht vollständig einlösen. Zugang zu erneuerbarer Energie – sowohl direkt vor Ort als auch über das Stromnetz – spielt eine absolute Schlüsselrolle.« Bisher sieht sie jedoch nicht, dass die beiden Bereiche in der Politik ausreichend zusammengedacht werden. Stattdessen führten ideologisch getriebene, nicht auf neuesten wissenschaftlichen Erkenntnissen beruhende Grabenkämpfe zu einer Gefährdung der Ernährungswende. »Ein schnellerer Ausbau der regenerativen Energien ist für die Skalierung der Fermentation ebenso entscheidend wie die Produktion von Bioreaktoren. Die Politik und wir alle müssen die Klimakrise endlich ernst nehmen und unsere Wirtschaft als Ganzes umstellen.« Auf Ebene diverser Mitgliedsstaaten der EU hielte man sich stattdessen aber mit einem hinderlichen, unwissenschaftlichen Schwarz-Weiß-Denken auf – sowohl bei Ernährung als auch bei Energie. »Eine Lobby aus Ökolandbau und wenigen großen Agrarbetrieben verhindert eine erfolgreiche Zusammenarbeit mit allen Akteur:innen im Sinne einer europäischen Ernährungswende. Dabei geht es ja gar nicht um die eine richtige Lösung, sondern um einen Mix aus Lösungen. Landwirtschaft und Fermentation sind ebenso miteinander vereinbar wie unterschiedliche Formen regenerativer Energie. Wichtig ist das gemeinsame Ziel einer nachhaltigen und zukunftsfähigen Ernährungswende für die EU.«

Ich habe mir die Frage gestellt, ob eine auf Bioreaktoren basierende Produktion eher gut oder schlecht zu einem Energienetz mit einem hohen Anteil volatiler, regenerativer Energien passt. Ob also eine Ernährungswende mit Mikroorganismen und eine Energiewende mit Solarpaneelen sowie Windrädern gut zusammengehen. Ställen mit Tieren kann man nicht einfach die Heizung abdrehen, und ein Feld muss geerntet werden, wenn das Korn reif ist. Die Produktion in einem Bioreaktor kann man hingegen viel flexibler regeln, zumindest theoretisch. Könnte eine auf elektrischer Energie basierende Lebensmittelproduktion die Energiespitzen, die viel Wind und Sonne zeitweise verursachen, abfangen und in Zeiten niedriger Stromverfügbarkeit die Produktion heruntergefahren werden? Ich bin mit dieser Idee an Simon Wakter herangetreten, der in Schweden als Analyst und Berater bei Quantified Carbon arbeitet, einem internationalen Beratungsunternehmen, das die Dekarbonisierung von Energiesystemen und Industrieprozessen unterstützt. »Bei teuren, investitionsintensiven Anlagen möchte man in der Regel die Auslastung maximieren«, erklärt er mir nach einiger Überlegung. »Das bedeutet, dass man auch die Anzahl der Betriebsstunden der Anlage maximieren möchte. Andernfalls steigen die Kosten pro produzierter Produkteinheit drastisch an.«

Wenn es allen Hürden zum Trotz gelänge, in den nächsten Jahren viele Bioreaktoren zu bauen und in Betrieb zu nehmen, hält Simon es für unwahrscheinlich, dass die Betreiber:innen sie nicht rund um die Uhr und das ganze Jahr über laufen lassen möchten. »Bei einer geringeren Anzahl von Betriebsstunden benötigt man für dieselbe Leistung in einem bestimmten Zeitraum mehr Anlagen. Das heißt mehr Bioreaktoren, größere Umspannwerke und einen größeren Netzanschluss. Das bedeutet wiederum eine noch größere Anfangsinvestition.« Die Idee, mit Bioreaktoren eine schwankende Verfügbarkeit von Strom aufzufangen, könnte also an der ökonomischen Realität scheitern. Wie sieht das in bereits laufenden Pilotanlagen aus? Das habe ich Tatjana Krampitz gefragt, die Leiterin des Technologiemanagements in der neuen Fermentationsanlage von GEA bei Hildesheim: »Je nach Prozess laufen die Bioreaktoren über Tage oder Wochen bei einem gleichbleibenden Verbrauch. Der Motor des Rührwerks, die Abfuhr von Wärme – das alles muss konstant laufen, damit die biologischen Reaktionen optimal vonstattengehen können. Die einzige Ausnahme bilden die Reinigung und Sterilisierung der Anlagen.«

Die Bioreaktoren selbst sind also nicht flexibel an eine schwankenden Stromverfügbarkeit anpassbar, sondern auf eine kontinuierliche, verlässliche Versorgung angewiesen. Doch was ist mit den Schritten vor der eigentlichen Fermentation? Ein Teil der benötigten Energie wird nicht für Rühren und Klimatisierung benötigt, sondern steckt im Futter der Mikroorganismen. »Man könnte natürlich darüber nachdenken, nach Energiespitzen Dinge zu produzieren, die zeitunkritisch sind. Hier stellt sich nur die Frage, ob der Aufwand dem Nutzen entspricht«, überlegt Krampitz. »Zum Beispiel das Herstellen des benötigten energiereichen Zellkulturmediums oder auch dessen einzelne Bestandteile, die als Futter für die Fermentation dienen können. Allerdings muss auch dann die Effizienz der Gesamtanlage betrachtet werden. Wenn das Produktionskonzept darauf ausgelegt ist, die Maschinenbelegung optimal auszunutzen, um wenig Maschinen, Platz und Personal einzusetzen, wird eher keine Rücksicht auf Energiespitzen genommen werden können.«

Diese zweite Möglichkeit einer Nutzung von Energiespitzen für die Produktion von Mikrobenfutter könnte also schon eher funktionieren. Gasfermentation könnte dabei, wie wir bereits gelernt haben, eine wichtige Rolle spielen, indem sie chemische Vorstufen produziert, die von vielen unterschiedlichen Fermentationsprozessen als Futter genutzt werden können.

Eine dritte Möglichkeit wäre es, unabhängiger vom Stromnetz zu agieren und an einem Industriestandort in einem möglichst geschlossenen Kreislauf zu arbeiten. »Eine eigene Energieversorgung inklusive Speicher vor Ort und eine Nutzung von Stoffströmen in Kreisläufen wäre optimal«, sagt Krampitz. Hierzu haben wir auch schon einiges im Kapitel über die Chancen einer Produktion in Bioreaktoren für eine Kreislaufwirtschaft gelernt. Abwärme, Industriedampf und organische Reste großer Industrieanlagen können für den Betrieb von Bioreaktoren nutzbar gemacht werden. Das ist alles etwas komplizierter, als einfach Gas und Öl zu verbrennen, aber mit ein wenig Kreativität und Know-how könnte es gelingen. Und es muss gelingen, wenn die Transformation hin zu einer nachhaltigen Wirtschaft kein Rohrkrepierer werden soll. »Wenn wir es nicht schaffen, viel und günstige elektrische Energie zu erzeugen, stehen alle diese Projekte auf der Kippe«, ist Simon Wakter überzeugt. »Im schlimmsten aller Fälle würden wir den wachsenden Bedarf durch die Verstromung fossiler Rohstoffe decken. Das wäre noch schlimmer für das Klima, als sie direkt zu verbrennen.« Was wäre Simons Meinung nach die beste Lösung? »Eine Kombination aus volatiler Energie aus Wind und Sonne mit stabiler Energie aus moderner Kernkraft und Geothermie wäre aus meiner Sicht der vielversprechendste Weg, um möglichst schnell eine emissionsarme Energieversorgung aufzubauen.«

Wäre also ein Energiemix aus Sonne, Wind, Geothermie und Kernkraft das perfekte Gegenstück zu einer Produktion in Bioreaktoren? Modellhafte Analysen einer zukünftigen Produktion von Lebensmitteln in Bioreaktoren zeigen auf, dass deren Nachhaltigkeit ganz entscheidend davon abhängen wird, wo die nötige elektrische Energie herkommt.[152] Berechnet wurde das in einer Studie für das mit dem Pilz *Trichoderma reesei* per Präzisionsfermentation hergestellte Eiweiß in einem Vergleich mit Hühnereiweiß. Mit Finnland als Standort mit seinen 18 Prozent Strom aus erneuerbaren Energien und 29 Prozent aus Kernkraft macht Strom laut den Berechnungen nur zwei Prozent der CO_2-Emissionen der gesamten Produktion aus. Wird hingegen Deutschland als Standort gewählt, steigt der Anteil auf 25 Prozent. Noch schlechter schneidet im Vergleich Polen mit 34 Prozent ab, denn dort wird noch hauptsächlich Kohle verstromt.

Hätten also zumindest die bereits bestehenden Kernkraftwerke in Deutschland weiterlaufen sollen, um eine Dekarbonisierung der Wirtschaft und die Ernährungswende schneller voranzubringen? Fakt ist, dass der Intergovernmental Panel on Climate Change (deutsch: Zwischenstaatlicher Ausschuss für Klimaänderungen), kurz IPCC, beim Kampf gegen die Erderwärmung auch eine Rolle für die Kernkraft sieht. In den meisten Modellen, in denen eine Erwärmung von über 1,5° C verhindert werden kann, beobachtet der IPCC einen Anstieg der globalen Produktion von Energie aus Kernkraft.[153] Fakt ist aber auch, dass ein Ende der Kernkraft in vielen Ländern der EU eingeläutet ist, wahrscheinlich unumkehrbar. Zumindest in

Deutschland, Österreich und anderen Ländern ohne Kernkraft wird es also auch ohne sie klappen müssen, ausreichend und günstige elektrische Energie aus klimafreundlichen Quellen zu produzieren, um eine nachhaltige Ernährung durch Fermentation Realität werden zu lassen. Uns muss dabei klar sein, dass zukünftige Unterschiede im Strompreis einen starken Einfluss auf die Entscheidung von Firmen haben werden, wo sie ihre Produktionsstätten eröffnen. Vielleicht werden andere Standortvorteile ausreichen, um diese neue, innovative Branche auch bei höheren Strompreisen halten zu können. Vielleicht ergibt sich aber stattdessen auch eine Chance für andere Weltregionen, denen eine Kombination von Energie- und Ernährungswende besser gelingt.

Globale Perspektive: Nur eine Lösung für *First World Problems* oder auch eine Chance für Afrika?

Welche Regionen der Welt können von der neuen Fermentation profitieren? Ist die Revolution aus dem Mikrokosmos nur etwas, das in reichen und hochtechnisierten Industrieländern umgesetzt werden kann?

In industrialisierten Ländern mit ausreichender oder sogar Überproduktion muss zuvor die Effizienz der Ernährung steigen, denn es werden zu viel Fläche und Ressourcen pro Kopf verbraucht. In noch weniger entwickelten Ländern müssen hingegen die Produktivität und der faire Zugang zu Lebensmitteln steigen, damit überhaupt erst einmal alle Menschen genug zu essen haben, was eine Grundvoraussetzung für die Entwicklung von Wohlstand ist. In beiden Systemen kann eine Produktion in Bioreaktoren einen positiven Beitrag leisten, denn sie kann den heute auf viel tierischer Produktion fußenden Konsum in Industrieländern flächen- und ressourceneffizienter machen und die Produktivität in Entwicklungsländern steigern, indem sie wetterabhängige Landwirtschaft durch wetterunabhängige mikrobielle Produktion ergänzt. Zumindest theoretisch. Praktisch gibt es jedoch einige Hürden.

Rein theoretisch spricht vieles für eine Produktion in Afrika. Dort erwartet man einen großen Anteil des zukünftigen Bevölkerungswachstums, und die Ernährungssicherung ist bereits heute instabil. Wetterextreme, die durch den Klimawandel noch zunehmen werden, sorgen für Ernteausfälle auf Äckern, und das Wasser wird knapp. Gleichzeitig gibt es gute Voraussetzungen für die Versorgung mit regenerativer Energie in Form von Sonnenergie. Eine wetterunabhängige, wassersparende, elektrisierte Produktion von Lebensmitteln in Bioreaktoren erscheint also prinzipiell vielversprechend. Ich selbst weiß viel zu wenig über die Umstände in afrikanischen Ländern, um eine realistische Einschätzung vorzunehmen, was es bräuchte, damit auch dort vom Potenzial der Fermentation profitiert werden kann. Ich habe deshalb Kontakt zu Patricia Nanteza aufgenommen, die ich über meine Vereinsarbeit beim Öko-Progressiven Netzwerk (mehr dazu im nächsten Kapitel) kennengelernt habe.

Patricia ist Direktorin der noch jungen NGO WePlanet Africa und engagiert sich seit vielen Jahren in ihrem Heimatland Uganda und anderen Ländern der Region dafür, dass neue Technologien zum Wohle der afrikanischen Bevölkerung eingesetzt werden und diese nicht allein Industrieländern vorbehalten bleiben. »Es mag sicherlich Hürden geben, fortschrittlichere Methoden und Technologien in der Landwirtschaft, im Energiesektor und auch in der Produktion solcher neuen Lebensmittel in Afrika zu etablieren und umzusetzen«, schreibt sie mir, »aber wenn sich niemand die Mühe macht, diese Hürden zu überwinden, dann wird es nie besser werden. Und die Menschen hier haben es verdient, dass es besser wird.« In vielen Ländern, etwa in Kenia, Nigeria und Uganda, habe sich laut Patricia in den letzten Jahren sehr viel getan. »Viele Menschen haben studiert, Wissen und Kenntnisse an unseren eigenen Universitäten und im Ausland erworben und wieder zurückgebracht. Um damit ihre Heimat besser zu machen. Sie wollen nicht länger nur Rohstoffe abbauen, mit denen anderswo viel Geld verdient wird. Oder gemäß den Auflagen von Industrieländern produzieren, damit dort zum Beispiel biologisch zertifizierte Lebensmittel auf den Markt kommen können. Wir wollen auch unseren eigenen Weg gehen und vielleicht beinhaltet dieser Weg eine Verbesserung afrikanischer Getreidesorten mit neuesten Methoden der Pflanzenzüchtung. Oder die Nutzung von Mikroorganismen für die Produktion von Lebensmitteln. Für all das brauchen wir sicherlich die Unterstützung der internationalen Gemeinschaft, aber wir bringen auch viel Potenzial mit und möchten auf Augenhöhe behandelt werden.«

Viele Technologien, die zur Verbesserung der Ernährungssicherheit beitragen können, würden in afrikanischen Ländern nur langsam angenommen, so Patricia. Oder sie sind aufgrund schlechter politischer Maßnahmen völlig gescheitert. Dabei gäbe es gute Beispiele aus der Vergangenheit, wie afrikanische Staaten ihre eigenen Lösungswege für Probleme gefunden haben. »Unsere Regierung in Uganda hat die HIV-Prävalenz von 30 Prozent auf jetzt unter 6 Prozent gesenkt, weil sie alles darangesetzt hat, das Problem in den Griff zu bekommen – öffentliche Aufklärung, Bekämpfung der Stigmatisierung, Bereitstellung kostenloser Behandlung und sogar Kriminalisierung der vorsätzlichen HIV-Verbreitung. Auch die Coronapandemie wurde mit einer konsequenten Politik bekämpft, zugunsten der Menschen.« Uganda verfolgte während der Pandemie eine strenge Abschottungspolitik, die dazu beitrug, die Geschwindigkeit der Ausbreitung des Virus zu bremsen. Laut Patricia forderte damals niemand öffentliche Konsultationen, Workshops und Vergleichsreisen, um zu sehen, wie es in Europa und anderswo gemacht wird. Stattdessen habe man einen für das eigene Land passenden Weg gewählt und damit Erfolg gehabt. »Unsere Regierungen sollten daraus lernen. Sie müssen auch die Unsicherheit unserer Ernährung als eine Epidemie behandeln, an der viele Menschen sterben. Wenn also Technologien wie die Fermentation helfen können, sollte Afrika ihre Einführung in Erwägung ziehen.«

Potenzial könnte dabei vor allem in der Aufwertung von Resten aus der Landwirtschaft zu hochwertigem, mikrobiellem Protein liegen. Die großen Mengen der Schalen von Bananen, Mangos, Melonen und vielen anderen Früchten gehen momentan nicht nur als Abfall verloren, sondern verursachen durch die Entsorgung in Gewässern oder auf Deponien darüber hinaus ökologische und gesundheitliche

Probleme. Nigerianische Forscher:innen haben zum Beispiel untersucht, wie gut sich Bananenschalen als Substrat für die Produktion von mikrobiellem Protein eignen.[154] Ebenfalls aus Nigeria stammt eine Untersuchung zur Nutzung von Ananasschalen als Futter für essbare Brauhefe.[155] Und ein Forscher:innenteam aus Burkina Faso, der Elfenbeinküste, Mali, Benin und Togo hat die Hefe *Candida utilis* als wertvolle Proteinquelle identifiziert, die auf Mangoschalen wachsen kann.[156] Ein Abfall der Gegenwart könnte dank Fermentation zu einem wertvollen Rohstoff der Zukunft werden.

Die gute Verfügbarkeit von erneuerbarer Energie und ausreichend organischem Mikrobenfutter wären also prinzipiell gute Voraussetzungen, damit die Revolution aus dem Mikrokosmos in afrikanischen Ländern zu einer nachhaltigen Ernährungssicherung beitragen kann. Zu einer stabilen Nahrungsproduktion, die unabhängiger von Wetterextremen ist, lokale Energie nutzt und in regionale Stoffkreisläufe eingebettet ist. Biologische Rohstoffe in Kreisläufen zu Produkten zu verarbeiten, ist Teil eines Konzeptes, das sich Bioökonomie nennt: eine auf biologischen Rohstoffen und biologischem Wissen basierende Wirtschaft, die innerhalb der planetaren Grenzen nachhaltig für Wohlstand sorgt. Überall auf der Welt gibt es inzwischen entsprechende Politikstrategien, um eine zur jeweiligen Region passende Bioökonomie zu etablieren. In Ostafrika engagieren sich für dieses Ziel unter anderem das Stockholm Environment Institute,[157] aber auch Initiativen vor Ort wie die East African Science & Technology Commission sowie BioInnovate Africa. Julius Ecuru ist Manager der Initiative BioInnovate Africa und setzt sich für die regionale Entwicklung mithilfe neuer Ansätze und Technologien im Bereich der Biologie ein.[158] »Wir sollten technologische Innovation dazu nutzen, um die Ernährung und Gesundheit der Menschen zu verbessern«, schreibt er mir, »indem wir zum Beispiel Biotechnologie dafür einsetzen, Abfälle zu Rohstoffen zu machen und daraus wertvolle Wirkstoffe und auch Nahrungsmittel zu produzieren.«

Er ist überzeugt, dass besonders in vielen Ländern Afrikas großes Potenzial existiert, denn die Bevölkerung ist jung und immer besser ausgebildet. »Momentan ist vor allem die Nutzung von Insekten eine große Chance, auf die wir uns fokussieren. Gefüttert mit Reststoffen stellen sie eine sehr effiziente Möglichkeit für die Produktion von nahrhaftem Protein dar. Doch auch in Mikroorganismen sehe ich eine Möglichkeit für die Zukunft.« Ich habe Julius im Rahmen des Global Bioeconomy Summit kennengelernt, an dessen Organisation ich 2018 und 2020 mitwirkte und bei dem in der Bioökonomie engagierte Menschen aus aller Welt zusammenkamen. »Ein solcher internationaler Austausch ist das, was wir brauchen«, sagt Julius. »Wir können viel voneinander lernen, was gut funktioniert und was nicht, und dann alle in ihren Ländern das umsetzen, was zu den lokalen Begebenheiten am besten passt.«

Mein Fazit: Fermentation im Speziellen und Bioökonomie allgemein stellen für afrikanische Länder eine Chance dar, und einiges davon ist bereits dabei, sich zu entfalten. Durch internationale Kooperation bei einer weiteren Erforschung und Umsetzung können europäische Länder partnerschaftlich unterstützen.

»Fermentation for Future!« – Brauchen wir eine neue Art von Umweltbewegung?

Wenn man die Welt mithilfe von Fermentation laut Wissenschaft so viel nachhaltiger machen, den Klimawandel und das Artensterben bremsen kann, dann sollten die großen Umweltschutzorganisationen ihren Einsatz doch unbedingt einfordern, oder? Bisher findet man bei Greenpeace, WWF, BUND und Co jedoch nur wenig zu diesem Thema. Womöglich spielt hierbei der Einsatz von gentechnisch veränderten Organismen für manche der Produkte eine Rolle. Traditionell sind die angestammten Umweltorganisationen der Gentechnik sehr abgeneigt, vor allem auf ihren Einsatz in der Pflanzenzüchtung haben sich manche von ihnen seit Jahrzehnten eingeschossen. Und ganz allgemein scheint eher Ablehnung oder zumindest Argwohn gegenüber neuen Technologien zu herrschen, mit einem Fokus auf mögliche Risiken und weniger auf mögliche Chancen. Der Einsatz von Technologien zum Erreichen von Nachhaltigkeit wird häufig als eine Behandlung von Symptomen und weniger als eine Bekämpfung der eigentlichen Ursachen betrachtet. Beim Thema Ernährung haben sich Umweltorganisationen vor allem dem Ökolandbau als Maßnahme der Wahl zugewandt, trotz seiner Schwächen hinsichtlich Flächennutzung, die von Seiten der Wissenschaft immer wieder zur Sprache gebracht werden.

Ist es also Zeit für eine neue Umweltbewegung? Eine, die bei der Wahl der besten Mittel für Klima- und Naturschutz auf eine wissenschaftliche Bewertung setzt und auch eine Nutzung des Potenzials neuer Technologien fordert? Das dachten sich zumindest die Menschen, unter ihnen auch ich, die 2020 den Verein Öko-Progressives Netzwerk e. V. gründeten. Angetrieben von der Idee, die klaffende Lücke in einer Zivilgesellschaft ohne Umweltorganisation, die pro Biotechnologie ist, zu schließen, setzen wir uns seitdem dafür ein, dass Wissenschaft und Nachhaltigkeit zusammengedacht werden. Nicht nur bei den Zielen, sondern auch bei den Mitteln. Die Fakten sprechen dafür, dass moderne Methoden der Pflanzenzüchtung, Fermentation und andere Technologien unsere Ernährung nachhaltiger machen können, also sollte die Gesellschaft davon wissen und die Politik es ermöglichen, so das Credo unseres Vereins. Deshalb fördern wir Wissenschaftskommunikation und einen konstruktiven Dialog mit Politik und Öffentlichkeit. Der Begriff öko-progressiv für diese Art von Umweltbewegung kam Johannes Kopton in den Sinn, Mitgründer und momentan erster Vorstandsvorsitzender. Gemeinsam haben wir folgende Definition entwickelt:

»Öko-Progressivismus, das ist die Vorstellung, dass eine ökologisch verträgliche Lebensweise, die auch die Bedürfnisse aller Menschen zufriedenstellt, in der Vergangenheit nie existiert hat. Die Möglichkeitsräume, Denkmuster und Technologien von damals genügen nicht, um uns einen nachhaltigen Weg in die Zukunft zu ebnen. Nur die Weiterentwicklung von Gesellschaft, Wirtschaft und Technologie unter evidenzbasierten Nachhaltigkeitskriterien können uns an diesen Punkt bringen.«

Es geht also darum, nach vorne zu schauen statt zurück. Eine Romantisierung von vermeintlich ursprünglichen Formen der Landwirtschaft etwa stellt in einer Welt mit mehr als acht Milliarden Menschen eine große Gefahr für die Natur dar. Wir brauchen neue Lösungen und Konzepte, um in Zukunft nachhaltig leben zu können. Im Laufe der letzten Jahre haben wir als Verein gemerkt, dass wir mit diesem Denkansatz in Europa und der Welt nicht alleine sind. Initiiert von Mark Lynas, einem britischen Autor und Umweltaktivisten, der selbst vom Gentechnikgegner zum -befürworter wurde, haben gleichgesinnte Vereine aus vielen europäischen Ländern und inzwischen auch darüber hinaus unter dem Dach einer gemeinsamen internationalen Organisation namens WePlanet zusammengefunden. Um eine neue Art von Umweltbewegung auf den Weg zu bringen, die effektive, auf wissenschaftlicher Evidenz fußende Nachhaltigkeit forcieren und auch bei den klassischen Umweltvereinen für ein Umdenken sorgen will. Mit dem Ziel, einen kleinen Teil zu einer lebenswerten Zukunft für Mensch und Natur beizutragen.

Epilog

Ein Tag im Jahr 2054

Es ist etwas über 30 Jahre her, dass ich das Fermentieren von Speisen und Getränken für mich entdeckt habe, und das neue Hobby hat längst sichtbare Spuren in meiner Küche hinterlassen. Wie es Menschen bereits seit Tausenden von Jahren tun, nutze ich spontane Fermentation, um Sauerkraut, Kimchi und Kombucha-Tee herzustellen. Neben den Glasgefäßen unterschiedlicher Größe, in denen Scobys in Flüssigkeit schwimmen und aus Zucker Essigsäure herstellen, steht eine neue Küchenmaschine aus Metall, die wir uns vor zwei Jahren gekauft haben, und brummt leise vor sich hin. Vor einiger Zeit kam per Postdrohne ein neues Modul an, dessen Ergebnis ich heute zum ersten Mal ausprobieren will. Einen Teil des Zylinders musste ich dafür ersetzen, und in einem dicken Plastikröhrchen mit Schraubverschluss wurden neue Mikroben mitgeliefert. Mit meiner Fermentations-App habe ich das neue Programm auf das Gerät aufgespielt, das ich zusammen mit dem neuen Modul erworben habe. Ich bin altmodisch geworden und benutze weiterhin ein Smartphone, ganz ähnlich wie früher. An die digitalen Kontaktlinsen, die die jungen Leute so lieben, kann ich mich einfach nicht gewöhnen. Aber natürlich habe auch ich einen Holo-Stream, der mir, etwa einen halben Meter entfernt in der Luft schwebend, überallhin folgt. Gerade läuft eine Reportage über die Fortschritte beim Klimaschutz der letzten Jahre. Nachdem sich Klimakrise und Artensterben bis 2040 immer weiter verschärft hatten, gelang es der Menschheit tatsächlich, das Ruder herumzureißen. Die CO_2-Konzentration in der Atmosphäre stieg zunächst weniger schnell an, und das letzte Jahr war das Erste, in dem kein messbarer Anstieg mehr zu verzeichnen war. Verantwortlich gemacht wird dafür vor allem der drastisch gesunkene Flächenbedarf in der Ernährung und großangelegte Renaturierungsmaßnahmen auf den freigewordenen Flächen. Aber auch der massive Ausbau der regenerativen Energien, in vielen Ländern in Kombination mit Kernkraft. Parallel zum sinkenden Ausstoß stieg die Entnahme von Klimagasen aus der Atmosphäre immer schneller an, erzählt die Reporterin. Inzwischen würde über konkrete Abkommen nachgedacht, wie man nach Erreichung der vorindustriellen CO_2-Konzentrationen die Balance von CO_2-Entnahme und -Ausstoß am besten regeln könne.

Ich reiße mich von der Reportage los und schließe den Holo-Stream mit einem Wischen. Die Gäste kommen gleich, und der Frühstückstisch ist erst halb gedeckt. Auf dem Screen der neuen Küchenmaschine lese ich ab, dass die letzte Stufe des Rezeptes in neun Minuten abgeschlossen ist. Erst seit etwa fünf Jahren ist Präzisionsfermentation zu Hause erlaubt, und auch nur mit solchen zertifizierten Geräten und zugelassenen Mikroorganismen. Es ist natürlich eine Spielerei, die meisten Lebensmittel werden in den großen neuen Brauereien produziert. Aber es ist wirklich ein schönes und erfüllendes Hobby, einen Teil seiner Lebensmittel selbst zu produzieren. An der Frischetheke im Supermarkt gibt es auch noch Fleisch und Käse von Tieren, so ist es nicht. Das meiste stammt aus Zellkultur oder aus Naturschutzprojekten. Für heute habe ich sogar eine Salami vom Weiderind gekauft. Alles andere auf unserem Frühstückstisch ist entweder pflanzlich oder aus Fermentation. Als unsere Freund:innen eintreffen, serviere ich frisches Rührei – aus echtem Hühnereiweiß und -eigelb, hergestellt auf einem Bauernhof nicht weit von uns, der mehrere Bioreaktoren mit seinem eigenen Biogetreide füttert. Aus der Küche kommt ein Signalton, der Käse ist fertig. Ich ziehe das Fach unten an der Küchenmaschine heraus, entnehme die Schale mit selbst gebrautem Frischkäse und bringe sie zum Tisch. Der Kaffee ist aus einer brandenburgischen Mikrobenmanufaktur, die mithilfe spezieller Hefen geröstetes Getreide zu täuschend echtem Kaffeeersatz fermentiert. Der Anbau von Kaffeebohnen war durch den Klimawandel zu großen Teilen zusammengebrochen und die Preise so sehr gestiegen, dass sich Alternativen sehr schnell durchsetzten. Außerdem gibt es noch Pilzwurst, eine Leberwurst aus Zellkultur, mehrere pflanzliche Aufstriche und frische Tomaten direkt aus dem Garten. Das Joghurt, von dem sich eine Freundin gerade etwas in eine Schale löffelt, wird wie schon seit Urzeiten durch Milchsäurebakterien fermentiert – aber auch die Milch selbst wird von Mikroorganismen hergestellt.

Nach dem Essen machen wir einen ausgedehnten Spaziergang durch die nahegelegene Feldmark. Dabei kommen wir auch an jenem Feld vorbei, das vor über 30 Jahren Teil meines Gedankenexperiments war. Es ist immer noch ein von einem Biobauern bewirtschaftetes Feld, allerdings erntet er heute gut ein Drittel mehr als damals. Denn in den 2040er-Jahren hat sich der Ökolandbau endlich für die Anwendung neuer Pflanzenzüchtung geöffnet, und er kann seitdem nicht nur mit weniger Pflanzenschutzmitteln, sondern auch mit geringerem Flächenverbrauch glänzen. Die großen Maisfelder hinter den Baumreihen, die den früheren Verlauf der Berliner Mauer kennzeichnen, sind hingegen schon lange verschwunden und wurden zu einer ausgedehnten Waldweide umfunktioniert, auf der sich offene Flächen und einzelne Baumgruppen abwechseln und eine kleine Rinderherde gemächlich umherzieht.

Fermentation war schon vor der Landwirtschaft da und hat sie nun größtenteils ersetzt. Nachdem Ackerbau und Tierhaltung das Jagen und Sammeln abgelöst hatten, trat das Brauen aus einem Jahrtausende andauernden Schattendasein und wir machten unsere Ernährung durch die Kombination von Tradition mit Technologie radikal nachhaltiger. Auch die meisten anderen Teile der Wirtschaft konnten wir dank dem Einsatz von Mikroorganismen und Biotechnologie auf Kreisläufe umstellen. Nun ist es uns möglich, neben und mit einer intakten Umwelt und in einem stabilen Klima zu leben, ohne auf etwas verzichten zu müssen. Dank der Revolution aus dem Mikrokosmos.

Lesetipp:

Die Art, wie Menschen die Zukunft der Ernährung sehen, spiegelt immer auch die Hoffnungen und Sorgen der Zeit wider, in der sie leben. Mal herrschte optimistischer Utopismus vor, mal furchtsame Dystopie. Auch die Filme und Romane der jeweiligen Zeit wurden dadurch beeinflusst. In »Meals to Come: A History of the Future of Food«[159] analysiert Warren Belasco die historische Entwicklung der Zukunftsvisionen unserer Ernährung.

Danksagung

Zuallererst danke ich Thomas Weber, der mit der Idee auf mich zukam, ein Buch über eines der Themen zu schreiben, die mich umtreiben. Vielen Dank, Thomas.

Auch Claudia Romeder und dem Residenz Verlag möchte ich für diese Chance vielmals danken. Weiters danke ich Manuel Fronhofer für das Lektorat und allen anderen Menschen, die an der Umsetzung meines Buches beteiligt waren.

Dass ich ein Buch geschrieben habe, das überdies noch in einem österreichischen Verlag erscheint, hätte eine Person mehr als alle anderen gefreut: meinen Großvater Wilhelm Gutenthaler. Mein Interesse für die Welt um uns herum und meine Leidenschaft für Erzählungen hast du gleichermaßen mitzuverantworten. Danke Opa Willi.

Neben der Arbeit viele freie Stunden an Abenden und Wochenenden dafür nutzen zu können, ein Buch zu schreiben, ist nicht selbstverständlich. Dazu gehört unter anderem eine Partnerin wie meine Frau Jill, die ihren Mann immer unterstützt. Und sich dabei – aus aktuellem Anlass – auch noch als Bioreaktor bezeichnen lassen muss (kostenloser Ratschlag an alle werdenden Väter: kommt nicht so gut an). Danke, Jill.

Bei einem Thema, dass vorrangig die Zukunft betrifft, braucht es neben einem analytischen Blick auf die Gegenwart auch Mut und Fantasie für einen Blick in eine milchige Kristallkugel. Danke an alle, die mir mit ihrem Wissen und ihrer Zeit zur Verfügung standen. Für einen besonders intensiven und hilfreichen Austausch danke ich Patrick McGovern, Brian Hayden, Konstantinos Tsilimekis, Tomas Linder, Hanno Koßmann, Sebastian Lakner, Harald Grethe und Alfons

Balmann. Zusätzlich zu jenen, die im Buch namentlich genannt werden, danke an Frank Lenz, Abteilungsleiter bei der Bundesanstalt für Landwirtschaft und Ernährung, dafür, dass er bei Fragen zu Zahlen und Fakten zur Landwirtschaft stets eine verlässliche Quelle ist.

Besonderer Dank gebührt auch Raffael Wohlgensinger und allen Mitarbeiter:innen der Formo Bio GmbH, die mir als Pionierbetrieb nicht nur einen Blick hinter die Kulissen, sondern auch in ihre Gedanken und Visionen gewährt haben. Sowie Lukasz Wiacek, Daniel Perabo und Philip Denkinger für die persönlichen Führungen durch ihre Brauereien.

Mit Bioökonomie und den vielfältigen Möglichkeiten biologischer Innovation, zu einer biobasierten, nachhaltigen Wirtschaft beizutragen, bin ich über meine Arbeit bei der BIOCOM AG und für den Bioökonomierat der Deutschen Bundesregierung in Kontakt gekommen. Stellvertretend will ich meinen Kolleginnen Kristin Kambach und Christin Boldt sowie meiner ehemaligen Kollegin Beate El-Chichakli für die gemeinsame Arbeit und die geteilte Leidenschaft für eine nachhaltige Zukunft danken.

Die Ernährung der Zukunft ist für mich viel mehr als ein Thema für ein Buch. Sie ist gleichzeitig etwas sehr Privates und etwas, das uns alle und die Welt um uns herum betrifft. Einen Weg zu finden, beidem gerecht zu werden und dabei traditionelle Esskultur sowie ganz neue Lebensmittel und Arten, diese zu produzieren, zusammenzubringen, ist ein sehr spannendes Unterfangen. Ich danke allen, die an einem konstruktiven Austausch zu diesem Thema teilnehmen und ihn durch eine gegenseitig wertschätzende Debattenkultur gestalten. Stellvertretend will ich dabei meine Mitstreiter:innen beim Öko-Progressiven Netzwerk nennen. Lasst uns auch weiterhin Brücken bauen, statt Gräben zu graben.

Weil sich das bei Danksagungen so gehört, vergesse ich absichtlich noch einige wichtige Menschen, die hier unbedingt hätten genannt werden sollen. Auch an euch meinen herzlichen Dank.

Und danke fürs Lesen!

Martin

Literaturverzeichnis

1 Hannah Ritchie und Max Roser. 2019. Land Use. Our World in Data. https://ourworldindata.org/land-use

2 Land use of foods per 1000 kilocalories. Our World in Data. Mit Daten aus Joseph Poore and Thomas Nemecek. 2018. https://ourworldindata.org/grapher/land-use-kcal-poore

3 Martin C. Parlasca und Matin Qaim. 2022. Meat Consumption and Sustainability. Annual Review of Resource Economics. https://doi.org/10.1146/annurev-resource-111820-032340

4 Max Roser. 2023. How many animals get slaughtered every day? Our World in Data. https://ourworldindata.org/how-many-animals-get-slaughtered-every-day

5 Hannah Ritchie. 2023. How many animals are factory-farmed? Our World in Data. https://ourworldindata.org/how-many-animals-are-factory-farmed

6 Verein Kuratorium für Technik und Bauwesen in der Landwirtschaft e.V. (KTBL). Nationaler Bewertungsrahmen Tierhaltungsverfahren. Abrufbar unter: www.ktbl.de/webanwendungen/nationaler-bewertungsrahmen-tierhaltungsverfahren

7 Wissenschaftlicher Beirat Agrarpolitik beim BMEL. 2015. Wege zu einer gesellschaftlich akzeptierten Nutztierhaltung. Kurzfassung des Gutachtens. Berlin.

8 Die Borchert Kommission. 2020. Empfehlungen des Kompetenznetzwerks Nutztierhaltung. Abrufbar auf den Seiten des Bundesministeriums für Ernährung und Landwirtschaft: www.bmel.de/SharedDocs/Downloads/DE/_Tiere/Nutztiere/200211-empfehlung-kompetenznetzwerk-nutztierhaltung.html

9 Brice, J., Soldi, R., Alarcon-Lopez, P., Guitian, J., Drewe, J., Baeza Breinbauer, D., Torres-Cortes, F. 2021. The relation between different zoonotic pandemics and the livestock sector, Publication for the committee on the Environment, Public Health, and Food Safety, Policy Department of Economic, Scientific and Quality of Life Policies, European Parliament, Luxembourg.

10 Elhacham, E., Ben-Uri, L., Grozovski, J., Bar-On, Y. M., Milo, R. 2020. Global human-made mass exceeds all living biomass. Nature, 588(7838), 442–444.

11 Europäische Kommission. 2023. Eurobarometer-Umfrage: Mehrheit der Europäer ist für einen schnelleren grünen Wandel (Pressemitteilung). Abrufbar unter: https://ec.europa.eu/commission/presscorner/detail/de/ip_23_3934

12 Zahlen und Fakten dazu, dass sich die meisten Dinge in den letzten Jahrzehnten zum besseren hin entwickelt haben, sind unter anderem nachzulesen in Stephen Pinker. 2018. Aufklärung jetzt: Für Vernunft, Wissenschaft, Humanismus und Fortschritt. Eine Verteidigung. S. Fischer.

13 Christian Schwägerl. 2010. Menschenzeit – Zerstören oder gestalten?. Riemann.

14 Andreas Sator. 2019. Alles gut?!. 2. Auflage, Kremayr & Scheriau.

15 Anne Preger. 2023. Globale Überdosis – Stickstoff – die unterschätzte Gefahr für Umwelt und Gesundheit. Quadriga Verlag.

16 Slow Food Deutschland e. V. 2021. Fermentieren – Eine jahrtausendealte Kulturtechnik neu entdeckt. www.slowfood.de/was-wir-tun/zum-nachlesen/broschueren/2021_fermentieren_broschuere-sfd.pdf

17 Juliette Patissier. 2023. Fermentieren – Magie im Glas. Verlag Eugen Ulmer.

18 Adam Elabd. 2020. Fermentieren: Von Kefir bis Sauerkraut. Superfood für einen gesunden Darm. Dorling Kindersley Verlag.

19 René Redzepi, David Zilber. 2019. Das Noma-Handbuch Fermentation. Verlag Antje Kunstmann, München.

20 Sutcliffe, I. C., Rosselló-Móra, R., Trujillo, M. E. 2021. Addressing the sublime scale of the microbial world: reconciling an appreciation of microbial diversity with the need to describe species. New Microbes and New Infections, 43, 100931.

21 Oren, A. 2023. Naming new taxa of prokaryotes in the 21st century. Canadian Journal of Microbiology, 69(4), 151–157.

22 Ludger Weß, Judith Schalansky (Hg.). 2020. Winzig. zäh und zahlreich. Ein Bakterienatlas. MSB Matthes & Seitz Berlin Verlagsgesellschaft mbH.

23 Max-Planck-Institut für die Biologie des Alterns. 2023. Aus den FAQ zum Altern: Wie altern wir? Die Kennzeichen des Alterns. www.age.mpg.de/wie-altern-wir

24 MG Gomez, J. 2010. Aging in bacteria, immortality or not-a critical review. Current aging science, 3(3), 198–218.

25 Vereinigung für Allgemeine und Angewandte Mikrobiologie VAAM. 2019. Wie schnell vermehren sich Bakterien? Verändert nach Susanne Thiele. 2019. »Zu Risiken und Nebenwirkungen fragen Sie Ihre Türklinke. Wie Mikroben unseren Alltag bestimmen – Neues und Erstaunliches über unsere vielseitigen Mitbewohner«, Heyne 2019. https://vaam.de/infoportal-mikrobiologie/kurze-frage/wie-schnell-vermehren-sich-bakterien/

26 Bar-On, Y.M., Phillips, R., Milo, R. 2018. The biomass distribution on Earth. Proceedings of the National Academy of Sciences, 115(25), 6506–6511.

27 Koyasu, H. et al. 2022. Correlations between behavior and hormone concentrations or gut microbiome imply that domestic cats (*Felis silvestris catus*) living in a group are not like ›groupmates‹. PloS one, 17(7), e0269589.

28 Martin Grassberger. 2021. Das unsichtbare Netz des Lebens: Wie Mikrobiom, Biodiversität, Umwelt und Ernährung unsere Gesundheit bestimmen. Residenz Verlag.

29 Daniel Lingenhöhl. 2021. In einer Milliarde Jahren geht uns der Sauerstoff aus. Spektrum der Wissenschaft. www.spektrum.de/news/in-1-milliarde-jahre-geht-uns-der-sauerstoff-aus/1843480

30 Hans-Hermann Cramer. 2012. Ernten machen Geschichte. Agroconcept.

31 Beatrix Boldt. 2020. Phosphor mit Bakterien recyceln. Bioökonomie.de. https://biooekonomie.de/nachrichten/neues-aus-der-biooekonomie/phosphor-mit-bakterien-recyceln

32 Yvonne Danisch. 2021. Phytosanierung – Wie Pflanzen kontaminierte Umwelt retten können. Progressive Agrarwende. https://progressive-agrarwende.org/phytosanierung/

33 Björn Lohmann. 2023. Tiefsee-Enzym meistert PET-Abbau. Bioökonomie.de. https://biooekonomie.de/nachrichten/neues-aus-der-biooekonomie/tiefsee-enzym-meistert-pet-abbau

34 Thomas C.G. Bosch. 2022. Die Unentbehrlichen – Mikroben, des Körpers verborgene Helfer. Springer.

35 Philipp Graf. 2023. Enzyme – die Supertalente der Bioindustrie. Bioökonomie.de. https://biooekonomie.de/themen/dossiers/enzyme-die-supertalente-der-bioindustrie

36 Patrick E. McGovern. 2009. Uncorking the Past: The Quest for Wine, Beer, and Other Alcoholic Beverages. University of California Press.

37 Charles Blue. 2001. News Release: Scientists Toast the Discovery of Vinyl Alcohol in Space. National Radio Astronomy Observatory. https://public.nrao.edu/news/scientists-toast-the-discovery-of-vinyl-alcohol-in-space/

38 Michael Eyre. 2014. Complex organic molecule found in interstellar space. BBC News.

39 Robert H. Shmerling. 2018. Alcohol and your health: Is none better than a little? Harvard Health Blog. www.health.harvard.edu/blog/alcohol-and-your-health-is-none-better-than-a-little-2018091914796

40 Wiens, F. et al. 2008. Chronic intake of fermented floral nectar by wild treeshrews. Proceedings of the National Academy of Sciences, 105(30), 10426–10431.

41 Robert Dudley. 2014. The Drunken Monkey – Why We Drink and Abuse Alcohol. University of California Press.

42 Orbach, D.N., Veselka, N., Dzal, Y., Lazure, L., Fenton, M.B. 2010. Drinking and flying: does alcohol consumption affect the flight and echolocation performance of phyllostomid bats?. Plos one, 5(2), e8993.

43 Janiak, M.C., Pinto, S.L., Duytschaever, G., Carrigan, M.A., Melin, A.D. 2020. Genetic evidence of widespread variation in ethanol metabolism among mammals: revisiting the ›myth‹ of natural intoxication. Biology Letters, 16(4), 20200070.

44 Patrick E. McGovern. 2013. Ancient wine: the search for the origins of viniculture. Princeton University Press.

45 Arroyo-García, R. et al. 2006. Multiple origins of cultivated grapevine (*Vitis vinifera* L. ssp. sativa) based on chloroplast DNA polymorphisms. Molecular ecology, 15(12), 3707–3714.

46 Megan Gannon. 2018. Traces of the World's First ›Microbrew‹ Found in a Cave in Israel. Livescience. www.livescience.com/63631-oldest-beer-brewing-evidence.html

47 Dietrich, O., Heun, M., Notroff, J., Schmidt, K., Zarnkow, M. 2012. The role of cult and feasting in the emergence of Neolithic communities. New evidence from Göbekli Tepe, south-eastern Turkey. Antiquity, 86(333), 674–695.

48 Patrick E. McGovern. 2013. Ancient wine: the search for the origins of viniculture. Princeton University Press.

49 Patrick E. McGovern. 2009. Uncorking the Past: The Quest for Wine, Beer, and Other Alcoholic Beverages. University of California Press.

50 Josef H. Reichholf. 2010. Warum die Menschen sesshaft wurden – Das größte Rätsel unserer Geschichte. S. Fischer.

51 Hayden, B., Nixon-Darcus, L., Ansell, L. 2016. Our ›daily bread‹?: The origins of grinding grains and breadmaking. In: Exploring the Materiality of Food ›Stuffs‹ (S. 73–94). Routledge.

52 Brian Hayden. 2014. The Power of Feasts – From Prehistory to the Present. Cambridge University Press.

53 Bishop, P., Pitts, E.R., Budner, D., Thompson-Witrick, K.A. 2022. Chemical composition of kombucha. Beverages, 8(3), 45.

54 Lexikon der Biologie: Der Wiederkäuer-Magen. 1999. Spektrum der Wissenschaft. Spektrum Akademischer Verlag, Heidelberg. www.spektrum.de/lexikon/biologie/wiederkaeuer-magen/70703

55 Bioökonomie.de. 2023. Indoor Vanille – Nachhaltige Kipferl backen. Video in der Mediathek: https://biooekonomie.de/service/mediathek/indoorvanille-nachhaltige-kipferl-backen

56 Potsdam Institut für Klimafolgenforschung. 2022. Update planetare Grenzen: Grenze für Süßwasser überschritten. www.pik-potsdam.de/de/aktuelles/nachrichten/update-planetare-grenzen-suesswassergrenze-ueberschritten

57 Kozicka, M. et al. 2023. Feeding climate and biodiversity goals with novel plant-based meat and milk alternatives. Nature Communications, 14(1), 5316.

58 Bundesministerium für Ernährung und Landwirtschaft. 2023. Ernährungsreport 2023. www.bmel.de/SharedDocs/Downloads/DE/Broschueren/ernaehrungsreport-2023.html

59 Amato, K.R., Mallott, E.K., D'Almeida Maia, P., Savo Sardaro, M.L. 2021. Predigestion as an evolutionary impetus for human use of fermented food. Current Anthropology, 62(S24), S207-S219.

60 Lexikon der Biologie: Einzellerprotein. 1999. Spektrum der Wissenschaft. Spektrum Akademischer Verlag, Heidelberg. www.spektrum.de/lexikon/biologie/einzellerprotein/20452

61 Central Intelligence Agency. 1977. The Soviet Hydrocarbon-based Single Cell Protein Program. CIA Historical Review Program, sanitized 1999. www.ascension-publishing.com/BIZ/CIA-microalgae-Soviet.pdf

62 Tess Riley. 2014. From vegan beef to fishless filets: meat substitutes are on the rise. The Guardian. www.theguardian.com/sustainable-business/food-blog/2014/oct/15/vegan-vegetarian-diet-beef-fishless-filets-meat-substitutes-rise

63 Vegconomist. 2022. Prime Roots Launches World's First Koji-Based Deli Meats and Foie Gras. https://vegconomist.com/products-launches/prime-roots-koji-deli-meats/

64 Flora Southey. 2022. NoPalm Ingredients: Meet the ›circular by nature‹ start-up disrupting tropical oils with microbes. Food Navigator. www.foodnavigator.com/Article/2022/08/09/nopalm-ingredients-meet-the-circular-by-nature-start-up-disrupting-tropical-oils-with-microbes#

65 Transgen.de. 2022. Chymosin (Labenzym, mikrobielles Lab). www.transgen.de/datenbank/enzyme/2000.labferment-chymosin.html

66 Transgen.de. 2021. Vor 40 Jahren in Köln: Die »Erfindung« der Grünen Gentechnik. www.transgen.de/forschung/1478.agrobakterien-gentechnik.html

67 Mehr über den spannenden Ansatz, das Potenzial der noch wenig erforschten sexuellen Vermehrung mancher mikrobieller Pilze zu heben, erfährt man auf der Website des Unternehmens Myconeos: www.myconeos.com/

68 Callaway, E. 2015. First synthetic yeast chromosome revealed. News & Comment. Nature. www.nature.com/news/first-synthetic-yeastchromosome-revealed-1.14941.

69 Warren Belasco. 2006. Meals to come – A History of the Future of Food. S. 32, University of California Press; 1. Edition.

70 Bundesministerium für Ernährung und Landwirtschaft. 2021. Entwicklungen am deutschen Milchmarkt – ein Überblick. www.bmel.de/DE/themen/landwirtschaft/agrarmaerkte/entwicklungen-milchmarkt-de.html

71 Björn Lohmann, Sandra Wirsching, Philipp Graf. 2020. Dänischer Konzern Chr. Hansen kauft Jennewein. Bioökonomie.de. https://biooekonomie.de/nachrichten/neues-aus-der-biooekonomie/daenischer-konzern-chr-hansen-kauft-jennewein

72 Statista. 2023. Anzahl der Legehennen nach Haltungsformen in Deutschland im Jahr 2022 und 2023. https://de.statista.com/statistik/daten/studie/150895/umfrage/anzahl-der-legehennen-nach-haltungsformen-in-deutschland/

73 Jennie L. Durant. 2022. Climate Change Is Ratcheting Up the Pressure on Bees. UC Davis. www.ucdavis.edu/climate/blog/bees-face-many-challenges-and-climate-change-ratcheting-pressure

74 Sarah Gibbens. 2022. What climate change means for the future of coffee and other popular foods. National Geographic. www.nationalgeographic.com/environment/article/what-climate-change-means-for-future-of-coffee-cashew-avocado

75 Sally Ho. 2021. Compound Foods Closes $4.5M Seed To Ferment Sustainable Beanless Coffee. Green Queen. www.greenqueen.com.hk/compound-foods-funding-fermentation-coffee/

76 Wer sich für die Potenziale von Pflanzenzüchtung für eine nachhaltigere Landwirtschaft interessiert, dem empfehle ich den Blog von Progressive Agrarwende, www.progressive-agrarwende.org

77 Urs Niggli. 2022. Alle satt?! Ernährung sichern für 10 Milliarden Menschen. S. 69. Residenz Verlag.

78 Kozicka, M. et al. 2023. Feeding climate and biodiversity goals with novel plant-based meat and milk alternatives. Nature Communications, 14(1), 5316.

79 Hannah Ritchie. 2021. If the world adopted a plant-based diet we would reduce global agricultural land use from 4 to 1 billion hectares. Our World in Data. https://ourworldindata.org/land-use-diets

80 Humpenöder, F., Bodirsky, B. L., Weindl, I., Lotze-Campen, H., Linder, T., Popp, A. 2022. Projected environmental benefits of replacing beef with microbial protein. Nature, 605(7908), 90–96.

81 Järviö, N. et al. 2021. Ovalbumin production using *Trichoderma reesei* culture and low-carbon energy could mitigate the environmental impacts of chicken-egg-derived ovalbumin. Nature food, 2(12), 1005–1013.

82 Elaine Watson. 2019. DSM, Cargill open commercial scale facility to produce stevia sweeteners via fermentation: ›This approach is infinitely scalable‹. Food Navigator. www.foodnavigator-usa.com/Article/2019/11/14/DSM-Cargill-open-commercial-scale-facility-to-produce-stevia-sweeteners-via-fermentation

83 Upcraft T, Tu WC, Johnson R, et al. 2021. Protein from renewable resources: Mycoprotein production from agricultural residues. Green Chem; 23:5150–5165; doi: 10.1039/D1GC01021B

84 Khan, M. K. I., Asif, M., Razzaq, Z. U., Nazir, A., Maan, A. A. 2022. Sustainable food industrial waste management through single cell protein production and characterization of protein enriched bread. Food Bioscience, 46, 101406.

85 Koivurinta J, Kurkela R, Koivistoinen P. 1979. Uses of Pekilo, a microfungus biomass from *Paecilomyces varioti* in sausage and meat balls. Int J Food Sci;14:561–570; doi: 10.1111/j.1365-2621.1979.tb00902.x

86 Durkin, A., Finnigan, T., Johnson, R., Kazer, J., Yu, J., Stuckey, D., Guo, M. 2022. Can closed-loop microbial protein provide sustainable protein security against the hunger pandemic?. Current Research in Biotechnology, 4, 365–376.

87 Sakarika, M., Delmoitié, B., Ntagia, E., Chatzigiannidou, I., Gabet, X., Ganigué, R., Rabaey, K. 2022. Production of microbial protein from fermented grass. Chemical Engineering Journal, 433, 133631.

88 PR Newswire. 2022. Amyris starts commissioning of industry leading fermentation plant. www.prnewswire.com/news-releases/amyris-starts-commissioning-of-industry-leading-fermentation-plant-301522500.html

89 Oliver Milman. 2024. Cookies and candy are latest victims of climate crisis as sugar prices surge. The Guardian. www.theguardian.com/environment/2024/jan/05/climate-crisis-drought-sugar-cost-impact

90 García Martínez, J. B., Pearce, J. M., Throup, J., Cates, J., Lackner, M., Denkenberger, D. C. 2022. Methane single cell protein: Potential to secure a global protein supply against catastrophic food shocks. Frontiers in Bioengineering and Biotechnology, 10, 1125.

91 Nordvall, A. C. 2014. Consumer cognitive dissonance behavior in grocery shopping. International Journal of Psychology and Behavioral Sciences, 4(4), 128–135.

92 Hartmann, C., Siegrist, M. 2020. Our daily meat: Justification, moral evaluation and willingness to substitute. Food Quality and Preference, 80, 103799.

93 Thomas, O. Z., Chong, M., Leung, A. K., Ferdandex, T. M., Ng, S. T. 2023. Not getting laid: Consumer acceptance of precision fermentation made egg. Frontiers in Sustainable Food Systems, 7, 1.

94 Saleh, R., Bearth, A., Siegrist, M. 2021. How chemophobia affects public acceptance of pesticide use and biotechnology in agriculture. Food Quality and Preference, 91. doi:10.1016/j.foodqual.2021.104197 Einen Blogartikel über die Studie gibt es außerdem auf Progressive Agrarwende: https://progressive-agrarwende.org/akzeptanz-gentechnik/

95 Flora Southey. 2022. When will novel mycelium-based foods enter the European market? Food Navigator. www.foodnavigator.com/Article/2022/09/30/Novel-mycelium-food-When-will-it-hit-the-European-market

96 Bundesamt für Verbraucherschutz und Lebensmittelsicherheit. Neuartige Lebensmittel – Novel Foods. Abrufbar unter: www.bvl.bund.de/DE/Arbeitsbereiche/01_Lebensmittel/04_AntragstellerUnternehmen/05_NovelFood/lm_novelFood_node.html

97 Wiebe, M. 2002. Myco-protein from *Fusarium venenatum*: a well-established product for human consumption. Applied Microbiology and Biotechnology, 58, 421–427.

98 Beatrix Boldt. 2023. Hamburger MicroHarvest eröffnet Pilotanlage in Lissabon. Bioökonomie.de. https://biooekonomie.de/nachrichten/neues-aus-der-biooekonomie/hamburger-microharvest-eroeffnet-pilotanlage-lissabon

99 Beatrix Boldt. 2023. GEA eröffnet Pilotanlage für alternative Protein-Produktion. Bioökonomie.de. https://biooekonomie.de/nachrichten/neues-aus-der-biooekonomie/gea-eroeffnet-pilotanlage-fuer-alternative-protein

100 Vallone, S., Lambin, E. F. 2023. Public policies and vested interests preserve the animal farming status quo at the expense of animal product analogs. One Earth, 6(9), 1213–1226.

101 Wissenschaftlicher Beirat für Agrarpolitik, Ernährung und gesundheitlichen Verbraucherschutz WBAE. 2020. Politik für eine nachhaltigere Ernährung – Eine integrierte Ernährungspolitik entwickeln und faire Ernährungsumgebungen gestalten. Gutachten. Abrufbar unter: www.bmel.de/SharedDocs/Downloads/DE/_Ministerium/Beiraete/agrarpolitik/wbae-gutachten-nachhaltige-ernaehrung.html

102 Tom Brennan, Joshua Katz, Yossi Quint, Boyd Spencer. 2021. Cultivated meat: Out of the lab, into the frying pan. McKinsey. www.mckinsey.com/industries/agriculture/our-insights/cultivated-meat-out-of-the-lab-into-the-frying-pan

103 Synonym. 2023. State of Global Fermentation. Abrufbar unter: www.capacitor.bio/trends

104 State of Global Policy Report on Alternative Proteins. 2022. Good Food Institute. Abrufbar unter: https://gfi.org/resource/alternative-proteins-state-of-global-policy/

105 Auf der Website der Bundestagsabgeordneten Zoe Mayer von Bündnis90/Die Grünen findet man eine entsprechende Pressemitteilung: https://zoe-mayer.de/news/pressemitteilung/

106 Vegconomist. 2023. Die EU stellt 50 Millionen Euro für Startups und kleine Unternehmen im Bereich der Präzisionsfermentation zur Verfügung. https://vegconomist.de/investments-finance/investitionen-akquisitionen/eu-50-millionen-euro-fuer-praezisionsfermentation/

107 Georg Kääb. 2023. Acht Sieger bei Biomanufacturing-Wettbewerb. transkript, BIOCOM AG. https://transkript.de/artikel/2023/acht-sieger-bei-biomanufacturing-wettbewerb/

108 Agra-Europe. 2023. Bender träumt von 100 Prozent Bio. www.agra.de/age-kompakt/ansicht/news/bender-traeumt-von-100-prozent-bio

109 Für Zahlen und Fakten über die deutsche Landwirtschaft ist die Bundesanstalt für Ernährung und Landwirtschaft (BLE) eine hervorragende Quelle.

110 Teja Tscharntke. 2021. Bedeutung einer vielfältigen und kleinteiligen Agrarstruktur für die Biodiversität und ihre Förderung im Rahmen der Gemeinsamen Europäischen Agrarpolitik (GAP). Studie im Auftrag der Fraktion B90/Grüne im Deutschen Bundestag.

111 Thomas Weber. 2023. Summ summ summ, Pferdchen lauf herum! BIORAMA #12. www.biorama.eu/weidepferde-biodiversitaet/

112 Bundesministerium für Ernährung und Landwirtschaft. 2023. Öko-Landbau stärken: Prozess zur Erarbeitung der Bio-Strategie 2030. www.bmel.de/DE/themen/landwirtschaft/oekologischer-landbau/zukunftsstrategie-oekologischer-landbau.html

113 George Monbiot. 2022. Neuland: Wie wir die Welt ernähren können, ohne den Planeten zu zerstören. Karl Blessing Verlag.

114 Urs Niggli. 2022. Alle satt?! Ernährung sichern für 10 Milliarden Menschen. Residenz Verlag.

115 Jan Haft. 2023. Wildnis: Unser Traum von unberührter Natur. Penguin Verlag.

116 Cornelie Jäger. 2018. Die Sache mit dem Suppenhuhn. S. 172–174. Verlag Eugen Ulmer, Stuttgart.

117 Mellor, D. J. 2016: Moving beyond the »Five Freedoms« by updating the »Five Provisions« and introducing aligned »Animal Welfare Aims«. Animals, 6 (10), 59.

118 Nationales Tierwohl-Monitoring. 2021. Tierwohl-Definition für ein nationales Tierwohl-Monitoring. www.nationales-tierwohl-monitoring.de/projekt/tierwohl-definition

119 Claudia Vallentin und Alexandra Endres. 2023. »Die Politik kann nicht sagen: Liebe Verbraucher, rettet mal die Welt«. ZEIT. www.zeit.de/wissen/2023-01/landwirtschaft-innovation-gruene-woche-berlin-klimaschutz-artenschutz/komplettansicht

120 Anna-Maria Buchmann. 2021. Erlösanteile Landwirtschaft: So viel verdienen Bauern an Lebensmitteln. Agrarheute. www.agrarheute.com/markt/analysen/erloesanteile-landwirtschaft-so-viel-verdienen-bauern-lebensmitteln-587065

121 Hartmann, C., Siegrist, M. 2020. Our daily meat: Justification, moral evaluation and willingness to substitute. Food Quality and Preference, 80, 103799.

122 Rasmus Buchsteiner. 2023. Was im Parlament auf den Teller kommt. Spiegel Politik. www.spiegel.de/politik/deutschland/bundestag-bio-revolution-in-den-kantinen-a-6dd8e198-9a16-44f1-b507-6c9394ae9267

123 Verena Kainrath. 2023. Öffentliche Hand ist bei Bio und Tierwohl säumig: Versagt der Staat als Vorbild? Der Standard. www.derstandard.at/story/3000000194568/214ffentliche-hand-ist-bei-bio-s228umig

124 Barbara Wittmann. 2021. Intensivtierhaltung – Landwirtschaftliche Positionierungen im Spannungsfeld von Ökologie, Ökonomie und Gesellschaft. Umwelt und Gesellschaft. – Band 025. Vandenbroek & Ruprecht Verlage.

125 Alfons Deter. 2023. Thünen-Forscher: Bestandsabbau muss Viehregionen nicht schaden. top agrar online. www.topagrar.com/schwein/news/thuenen-forscher-bestandsabbau-muss-viehregionen-nicht-schaden-13400555.html

126 Cornelie Jäger. 2018. Die Sache mit dem Suppenhuhn. S. 172–174. Verlag Eugen Ulmer, Stuttgart.

127 Veronika Settele. 2022. Deutsche Fleischarbeit: Geschichte der Massentierhaltung von den Anfängen bis heute. C.H. Beck.

128 Finnigan, T.J., Wall, B.T., Wilde, P.J., Stephens, F.B., Taylor, S.L., Freedman, M. R. 2019. Mycoprotein: the future of nutritious nonmeat protein, a symposium review. Current developments in nutrition, 3(6), nzz021.

129 Hassanin, A.A. et al. 2022. Phylogenetic comparative analysis: Chemical and biological features of caseins (alpha-S-1, alpha-S-2, beta-and kappa-) in domestic dairy animals. Frontiers in Veterinary Science, 9, 952319.

130 Pflanzenforschung.de. Lexikon A-Z: Antinährstoffe. www.pflanzenforschung.de/de/pflanzenwissen/lexikon-a-z/antinaehrstoffe-1484

131 Thomas Krumenacker. 2023. »In der Natur wachsen weder Seitanwürste noch Salamis an Bäumen«. Spektrum der Wissenschaft. www.spektrum.de/news/vegane-alternativen-wie-gesund-sind-fleischlose-ersatzprodukte/2179977

132 GLOPAN. Global Panel on Agriculture and Food Systems for Nutrition. 2016. Food systems and diets: Facing the challenges of the 21st century. London, Global Panel on Agriculture and Food Systems for Nutrition.

133 Monteiro, C.A., Cannon, G., Lawrence, M., Costa Louzada, M.L. and Pereira Machado, P. 2019. Ultra-processed foods, diet quality, and health using the NOVA classification system. Rome, FAO.

134 Visioli, F. et al. 2022. The ultra-processed foods hypothesis: A product processed well beyond the basic ingredients in the package. Nutrition Research Reviews, 1–31.

135 Martin Smollich. 2023. Hochverarbeitete Lebensmittel: Fleischalternativen haben ein gutes Nährwertprofil. Gastbeitrag bei Vegconomist. https://vegconomist.de/food-and-beverage/fleisch-und-fischalternativen/hochverarbeitete-lebensmittel-fleischalternativen-haben-ein-gutes-naehrwertprofil/

136 Swinburn B. et al. 2019. The Global Syndemic of Obesity, Undernutrition, and Climate Change: The Lancet Commission report. The Lancet 393: 791–846.

137 Bundesministerium für Ernährung und Landwirtschaft. 2023. Mehr Kinderschutz in der Werbung: Pläne für klare Regeln zu an Kinder gerichteter Lebensmittelwerbung. Pressemitteilung Nr. 24/2023.

138 Bundesinformationszentrum Landwirtschaft. 2023. Der Selbstversorgungsgrad in Deutschland (2021, in Prozent). www.ble.de/SharedDocs/Downloads/DE/BZL/Informationsgrafiken/230203_Selbstversorgungsgrad.html

139 Martin Rücker. 2022. Ihr macht uns krank: Die fatalen Folgen deutscher Ernährungspolitik und die Macht der Lebensmittellobby. Econ.

140 Larissa Zimberoff. 2021. Technically Food: Inside Silicon Valley's Battle to Change What We Eat. Abrams Press

141 Urs Niggli. 2022. Alle satt?! Ernährung sichern für 10 Milliarden Menschen. S. 102. Residenz Verlag.

142 Kyndt, T. et al. 2015. The genome of cultivated sweet potato contains Agrobacterium T-DNAs with expressed genes: an example of a naturally transgenic food crop. Proceedings of the National Academy of Sciences, 112(18), 5844–5849.

143 Sarah C.P. Williams. 2015. Humans may harbor more than 100 genes from other organisms. Science. doi: 10.1126/science.aab0307

144 Etale, A., Siegrist, M. 2021. Food processing and perceived naturalness: Is it more natural or just more traditional?. Food Quality and Preference, 94, 104323.

145 Abouab, N., Gomez, P. 2015. Human contact imagined during the production process increases food naturalness perceptions. Appetite, 91, 273–277.

146 Monaco, A., König, L. M., Kotz, J., Allmeta, A., Masri, M. A., Purnhagen, K. 2023. Consumers' Perception of Novel Foods and the Impact of Heuristics and Biases: a Systematic Review. (Preprint) https://doi.org/10.31219/osf.io/5js72

147 David Spencer. 2022. Alles bio – logisch?!: Die Superkräfte der Pflanzen nutzen, klimafreundliches Gemüse essen und die Welt retten. Droemer.

148 Nina Lakhani, Aliya Uteuova and Alvin Chang. Our unequal earth – Revealed: The true extent of America's food monopolies, and who pays the price. The Guardian. www.theguardian.com/environment/ng-interactive/2021/jul/14/food-monopoly-meals-profits-data-investigation

149 Errol Schweizer. 2022. What Consumers Should Ask About Precision Fermentation. Forbes. www.forbes.com/sites/errolschweizer/2022/03/02/what-should-consumers-be-asking-about-precision-fermentation

150 Markus Schülde, Xavier Veillard, Alexander Weiss. 2023. Four themes shaping the future of the stormy European power market. McKinsey. www.mckinsey.com/industries/electric-power-and-natural-gas/our-insights/four-themes-shaping-the-future-of-the-stormy-european-power-market

151 Fraunhofer Gesellschaft. 2023. Umstellung eines Hüttenwerks auf klimaneutrale Stahlproduktion. Pressemeldung. www.fraunhofer.de/de/presse/presseinformationen/2023/dezember-2023/umstellung-eines-huettenwerks-auf-klimaneutrale-stahlproduktion.html

152 Järviö, N. et al. 2021. Ovalbumin production using *Trichoderma reesei* culture and low-carbon energy could mitigate the environmental impacts of chicken-egg-derived ovalbumin. Nature Food, 2(12), 1005–1013.

153 IPCC. 2018. Global Warming of 1.5°C. An IPCC Special Report on the impacts of global warming of 1.5°C above pre-industrial levels and related global greenhouse gas emission pathways, in the context of strengthening the global response to the threat of climate change, sustainable development, and efforts to eradicate poverty [Masson-Delmotte, V., P. Zhai, H.-O. Pörtner, D. Roberts, J. Skea, P.R. Shukla, A. Pirani, W. Moufouma-Okia, C. Péan, R. Pidcock, S. Connors, J.B.R. Matthews, Y. Chen, X. Zhou, M.I. Gomis, E. Lonnoy, T. Maycock, M. Tignor, and T. Waterfield (eds.)].

154 Oshoma, C.E., Eguakun-Owie, S.O., Obuekwe, I.S. 2019. Utilization of banana peel as a substrate for Single cell protein and Amylase production by *Aspergillus niger*. African Scientist, 18(3), 143–150.

155 Madika, A., Aliyu, M.S., Tijani, M.B., Musa, B. 2019. Production of single cell protein from pineapple waste using *Saccharomyces cerevisiae*. African Journal of Natural Sciences. ISSN 1119–1104, 19.

156 Somda, M.K. et al. 2018. Production of single cell protein (SCP) and essentials amino acids from *Candida utilis* FMJ12 by solid state fermentation using mango waste supplemented with nitrogen sources. African Journal of Biotechnology, 17(23), 716–723.

157 Stockholm Environment Institute. 2021. New strategy to kickstart the bioeconomy in East Africa. www.sei.org/features/strategy-bioeconomy-east-africa/

158 https://bioinnovate-africa.org/

159 Warren Belasco. 2006. Meals to come – A History of the Future of Food. S. 32, University of California Press; 1. Edition.

Urs Niggli

Alle Satt?

Ernährung sichern für 10 Milliarden Menschen

ISBN: 978 3 7017 3419 1

Wir haben es satt: Landwirtschaft und nachhaltige Ernährung werden heute in der breiten Öffentlichkeit heiß diskutiert, denn in naher Zukunft werden zehn Milliarden Menschen auf unserem Planeten leben. Aber kann die Menschheit mit biologischer Landwirtschaft ernährt werden? Ist das Essen von Tieren ein Sündenfall? Zerstört eine auf Hightech basierte industrielle Landwirtschaft den ländlichen Raum, verbraucht sie die natürlichen Ressourcen und treibt sie die Menschen in die Städte? Urs Niggli hat in »Alle satt« einen visionären Plan für die Ernährung der Welt entworfen. Eine lohnende Lektüre für Foodies und für alle, die gutes Essen schätzen.